海外紧急避险研究

典型问题与影像案例

谌华侨 ◎ 主编

人民日报出版社

图书在版编目（CIP）数据

海外紧急避险研究：典型问题与影像案例 / 谌华侨
主编 . —北京：人民日报出版社，2019.2
ISBN 978-7-5115-5721-6

Ⅰ.①海… Ⅱ.①谌… Ⅲ.①安全教育–普及读物
Ⅳ.①X956-49

中国版本图书馆CIP数据核字（2018）第252875号

书　　名：	海外紧急避险研究：典型问题与影像案例
主　　编：	谌华侨
出 版 人：	董　伟
责任编辑：	刘天一
封面设计：	中尚图
出版发行：	人民日报出版社
社　　址：	北京金台西路2号
邮政编码：	100733
发行热线：	（010）65369527　65369512　65369509　65369510
邮购热线：	（010）65369530
编辑热线：	（010）65363105
网　　址：	www.peopledailypress.com
经　　销：	新华书店
印　　刷：	河北盛世彩捷印刷有限公司
开　　本：	710mm × 1000mm　1/16
字　　数：	300千字
印　　张：	21
印　　次：	2019年2月第1版　2019年2月第1次印刷
书　　号：	ISBN 978-7-5115-5721-6
定　　价：	69.00元

目 录
contents

第一编　理论部分
第一章　案例制作——如何用案例呈现国际关系 ……… 003
第二章　科研方法论的影像教学法探究
　　　　——基于《泄密》的双重过程追踪研究 ……… 019
第三章　影像史学视野下的紧急避险研究 ……………… 033
第四章　《危机13小时》中美国政府领事保护决策
　　　　失误原因探析 …………………………………… 043

第二编　案例部分
第一部分　驻外机构之驻外政府机构案例
第一章　《逃离德黑兰》：协作网络下的人员营救 …… 065
第二章　《红海行动》与《战狼2》：中国特色撤侨
　　　　中的机构与个人 ………………………………… 079
第三章　《最漫长的劫持》：长时间人质劫持中宗教
　　　　与非政府组织之作用 …………………………… 093
第四章　《六天》：人质劫持事件中的谈判与救援 …… 103
第五章　《猎杀本·拉登》：海外追逃 ………………… 116
第六章　《国土安全》（第四季）：人员策反与使馆安保 … 129

第二部分　驻外机构之驻外企业案例

- 第一章　《中国推销员》：海外企业安全 …………… 147
- 第二章　《人类资金》：聚焦海外企业资产安全 ………… 160
- 第三章　《俄罗斯之家》：关注海外企业信息安全 ………… 174
- 第四章　《无处可逃》：跨国企业海外安全 …………… 189

第三部分　驻外人员之海外社会政治遇险案例

- 第一章　《最后一张签证》：透析签证制度 …………… 199
- 第二章　《不朽的园丁》：海外社会政治遇险 ………… 214
- 第三章　《莫斯科行动》：海外华商安全及国际交通工具安保 ……………………………………………… 223
- 第四章　《撤离科威特》：自下而上的撤侨壮举 ………… 236
- 第五章　《恩德培行动》：劫机紧急避险 ……………… 250

第四部分　驻外人员之海外自然灾害案例

- 第一章　《泰坦尼克号》：海外出行安全 ……………… 264
- 第二章　《我们要活着回去》：空难后紧急避险与自救 … 277
- 第三章　《海啸奇迹》：海啸避险 ……………………… 290
- 第四章　《鲨海》：海外遇动物袭击 …………………… 303
- 第五章　《极度恐慌》：防治国际流行病毒 …………… 313

第一编 理论部分

第一章 案例制作
——如何用案例呈现国际关系[1]

谌华侨 郝 楠 张 丹[2]

摘要：案例教学是社会科学专业进行实验教学的重要手段。教学型案例的制作亦是有关专业教学的重要内容。限于学科特殊性，国际关系的教与学始终受到教学内容远离日常生活的困扰。通过对较为成熟的公共管理与工商管理学科案例制作规范进行学科适应性改造，在近六年的教学实践基础上，形成了国际关系案例制作规范，希冀为国际关系教学开辟新路径。

关键词：影像；案例制作；国际关系

从案例的用途来看，案例可以区分为研究型案例和教学型案例。前者主要用于政策分析、理论探索，以获得或检验相关政策和理论。后者主要用于教学，以教授或学习相关理论知识要点。

教学型案例是指基于特定的案例素材，按照特定规范生成，以满足一定教学需求的案例。其中规范是案例生成的关键。

一、案例制作：从 MBA 案例制作到国际关系案例制作

因为教学的现实需要，各国 MBA 教育在发展过程中制作了大量的案例。在案例开发过程中，形成了 MBA 案例制作规范，为业内共同遵循。

---

[1] 本文内容曾发表于祝朝伟主编. 2018. 高等教育教学改革研究（第五辑），成都：四川大学出版社。
[2] 谌华侨，男，四川外国语大学重庆非通用语学院；郝楠，男，新加坡国立大学李光耀公共政策学院；张丹，女，中国人民大学国际关系学院。

MBA案例制作规范主要包括写作规范、评估规范、入库标准三个方面。写作规范包括MBA案例制作中的文字规范和格式规范。评估规范主要是对业已成型的案例进行评估，以产生符合要求、可以用于教学的案例。入库标准主要是从案例正文、教学指导手册以及附件三方面对入库案例进行规范。

作为一种操作方法，案例制作规范可以从MBA领域拓展到国际关系领域。本研究通过借鉴MBA案例制作所形成的有效规范，并根据国际关系学科特性予以改良，试图形成融合案例制作一般属性和学科特性的国际关系案例制作规范。鉴于此，在构建国际关系案例制作、评估规范、入库标准三方面框架时，主要是采取"拿来主义"，即直接采用MBA案例相关内容。在有差异和不适用的部分采用"改良主义"，即改造MBA案例有关规范，最终形成国际关系案例制作、评估规范、入库标准。

二、国际关系案例制作规范

因为教学型案例的构成存在差异，案例正文和案例使用说明的写作和评估规范也有所差异，具体内容如下。

（一）摘要和关键词

1. 操作规范

从形式上来看，摘要总结案例内容，但不做评论分析，一般在300字以内。从内容上来看，摘要需要包含如下几个部分：第一，开门见山，点出研究对象；第二，描述案例所包含的核心内容，这一部分的内容需要与案例正文相对应；第三，指出案例核心内容所体现的相关理论知识，并运用这些理论知识来简要分析影像内容，这是摘要的核心所在；第四，本案例的教学目的和用途，指出案例的价值所在；第五，案例的现实应用，即本案例的有关内容可以运用到现实生活的哪些方面。

关键词一般以3~5个为宜，以体现所述案例的核心内容，便于读者检索。为了提高操作性，关键词的提炼可以从案例主要内容、所体现的主要理论知识以及现实应用这几个方面展开。

2. 实践中的问题

在实际写作中，摘要存在以下问题：第一，逻辑层次残缺不全，缺少部分内容；第二，句子长度分布不均，未呈现出橄榄形结构；第三，文字表达过于干瘪，无法完整体现相关内容；第四，用词不够准确，文字不够凝练；第五，生硬套用理论，没有结合案例核心内容分析；第六，没有体现现实应用。

在实际写作中，关键词常常出现以下几个方面的问题：第一，关键词数量偏多或偏少；第二，对案例事实概括不准确；第三，对理论知识点的概括和理论依据与分析中的内容不一致；第四，理论知识点的逻辑顺序混乱；第五，对现实应用的归纳不准确。

（二）案例正文

一般而言，案例正文包含案例梗概、主要案情、案例还原、参考文献和附录[①]部分，具体内容如下：

1. 案例梗概

（1）操作规范

该部分需要简要介绍相关事件的基本信息。案例梗概用概括性文字表达即可，为引导出案例服务。为增强视觉冲击，也可采用图形、图表等形式来予以展开。

（2）实践中的问题

在实际写作中，采用表格的方式来表达关键信息视觉效果良好，但需要避免出现不严格遵循学术规范的现象。案例概括取舍不当、关键信息提取不准，进而导致理论分析偏离宏观视角是实际写作中经常遇到的问题。

---

① 附录并非必不可少的部分，在案例写作的实践中，常常发现与案例正文相关的内容若放在正文中显得累赘，在这种情况下，往往把这样的内容放到附录中，一来正文内容连贯，二来体现案例内容的完整性。

2. 主要案情

（1）操作规范

操作规范主要包括呈现形式和内容比例两方面的规范。

具体展开路径可以参考以下三种方式：①采用新闻报道方式，即按照Who、When、Where、What、Why、How这六个关键词的结构予以展开，其中How是重点；②按照叙事逻辑，即起因、发展、高潮、结局——予以展开；③按照案例的核心要素，即人物、地点、时间、事件——来进行概述。需要注意的是，案情按照何种方式展开，需视其内容和特点来定，并没有固定方式，不可生搬硬套。为了增加可读性，应根据每一部分的核心案情，拟定小标题，统领相关内容。

从内容比例来看，主要案情将在案例正文中处于主体地位。为了方便读者厘清案情，在概括案情时行文需要简洁明了；内容复杂时，可以考虑采用图表和图片的方式来展现故事发展脉络或人物关系。鼓励采用infographic（信息图）等多种形式简明高效地呈现内容。

无论采取何种方式来展开文字叙述，皆须囊括案例的主要内容。行文逻辑需要服务于主要内容，便于读者全面了解案情。

（2）实践中的问题

在实际写作中，论述主要案情时存在以下几个问题：第一，文字信息过多或过少；第二，主要案情平铺直叙，缺乏连贯逻辑；第三，案情复杂时，缺乏事件发展脉络和人物关系图，由此导致主要案情缺乏灵魂；第四，案情复杂时，无法高度且有逻辑地概括主要案情；第五，概括过程中易忽略行文的趣味性和可阅读性；第六，不加取舍，叙述过繁，导致核心案情淡化。

3. 案例原型

（1）操作规范

相关案例可以来源于真实事件、小说、影视资料等。可以考虑呈现事件原型，基本内容可以沿用Who、When、Where、What、Why、How六个关键词的结构，并且在How部分按照起承转合的顺序展开。

同时,有必要对事件原型与相关案例进行对比,虽然这两部分内容都可以呈现,但需要侧重主要案例。

(2)实践中的问题

在实际写作中,部分案例原型的回顾占据过多篇幅,冲淡了主要案例,有本末倒置之嫌,所以对于该部分的叙述不宜超过500字。鼓励采用infographic(信息图)等多种形式简明高效地呈现内容。

4. 参考文献

(1)操作规范

这里可能涉及一些附属信息,如当时的新闻报道、图片等,一些其他的历史材料,可以在参考文献中列出。

(2)实践中的问题

在实际写作中,参考文献存在以下几个问题:第一,参考文献格式不正确,这是最为常见的问题;第二,堆砌参考文献,没有体现相关性;第三,抄袭参考文献,将实际上没有阅读或参考价值的参考文献列于文中;第四,参考文献过少,外文参考文献缺失。

(三)案例使用说明

1. 教学目的和用途

(1)操作规范

教学目的旨在说明在利用案例进行教学时所要实现的目标,需要指明本案例所涉及的主要知识点、教学内容等。在表述上一般以"本案例的教学目的在于"开始,随后辅以相关内容,以一个自然段为标准。

用途主要说明案例的适用对象和适用课程,务求教学对象明确。在表述上一般以"主要适用于"开始,以具体学员或其他对象结尾,以一个自然段为标准。

教学目的和用途表明了案例的价值,奠定了案例制作的意义。因此,教学目的和用途部分的用词需要高度凝练。

（2）实践中的问题

在实际写作中，教学目的和用途存在以下几个问题：第一，信息不完整，没有涵盖目的和用途的主要方面；第二，文字不够凝练，不能直接体现目的和用途；第三，文字安排不合理，目的和用途的文字数量失衡；第四，部分措辞不够准确。

2. 启发性思考题[①]

（1）操作规范

启发性思考题为读者提供了案例分析的方向，体现出案例的问题导向。它一般包含以下层面的问题：案例正文所体现的主要内容、案例与理论知识的融合问题、运用理论知识分析案例、相关理论知识的现实应用。这几个层面的问题层层递进，体现出一定的连贯性。

启发性思考题主要有两大类型：开放性问题和描述性问题。前者适用于探索性问题，可用于案例与理论知识的融合问题，以及运用理论知识分析案例的主要内容，甚至是现实应用；后者可用于案例主要内容的问题设置。

因为其方向性和问题性特征，启发性思考题将指引案例使用说明的后续内容框架，极其重要。在案例制作过程中并非一次成型，这些问题需要根据案例写作的过程逐步调整和修改。

（2）实践中的问题

在实际行文中，启发性思考题一般采用特殊疑问句的方式提出，一个思考题一个问句。

在实际写作中，启发性思考题存在以下问题。第一，问题残缺，没有涵盖案例主要内容、案例与理论的结合、理论分析和现实应用；第二，问题层次错乱，没有依次展开；第三，问题含糊，指向不明确，需要进一步提炼优化；第四，未与分析思路和关键要点一一对应。

---

① 启发性思考题、分析思路、理论依据与分析、关键要点是最能体现逻辑关联性的问题。在实际过程中可以将四个部分做成图形的形式表达出来，以确保这四个部分的逻辑顺序都是案情、案情理论、案情分析、现实应用，实现前后一致。

3. 分析思路

（1）操作规范

分析思路主要着眼于启发性思考题，提供分析这些问题的基本方式和逻辑，发挥路线图的作用。因此，分析思路应是具有概括性的文字，并非直接提供问题答案。

对于开放性问题，应该引导读者探讨思考和解决这些问题的方式和方法；对于描述性问题，应该告之读者获取答案的可行路径。

分析思路具有承上启下的作用，是链接启发性思考题、理论依据与分析和关键要点的枢纽。分析思路需要在案例制作过程中不断地比对案例正文和案例使用说明的相关部分，并进行动态调整。

为了思路更为清晰，可以采用"熟悉案例""联系理论""分析案例""现实应用"等体现分析思路的字眼作为主题词，并置于句首。

（2）实践中的问题

在实际写作中，分析思路存在以下问题。第一，分析思路残缺，没有涵盖案例主要内容，案例与理论的结合，理论分析和现实应用；第二，分析思路层次错乱，未与启发性思考题相对应；第三，分析思路不清晰，没有提供相关问题的解决思路。

4. 理论依据与分析

（1）操作规范

理论依据与分析是案例使用说明的核心所在，它是运用分析思路来探求启发性思考题的过程。这一过程强调理论知识在案例中"为何"和"如何"存在并产生作用的问题。这样的操作过程从根本上提升了读者对理论知识的实际运用能力。

理论依据是案例资料所体现的理论知识要点或操作模式，分析部分主要是利用理论知识要点或操作模式来具体分析案例的有关内容。在由案例形成理论要点的探索过程中，可以采用个案研究方法——过程追踪来探求案例中的理论知识。具体而言，就是采用解释结果过程追踪（Outcome-Explaining

Process-Tracing）。该类过程追踪试图解释一个特定的结果，其目的是形成对结果的充分解释，这样的追踪属于案例导向。[①]

进行解释结果过程追踪时，需要不断地将案例中的经验材料与可能的理论要点进行比对，交互采用归纳和演绎的逻辑来解释案例资料中的行为或结果，最终形成对案例资料的充分解释。在此过程中，有可能形成多种可行的解释路径或理论要点。此时，需要形成竞争性解释，并通过详细的比较，形成最优解释。

在充分熟悉案例资料的情况下，有必要参考相关教材、科研论文和经典原著[②]等内容，并进行专题阅读，提高过程追踪的有效性，增强解释的信度。[③]

在行文上，为了便于读者理解，一般宜采用先回顾案例，再阐述理论要点[④]，随后运用理论要点来分析影像内容的方式进行。

（2）实践中的问题

在实际写作过程中，理论依据与分析存在以下问题。第一，理论与案例脱节。即理论和案例材料各说各话，尚未形成理论依据和分析的交融；第二，堆砌理论要点，形成大而全、大而空的理论框架而无相应的案例资料可以佐证；第三，理论要点之间缺乏逻辑联系，不能形成一条完备的解释链条；第四，部分案例出现抄袭相关书籍、论文或资料中相关理论要点的内容；第五，理论要点分析并未完全覆盖案例正文归纳的核心内容；第六，选择的案情内容不具代表性和冲击力，结合分析意义不大。

---

① Derek Beach and Rasmus Brun Pedersen. 2013. Process-Tracing Methods: Foundations and Guidelines, Michigan: The University of Michigan Press, p.20. 有能力的学生在阅读过该书之后，也可尝试其他两种过程追踪的方式。
② 教材、科研论文和经典原著是后续参考文献的主要来源，也是课程使用计划中课前阅读的重要内容。
③ 进行影像分析时可能会遇到影像与参考文献何为分析本体的问题，二者在分析过程中的主次关系如何，通过写作实验来看，在制作案例过程中发现该困惑后，应对二者进行剖析，采取更为可信的分析。
④ 在实际写作过程中，为进一步提高自觉性，也可采用影像再现—理论要点—影像分析的逻辑展开。

5. 关键要点

（1）操作规范

关键要点是在分析思路的引导下，经过理论依据和分析的探索，对启发性思考题的直接回应。因此，关键要点务求简明扼要，直击要害，能够清晰地解答启发性思考题的困惑。

（2）实践中的问题

在实际行文中，关键要点与启发性思考题相对应，采用一个简单的陈述句来表达。关键要点在案例使用说明中起到画龙点睛的作用。

在实际写作中，关键要点存在以下问题。第一，关键要点未自觉与启发性思考题和分析思路相对应；第二，文字过于杂糅，没有指明关键所在；第三，要点过于具体，没有体现概括性。

6. 课堂使用计划

（1）操作规范

该部分用于介绍案例的课堂使用方法。该部分应该考虑学生的学习，同时兼顾教师的课堂操作性，包括时间安排、讨论顺序（过程）、重点内容等。课堂使用计划旨在满足教学用途，实现教学目标。

课堂使用计划一般包括课前、课上和课后计划。课前需要熟悉案例，阅读课上可能需要用到的资料，为课堂讨论做好准备。课上一般通过小组研讨的方式进行，重点在于分析为何要用特定的理论要点来分析案例资料，以期形成多种解释路径，鼓励形成竞争性解释，并通过焦点小组讨论，形成最优解释。课后需要进行案例优化和修改工作，通过课前准备和课堂研讨，提出案例的优化方案，进行修改完善工作。同时，进行拓展阅读，深化对案例的认识。

（2）实践中的问题

在实际写作中，案例使用说明存在以下问题。第一，课前、课上和课后分工不明晰；第二，课堂使用计划过于笼统，操作性不强；第三，课堂时间分配不合理；第四，对知识的掌握度较低，课堂时间与原计划出入较大。

7. 参考文献

（1）操作规范

参考文献需要梳理出理论知识要点所涉及的教材、科研论文、经典著作和网络资源等。

参考文献部分不仅要满足基本的格式规范要求，还有必要结合案例，将阅读范围确定到具体的章节和页面，便于进行专题阅读。除此之外，还有必要对每一个文献与案例的关联予以明示，表明参考文献之于案例的价值。

（2）实践中的问题

在实际写作中，参考文献存在以下问题。第一，参考文献格式不正确，这是最为常见的问题；第二，堆砌参考文献，没有体现相关性；第三，抄袭参考文献，将实际上没有阅读或参考价值的参考文献列在此；第四，参考文献权威性、相关性和学术性较低；第五，参考文献过少，无法支撑理论依据与分析。

8. 课堂技术支持

在课堂教学中，如果需要其他技术支持，应在该部分予以标明，便于课堂准备。

（四）现实应用

1. 操作规范

现实应用是在梳理了案例资料，并通过理论知识分析案例资料为何如此之后，将所学的知识和技能运用到现实生活中去。

现实应用并没有一个确定性的规程，主要是依赖于案例资料的内容，以及学习者的主观认知能力。

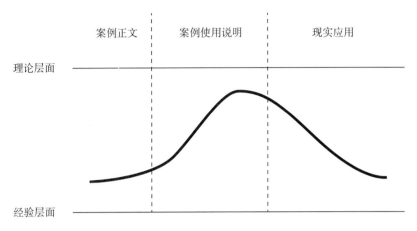

图 1-1-1：案例制作各部分之间的逻辑

由图 1-1-1 可知，案例正文部分主要是基于经验层面的一种再现，务求客观全面。案例使用说明是基于案例正文进行的学理思考或操作模式的总结，源于现实，试图超越现实，向理论迈进。现实应用是将现实中提炼出来的理论认识或模式运用到现实中去。三者的逻辑是从现实中来，进行理论探讨后，又回到现实中去，更好地指导实践活动。

在实际案例写作中，一般将理论依据与分析中的理论知识点予以拓展，运用到现实中，这是现实应用的主要方向。另外一种方式是将案例资料中有用的小点集中起来，并通过现有的知识体系和现实经验进行拓展。

对于理论性较强的案例，可以采用理论适用性—典型案例—后续事件的逻辑依次展开。理论适用性是从学理的高度阐述理论依据与分析部分主要理论知识的解释力，着眼于理论可行性。典型案例是从已经发生的案例来论证相关理论知识的解释力，着眼于已经发生的事件。后续事件表明了理论知识的适用领域，着眼于未来。

对于操作性较强的案例，可以直接将理论依据与分析部分提炼出来的操作模式予以展开。

2. 实践中的问题

在实际写作中，现实应用存在以下几个问题。第一，现实应用与案例正文和案例使用说明完全脱离，另起炉灶；第二，现实应用没有体现理论依据与分析中的核心要点，偏离主题；第三，现实应用的内容缺乏操作性，难以运用；第四，现实应用的资料收集较少，提出的方案与措施不够系统与科学；第五，现实应用的逻辑层次混乱。

三、国际关系案例评估规范

（一）案例评审表

基于多年的教学和写作实践，以及案例写作中所暴露出来的问题，形成了以下案例评审表。案例评审表初步实现了评估规范的可操作性，便于在案例制作过程、案例学习和研讨过程中使用，提高了案例的质量。

表 1-1-1　　　　　　　　　　　案例评审表

评分点 \ 分值	2	1	0	-1	-2
标题	非常新颖	新颖	比较新颖	一般	差
摘要					
文字的概括性	非常好	好	较好	一般	差
内容的全面性	非常全面	全面	比较全面	一般	差
逻辑层次	非常好	好	较好	一般	差
关键词					
关键词	非常凝练	凝练	比较凝练	一般	差
案例正文					
选题的典型性	非常典型	典型	比较典型	一般	差
背景材料的充分程度	非常充分	充分	比较充分	一般	差
核心内容表述的清晰程度	非常清晰	清晰	比较清晰	一般	差
布局谋篇的合理性	非常合理	合理	比较合理	一般	差
写作的客观性	非常客观	客观	比较客观	一般	差
案例使用说明					
目标和用途的合理性	非常合理	合理	比较合理	一般	差

续表

评分点 \ 分值	2	1	0	-1	-2
思考题的引导性	非常明确	明确	比较明确	一般	差
分析思路的清晰度	非常清晰	清晰	比较清晰	一般	差
理论依据与分析的紧密程度	非常紧密	紧密	比较紧密	一般	差
关键要点的简洁性	非常简洁	简洁	比较简洁	一般	差
课堂计划的合理性	非常合理	合理	比较合理	一般	差
参考文献的规范性	非常规范	规范	比较规范	一般	差
内在一致性	非常一致	一致	比较一致	一般	差
现实应用					
可操作性	非常可行	可行	比较可行	一般	差
整体					
可读性	非常好	好	较好	一般	差
全篇的连贯性	非常连贯	连贯	比较连贯	一般	差

说明：所有指标需要至少满足中间值0时方可入库，否则需要进一步修改。

如表1-1-1所示，案例评审表主要包含评分点和分值分布。为操作简单起见，评分点主要考察案例的各个主要过程内容，以及各个内容之间的逻辑联系和文字表达规范，从部分和整体两个方面来构建评分体系，实际操作中简便可行。分值分布通过数字衡量，便于自我评估，高效可行。

从案例构成的内容来看，可以将案例评估规范分为标题、摘要和关键词评估规范，案例正文评估规范，案例使用说明评估规范，现实应用评估规范。基于现实使用的便利考虑，下文将按照上述分类来对案例评审表予以解释。

（二）标题、摘要和关键词评估规范

案例标题、摘要和关键词处于整个案例的前端，起到画龙点睛或提纲挈领的作用，对于案例使用极其重要。在案例写作和教学过程中，这三方面的

评估需要注意以下几个方面的内容。

对于标题而言，需要体现整个案例的精髓所在。文风犀利，表达俏皮的标题往往备受推崇，而简单将案例名称或主要实践作为标题的方式显然削弱了案例的吸引力。对于标题的苛刻要求，客观上要求其在案例制作完成后拟定，以通观全局，仔细推敲，而不应在案例制作伊始便草率敲定。

对于摘要而言，需要观察文字、内容和逻辑三个维度。从微观来看，需要考察摘要的文字是否具有概括性；从宏观来看，需要考察摘要内容的全面性；从内部结构来看，需要考察逻辑性。

对于关键词而言，应从图书情报学的角度考虑其检索要求。写作时需要凝练出案例正文、案例使用说明和现实应用的核心内容，避免关键词之间的概念交叉。

（三）案例正文评估规范

案例正文的评估规范从案例价值着手，依次讨论各个构成部分的评估要求，最后从文字的客观性予以总体评估。

之所以要首先关注案例的典型性，主要是基于案例研究的特性考虑。在实际教学过程中，通过对案例的讨论来深化对知识的理解，以及对知识的现实应用。单一案例研究的特性决定了案例所描述的事实和讨论的问题应具有典型性，只有这样才能在学习过程中形成典范，起到举一反三的作用。[①]

在案例梗概部分，需要对所选案例的材料背景进行充分挖掘，设定案例的存在条件，这样的处理，便于案例研习时了解案例所处的外部环境，以及理解案例实情。

---

① 案例的典型性评估分两种情况：其一，对于教师提供的案例，选取时已进行筛选，备选案例已具有典型性，学生是在认领的案例基础上进行分析的。在这种情况下，实践过程中应更加注重在正文中选取的影像情节或非影像资料的内容是否具有典型性。其二，若为学生自己选取的案例，则应对其选取的案例典型性进行评估。

（四）案例使用说明评估规范

首先，案例正文与案例使用说明需要有内在一致性。案例正文是案例使用说明相关部分的基础，案例使用说明来源于案例正文，但高于正文。在写作过程中，需要防止产生"两张皮"的现象。

其次，案例使用说明内部各部分之间需要有连贯性。教学目的与用途、启发性思考题、分析思路、理论依据与分析、关键要点、课堂使用计划应浑然一体。相关部分的修改必将导致其他部位的相应修改，一发牵动全身。

除了上述两部分的具体评估规范，还有必要对文字进行规范。但文字规范素来都是仁者见仁，智者见智。在此，不做统一规定，但提供一个简约的操作指南规范，便于案例制作的高效进行。

全文宋体、小四，行间距23磅。

案例正文和案例使用说明左顶格对齐，字体加粗，并作分页处理，单独成页。

案例正文和案例使用说明作为一级目录处理。随后的标题层级依次按照一、（一）、1.、（1）处理。

所有标题字体加粗。

摘要和关键词左顶格对齐，"摘要"和"关键词"字体加粗。

参考文献格式参考《世界经济与政治》杂志格式规范进行 http://www.iwep.org.cn/cbw/cbw_xsqk/xsqk_sjjjyzz/xsqk_zsgf/。

四、国际关系案例入库标准

入库需要经过专家的评审，通过无记名打分的方式进行，需要至少每项达到中间值水平。一般而言，案例评审流程由以下几个步骤组成：初次评估，如果专家一致认为合格，即入库成功。如果有修改意见，需要返回修改，进行复评，直至合格为止。

专家评审主要通过由指标体系所建构的评审表来评判。专家评审表既是案例评估入库的量表，也是案例写作过程中的标尺，对于提升案例质量至关重要。案例制作过程中，可以将评估量表作为写作指南和自我修改完善的标准。

第二章 科研方法论的影像教学法探究
——基于《泄密》的双重过程追踪研究[①]

谌华侨 郝楠 马军兰[②]

摘要：方法论作为学科构成的重要部分，对于学生的科学研究能力具有重要意义。现有教学手段上，方法论的教学大多借用传统纸质媒体通过平面的方式予以传承。然而，通过现代影像技术，运用影像资料，改造最新的方法论研究成果，两次使用过程追踪方法来分析视频样本，实现学生对社会科学实证研究规范的视觉化操作。

关键词：影像教学；社会科学研究；过程追踪

一、研究问题

相较于平面信息，影像资料作为视觉化信息载体，能在短时期内传递大量信息，信息传输的效率和观赏性更强。社会科学实证研究规范长期存在于文字载体中，内容较为艰涩，大学本科生一般较难掌握。可否通过影像资料，在大学本科生课堂进行社会科学实证研究规范的学习？利用哪种方法能有效地通过影像资料进行社会科学实证研究规范的训练？本研究围绕这些问题，拟通过过程追踪法来发现影像资料中的社会科学实证研究设计，从而实现社会科学研究过程的视觉化展现。

[①] 本文部分内容曾发表于王鲁男主编. 2017. 高等教育教学改革研究（第四辑），重庆：重庆出版社。
[②] 谌华侨，男，四川外国语大学重庆非通用语学院；郝楠，男，新加坡国立大学李光耀公共政策学院；马军兰，女，硕士研究生。

二、研究对象

为了回答本文的研究问题,首先必须明确本文的研究对象的内容和范畴,即当前主流的科学实证研究规范的内容和范畴。

本文根据现有研究方法的研究成果,吸收定量研究的操作规范,依据社会科学研究的特性,梳理出了当前主流的社会科学研究规范的基本内容,作为后续实验教学中学生学习和操练社会科学规范的依据。

一般而言,社会科学实证研究包含以下几个方面。

(一)研究事实

"事实"是"事情的真实情况"。① 真实一般来讲有两层意思:一是指事情存在或已经发生;二是指有关事情的陈述与客观现实相符。

在英文词典中,有关"事实"(fact)的释义与中文是大体一致的有如下几个基本意思:①指情况无可争议的事情;②指用来作为证据或报告;③事物的真实性;④现实存在之事;⑤实际发生之事件;⑥具有客观真实性的信息片断。② 概括这两部词典的释义,可以综合出两个主要含义:一是现实存在之事(包括"已做之事"和"已发生之事");二是具有真实性的信息(包括无可争议的事情,以及作为证据或新闻、报告之组成部分的信息片断等)。这两个含义也都是从客观的角度界定事实。

概括而言,"事实"具有以下四层含义:①真实存在的事情;②反映真实情况的信息;③通过相关信息被认为是真实存在的事情;④被证实的观察、观念。在这四层意思中,"真实存在"是最根本的一条,有了事情的存在,才可能有对事情的认识和反映事情的真实信息。③

实证主义者认为社会现象同自然现象一样具有规律性,认为社会事实在

---

① 中国社会科学院语言研究所词典编辑室. 2005. 现代汉语词典(第 5 版). 北京:商务印书馆,1246.
② Webster's Ninth New Collegiate Dictionary. 1963. Springfield, MA: Merriam-Webster Inc, Publisher, 444. Judy Pearsall ed. 1998. The New Oxford Dictionary of English. Oxford: Clarendon Press, 656—657.
③ 李少军. 国际关系研究中的事实与观察. 国际观察,2008(1):2.

客观性与规律性上与自然事实相同，运用寻找自然规律的大体相同的方法，就能够"发现"这些规律。

（二）研究问题

在《现代汉语词典》中，"问题"一词有四个定义：①要求回答或解释的题目；②需要研究讨论并加以解决的矛盾、疑难；③关键、重要之点；④事故或麻烦①。

问题是科研人员面临的未解之谜（puzzle），在国际关系中，研究问题（research question）是指国际关系研究所要回答或解释的题目，它不是一个值得讨论的问题（issue），不是一个需要解决的问题（problem），也不是矛盾和疑难（difficulties），更不是关键之点（key factor）②。

一般而言，研究问题分为是什么、为什么、怎么办三类，即描述性问题、解释性问题、探索性问题③。

（三）研究假设

对问题的自我回答，即研究假设。假设是对变量属性、变量关系以及如何改变变量属性和变量关系的预想性推断④。假设是研究问题尚未得到检验的预想答案，或者可以界定为有待于证实或拒绝的对事实或事物性质以及相互关系的暂时性断言⑤。

研究假设具有概念明确；能被经验检验；使用范围有所界定；与有效观测技术相联系；与一般理论相关联的特性⑥，其中，能被检测最为核心。

假设一般分为描述假设、因果假设和处方假设，其表现形式为一个特殊

---

① 中国社会科学院语言研究所词典编辑室. 现代汉语词典（第5版）. 北京：商务印书馆，2005：1431.
② 阎学通，孙学峰. 国际关系研究实用方法（第二版）. 北京：人民出版社，2007：41—42.
③ 阎学通，孙学峰. 国际关系研究实用方法（第二版）. 北京：人民出版社，2007：44—47.
④ 阎学通，孙学峰. 国际关系研究实用方法（第二版）. 北京：人民出版社，2007：64.
⑤ 唐·埃思里奇. 应用经济学研究方法论. 朱钢译. 北京：经济科学出版社，1998：61，149.
⑥ 袁方. 社会研究方法教程. 北京：北京大学出版社年版，1997：123—124.

疑问句。

（四）文献综述

文献综述是对文献进行查找、阅读、分析、总结、归纳和评论的完整过程[①]。社会学者风笑天将文献综述分为两种类型："作为过程的文献回顾"和"作为结果的文献回顾"。前一种主要是指围绕某一主题，对相关文献进行系统的搜索、查找、阅读及分析的过程；后一种则指以总结和综述的方式将上述过程的结果表达出来[②]。

文献综述主要是描述、评论、分析前人所做的与你的研究项目的相关性。文献综述的目的是通过评估分析已有研究的贡献和不足，凸显自己研究问题的价值；寻找自己的专业问题和理论传统的关系，以便阐明自己的研究在这一领域中的位置；寻找自己与前人的不同之处，让研究尽可能具有原创性。

文献综述的作用在于识别研究起源；表现对感兴趣领域的观点、信息和实践行为的了解；证明研究题目和方法的选择是必要和适时的；提炼并发展研究的问题和目标[③]。

（五）理论框架

一般而言，理论由变量和机制构成。变量则包含多个属性或范畴，是在研究过程中具有一个以上不同取值的概念[④]。机制包括自变量、因变量和将自变量传递到因变量的通道。

在实证研究中，理论的作用主要体现在三个方面：①理论决定了哪些变量应该或不应该出现在计量分析当中；②对数据分析结果的解读，总是建立在一系列的假设基础之上，而理论有助于澄清这些假设；③从一个特定样本

[①] 路阳. 社会科学研究中的文献综述：原则、结构和问题. 社会科学管理与评价, 2011（2）：69.
[②] 风笑天. 社会学研究方法. 北京：中国人民大学出版社, 2005：59.
[③] 马丁·丹斯考姆. 做好研究的10个关键. 扬子江译. 北京：北京大学出版社, 2007：47—48.
[④] 阎学通, 孙学峰. 国际关系研究实用方法（第二版）. 北京：人民出版社, 2007：73.

得到的分析结果，能否推广到别的时间、人群和环境之中，也取决于理论。理论研究就是在复杂对象中寻找简单的单元和它们之间的联系方式，研究和描述这些单元，把它们连接到复杂对象的模型中[①]。

（六）分析论证

分析主要是利用经验事实检验研究假设猜想的变量关系是否成立或预测某一特定的变量值是否出现[②]。

分析主要包括：方法论，即指导研究的思想体系，包括基本的理论假定、原则和思路等；方法或方式，贯穿于整个研究过程的基本程序、策略和风格等；操作技术，即在研究中具体使用的手段、工具和技巧。

从更一般的意义来讲，分析论证主要是用定性和定量的方法来分析理论框架对研究假设的契合。定量方法主要是通过对变量的测度，来实现对其操作，并检验自变量与因变量之间的关系。定性研究主要有案例研究、话语分析、诠释法、访谈、民族志、田野调查等。

（七）研究结论

结论主要是总结本研究的理论意义和现实意义，以充分实现研究的价值所在。同时，也可以客观地指出研究在问题选择、理论构建和方法使用以及整体衔接方面所存在的不足，并在此基础上展现本研究的未来发展方向。

三、研究设计

（一）影像资料选择

本研究拟采用重庆市渝北区房屋管理局拍摄的反腐题材微电影《泄密》为影像资料素材。之所以选择该视频作为影像教学的案例，首要原因是该视

---

① 巴利切夫斯基. 科学研究：对象、方向、方法. 王魁业等译. 北京：轻工业出版社，1984：52.
② 阎学通，孙学峰. 国际关系研究实用方法（第二版）. 北京：人民出版社，2007：100.

频取材于日常生活实践，学生对内容较为熟悉，以利于培养学生观察生活的习惯；其次，该段视频时间较短，仅为八分四十四秒，利于反复观摩，提升学习效果；再次，该段视频故事情节反差较大，能充分体现社会科学研究规范的核心内容；最后，该段视频为公开资料，不涉密，容易从互联网获得。

总之，之所以选择《泄密》作为案例研究的蓝本，是因为它具有现实、短小、精悍、易得等特性。

（二）研究方法简介

1. 过程追踪简介

过程追踪（Process-Tracing）是进行个案研究的定性研究方法。Derek Beach 和 Rasmus Brun Pedersen 两位年轻学者集多年过程追踪的成果，于 2013 年出版该领域研究的首本专著——*Process-Tracing Methods: Foundations and Guidelines*。[①]

该书试图从个案研究方法中提炼出一般理论，以进一步凸显个案研究的价值。不仅如此，该方法尝试超越既有研究对相关性的迷恋，力图从个案中发现一般性的因果机制，以发现从自变量到因变量的传导过程。该书与其他个案研究著作的不同之处在于，作者不仅提出了对过程追踪的多类型划分，更为重要的是，吸收定量研究的成果，将过程追踪方法改造成操作性极强的定性研究手段。

2. 过程追踪的适用性

Derek Beach 和 Rasmus Brun Pedersen 提出了过程追踪的三种类型，以提升过程追踪的适用性。

第一类是理论检验过程追踪（Theory-Testing Process-Tracing）。该类过程追踪假设因果机制存在于一系列案例中，研究人员选择一个个案，该个案中有自变量、因变量、因果机制。该类追踪在于评估是否有证据显示连接自变量和因变量的因果机制存在。

---

① Derek Beach and Rasmus Brun Pedersen. 2013. Process-Tracing Methods: Foundations and Guidelines, Michigan: The University of Michigan Press.

第二类是理论建构过程追踪（Theory-Building Process-Tracing）。该类过程追踪试图从个案中建构一个理论，该理论包括连接自变量和因变量的因果机制。而且，这一理论能够从因果机制不够清晰的情景下不断抽象以适用于其他现象。

第三类是结果解释过程追踪（Outcome-Explaining Process-Tracing）。该类过程追踪试图解释一个特定的历史结果。其目的是精心形成一个对结果的充分解释。

理论检验过程追踪、理论建构过程追踪属于理论导向，解释结果过程追踪属于案例导向①。

（三）被试选择

为了检验不同阶段和专业属性的学生运用过程追踪来练习研究设计的差异和效果，本次研究选择了四川外国语大学国际关系学院本科三年级英语专业（公共外交方向）、英语专业（国际关系方向）和外交学两个专业三个方向各两个班的分流学生，②同时还选取了四川外国语大学研究生院比较制度学专业2013级和2014级硕士研究生。③上述学生分为五次课分别进行实验。

进行这样的被试选择主要是为了进行两组参照组比对，第一组是本科阶段和研究生阶段的不同学习层次的参照组，第二组是两个阶段英语和外交学所属专业的参照组。通过两个参照组来观察不同专业和层次的学生通过影像资料，采用过程追踪来学习社会科学研究规范的效果和差异。

四、实验操作

实验操作过程中，主要采用以下几个步骤。第一步，学生集体观看视

---

① 对这三类过程追踪的详细论述参见 Derek Beach and Rasmus Brun Pedersen. 2013. Process-Tracing Methods: Foundations and Guidelines, Michigan: The University of Michigan Press, 11.
② 这些学生大多准备参加国内的研究生考试或申请国外高校继续深造。
③ 四川外国语大学比较制度学专业为学校自设专业，是体现外交学与英语专业学科融合属性的专业，该专业毕业生将被授予语言文学硕士学位，就读学生本科阶段大部分为外语、外交学或国际政治专业。

频。第二步，学生分组讨论。通过这两步，学生大致将视频中的内容按照社会科学研究规范进行了梳理。第三步，分组讨论后各组选派代表，将研究设计的各个部分写在黑板上，并采用过程追踪法，将理论建构的过程也写在黑板上；在这一步，不同专业，不同层次的学生呈现出不同的理解。第四步，采用焦点小组（Focus Group）讨论的办法，共同讨论视频所体现的研究设计，并通过过程追踪发现其中的理论框架。

整个实验过程中，两次使用过程追踪的过程中出现差异或分歧较大，具体而言体现在以下步骤中。

（一）首次社会科学研究规范过程追踪

实验选用《泄密》视频，运用过程追踪法来分析视频中所蕴含的社会科学实证研究规范，从而充分展现社会科学研究过程的内在联系。

此处的过程追踪宜采用理论建构过程追踪，此类过程追踪主要包括收集证据、推断证据、推断因果机制三步。具体而言，有以下步骤和内容。

第一步，收集证据。主要是观摩《泄密》，并基于社会科学实证研究规范反复梳理视频中的故事情节，为后续的证据推断准备素材。收集证据主要是在经验层面，即案例层面进行。

第二步，推断证据。该步主要是将梳理过的《泄密》故事情节按照社会科学实证研究规范呈现为可以观察的表现形式，为接下来的推断因果机制做好铺垫。虽然这一步仍然在案例层面，但相较第一步而言，已经与纯粹的经验层面相脱离，实现了迈向理论的第一次飞跃，具有理论的原初形态。

第三步，推断因果机制。有别于前两步主要存在于经验层面，这一步主要是从经验层面上升到理论层面，实现从经验到理论的第二次飞跃。该步主要通过动词和名词来推断潜藏于可观察表现形式之下的因果机制，最终实现了从经验到理论的追踪。[1]

---

[1] Derek Beach and Rasmus Brun Pedersen. 2013. Process-Tracing Methods: Foundations and Guidelines, Michigan: The University of Michigan Press, 16—18.

在第一次使用过程追踪分析视频中所体现的社会科学研究时,本科阶段大三学生中,英语专业的同学对视频中的细节掌握得比较好,在分组讨论后,各组所分享的答案中,基本都是根据社会科学规范的构成,梳理出了视频中的相关细节。而外交学专业的学生在分析视频中的社会科学研究规范的构成时,使用了相对稍多的专业词汇,抽象概括能力相比英语专业稍强。但本科三年级的同学所存在的最大问题是整个研究设计的逻辑性不强,前后连贯性交叉,甚至有些组不能完全发现视频中的社会科学研究设计的相关内容。

在比较制度学专业研究生一年级学生的实验中,本科阶段无论是学习英语专业还是学习外交学及其他社会科学专业的学生,他们对视频所进行的社会科学研究规范的梳理结果与本科三年级的同学的分析大致相同,更多梳理的是视频中的细节,有些同学甚至不能完整地发现视频中的整体研究设计,逻辑连贯性也不强。在比较制度学专业研究生二年级学生的实验中,其对视频的分析总体上要比研究生一年级好,基本能将视频中所体现的社会科学研究设计梳理完整,逻辑上也较为连贯。本科阶段学习英语专业的同学比有些学习社会科学专业的同学做得还要好。

最后,通过焦点小组讨论的方法,由教师根据不同组别的答案,引导大家集体梳理视频中的社会科学研究设计,选择相关信息,根据过程追踪的三个步骤,共同完成社会科学研究设计的整理,形成表1-2-1。

表1-2-1 基于理论建构过程追踪的社会科学实证研究设计

第一步	第二步	第三步	
收集证据	推断证据	推断因果机制	
经验层面		理论层面	
卖面胡大爷的新闻	群众眼中的政府动向	政府的政治理念	研究事实
胡大爷如何知道政府举动?	群众如何知晓政府动向?	什么因素影响政府行为?	研究问题
胡大爷通过观察身边事发现政府举动	群众通过观察身边事来感知政府动向	政治理念决定政府行为	研究假设

续表

胡大爷过去所看到的身边事	群众的身边事	政治理念 政府行为	文献综述
胡大爷的身边事显示政府举动	群众的身边事意味着政府动向	政治理念→政府行为	理论框架
最近发现的四件事	群众的身边事	四个案例	分析论证
政府不作为	群众的身边事变化意味着政府作为与否	改变政府理念	研究结论

虽然上述三步看似简单，但在实际操作过程中，往往需要在三步之间不断反复，以修正每一步的发现，最终实现通过过程追踪来发现案例中的因果机制。通过理论建构过程追踪发现科学实证研究规范。

（二）再次因果机制过程追踪

实验的第二步是通过解释结果过程追踪来探寻理论框架中的因果机制。之所以再次使用解释结果过程追踪来发现理论框架的因果机制，是因为在初次使用时所发现的社会科学实证研究规范中的理论框架仅仅是一个简约的框架，需要根据案例性质深入解释理论框架中的自变量、因变量和将自变量传导到因变量的因果机制。本试验中旨在深入解释胡大爷如何知道政府举动？

解释结果过程追踪通过两条路径、三个步骤进行，但各自的方式有所不同。

第一条路径是通过演绎的方式进行。首先，从理论层面出发，通过既有的理论来寻找对特定结果的解释，从而形成一个概念化的机制；其次，在经验层面收集证据来验证形成的概念化机制；最后，研究人员评估这样的机制对特定结果的解释是否充分。如果发现探寻的机制不能有效地解释特定结果，按照上述方式，重新开始新的追踪，直到找到满意的机制为止。

第二条路径是通过归纳的方式进行。首先，从经验层面出发，归集案例中的事实；其次，通过理论建构追踪的方法来形成因果机制；最后，评估这样的机制能够充分解释该事件。如果发现探寻的机制不能实现充分解释的目的，按照上述方式，重新开始新的追踪，直到找到满意的机制为止[①]。

在发现因果机制的过程中，不同层次和不同专业的学生表现出差异较大。本科阶段英语和外交学专业的学生普遍能够发现部分案例细节，能够梳理出案例之中的因果逻辑，但普遍缺乏概念化的能力，不能从细节中发现和体验出一般性的因果因素。比较制度学研究生一年级学生也存在大三学生所存在的问题，虽然能发现具体细节及其相互关系，但缺乏概念化的能力，还是不能提出抽象的学理概念。比较制度学研究生二年级学生中，有部分能够发现相关细节，同时也能提出自圆其说的概念及其因果机制。

随后，同样采用焦点小组讨论的办法，通过不同组别的学生所呈现的答案，通过细节梳理和概念化的过程，提出了理论框架部分的因果机制，并比较了不同的因果解释机制的优越性和局限性，最后形成了如图1-2-1所示的因果解释机制。

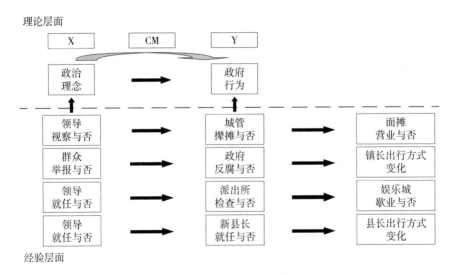

注：X表示自变量，CM表示因果机制，Y表示因变量。

图1-2-1 基于解释结果过程追踪的因果机制

[①] Derek Beach and Rasmus Brun Pedersen. 2013. Process-Tracing Methods: Foundations and Guidelines, Michigan: The University of Michigan Press, 18—21.

在实验过程中，我们同时采用上述两种路径，通过政治学相关理论和视频中的四个案例，采取双向推动的方式，通过解释结果过程追踪来发现其中的因果机制，即政府理念决定政府行为，从而导致百姓看到的身边小事的变化，回应片中的主题——卖面的胡大爷每天所发布的新闻。

通过双重过程追踪，我们不仅从影像中提炼出了社会科学实证研究的基本框架，同时，深化了对理论框架中的因果机制的把握，实现了对理论建构的操作性。通过影像，我们初步实现了研究过程的视觉化操作。

五、实验分析

通过这样的实验，我们收集英语专业和外交学专业，本科阶段和研究生阶段不同层次的学生对于相同的视频资料，通过相同的操作原理所产生的不同学习效果。

总体而言，在第一次使用过程追踪分析视频中所蕴含的社会科学研究规范时，本科阶段的对照组说明，外语专业与政治学专业这样的专业差别学习社会科学规范的效果并没有显著差异，社会科学规范没有显现出学科差异。

而研究生一年级作为刚入学的新生，学习效果并没有优于本科阶段，事后了解到，这些学生都没有学习过社会科学规范方面的内容。之所以研究生二年级做得要好，同时有些英语专业的做得比外交学专业的还要好，主要是因为这些同学在研究生一年级下学期学习过研究方法的课程，并进行了相关的训练。而研究生一年级的分析并不优于本科三年级，说明社会科学研究规范并不会随着学习时间的增加而自动习得。研究生二年级优于一年级在于高年级同学进行了相关课程的学习和训练，从中获得了部分社会科学研究规范。对照说明，社会科学规范需要专门学习和练习才能掌握。

在第二次使用过程追踪时，实验结果再次证明了第一次使用过程追踪时所出现的同样结果。作为社会科学研究规范重要内容的理论建构需要进行专门的学习和练习，这方面的技能并不会随着学习时间的增加而自动习得，社会科学研究规范对于专业属性和学习时间并没有表现出明显的差异。

通过两级对照组实验，我们发现，通过影像的方法，学生能积极主动地参与到社会科学规范的学习过程中来，能有效提高学生的积极性和学习效果。但社会科学研究规范需要专门的学习和操练，不同专业和不同层次的学生如果不进行专业训练，不可能自动习得相应的规范。

同时我们在操作中发现过程追踪作为一种研究方法，也有缺陷，主要表现在以下几个方面。

首先，过程追踪都涉及概念化（conceptualization）、操作化（operationalization）、证据收集（collect evidence）三步。由于这三步都在个案中进行，依赖于所选择个案的质量，因此对个案的要求很高，案例需要有代表性。

其次，通过过程追踪得到的答案，如果要获得更大的适用性，需要进一步验证。为提高结论的适用性，过程追踪需要在个案中反复进行，以提升所发现因果机制的可信度。

最后，虽然经过诸多学者的共同努力，过程追踪的操作性已经大幅提升，但现有过程追踪的操作方法相比较定量研究的众多操作方法，可控性仍需要进一步加强。

六、研究结论

影像教学法通过选取适宜的影视资料，运用案例研究最新成果，通过改造过程追踪方法，首次运用理论建构过程追踪，发现视频中的社会科学实证研究的基本内容。其次运用结果解释过程追踪，发现理论框架中的因果机制，实现对视频的深度分析。

通过这样的影像教学法，根据本文对于实验的观测，学生一方面提升了对社会科学实证研究规范的掌握，另一方面学习并熟悉了研究方法的使用，实现了对科学研究规范的视觉化操作。通过本实验表明，社会科学规范需要进行专门学习与练习，对英语专业和政治学专业的专业属性并没有显现明显的偏好，也不会随着本科阶段和研究生阶段这样的学习年限的增加而自动获得，只有通过规范的操作方法，进行有效的练习才能掌握。本文将在随后的研究中进一步扩大实验范围以期获得更具有信度的结论。

此外，虽然过程追踪法能将个案产生因果机制的过程予以操作化，对历史研究和案例研究的学理提升具有普遍意义，但是，在此过程中，无论是通过演绎还是归纳的方式，都会人为过滤掉很多因素。研究者主观选择的因素并不能保证是最重要的信息，可能存在偏颇。同时，这一研究方法在实际运用中的效度与研究人员的理论素养有很大关系。它对于研究者的能力要求较高，不能保证研究者的认知能力和理论涵养同时达到操作方法的理想状态，从而对理论的效度和信度产生影响。

第三章 影像史学视野下的紧急避险研究

苟青华 庞涵 孙珮琳 赵赟飞①

摘要：近年来，我国机构与公民的国际流动性不断增强，出入境人数空前增长。然而，伴随大规模人口出入境的同时，安全情况却因恐怖袭击、政局动荡、种族歧视等因素面临巨大风险，研究有效的海外紧急避险措施迫在眉睫。本文以学科融合为导向，探索以影像史学为视点，研究海外人员与机构的紧急避险方案与措施的可行性，并提供具体的研究途径与方法，为海外人员的紧急避险研究提供新思路。

关键词：影像史学；海外机构；海外人员；紧急避险

在国家间交往空前频繁的今天，我国机构和公民与外界的交往日益密切。根据公安部数据，2017年，全国出入境人员达5.98亿人次，其中内地居民出入境2.92亿人次，港澳台居民来往内地（大陆）2.21亿人次，外国公民入出境5836.36万人次。②然而，在中外交流迈向新阶段的同时，我国出境人员与机构的人身、财产等方面的安全风险空前提升，一桩桩境外安全事件令人触目惊心，扼腕叹息。党中央、国务院高度重视出入境群体，重点关注境外中国公民和机构安全保护工作，全方位打造"海外民生工程"。重视我国海外机构和人员的安全，是对中央精神的贯彻落实，符合进一步完善对外开放战略布局的要求与推动"一带一路"倡议实施的需要，对夯实我国长

---

① 苟青华，庞涵，孙珮琳，赵赟飞，女，四川外国语大学国际关系学院。
② 中华人民共和国中央人民政府网．2018-04-01．2017年我国内地居民出入境达2.92亿人次．http://www.gov.cn/shuju/2018-01/19/content_5258273.htm

期稳定发展的基础起着至关重要的作用。

一、研究目的

为响应国家和党中央的号召，本文着眼于我国海外人员和机构这些"脆弱"群体，关注其安全境遇，归纳总结安全经验与教训，旨在提出具有针对性和可行性的海外紧急避险对策，以维护我国海外机构和公民的切身利益。

据查，当前，海外紧急避险领域研究的总体情况不容乐观，主要存在以下三个问题。其一，海外避险研究方法和资料局限，与现实脱节；其二，当前海外机构和人员紧急避险研究对象选择较片面、指向性较弱；其三，当前研究中紧急避险建议普适性和实用性较低。基于上述问题，本文希望开发新的研究视角，以紧急避险措施的可视性、可操作性为视点，为紧急避险研究提供新的思路。

故而，本文选择影像史学这一研究视域探讨紧急避险问题。影像史学作为历史学的研究分支，将历史与影像资料相结合，以影像为载体传达历史信息，是一种备受关注的历史思维模式，致力于提出具有针对性和可行性的海外紧急避险对策，以维护我国海外机构和公民的切身利益。学理层面上，本文将影像史学与我国海外群体紧急避险相结合，深度挖掘海外紧急避险的典型案例，剖析核心事件，归纳经验教训，立足新局势，着眼新问题，开拓新模式。实施层面上，以现实需要为着眼点和落脚点，紧密结合传统史学与现代影像，灵活运用可视化技术和多学科分析方法，开发具有较强观感的新型避险建议，提升我国海外机构和人群的紧急避险意识和能力，保障他们的安全利益。从而在政策层面上服务于国家"海外民生工程"的建设，最终献智"十三五"发展规划，为"一带一路"倡议的实施保驾护航。

二、文献综述

影像史学研究是历史等学科常用的研究方法，不同人群的紧急避险也是学界研究的热点，虽然影像史学、驻外机构和人员以及紧急避险三个领域在国内外均已有学者开拓研究，但三者的结合研究尚难见到。因此，有必要对这三个领域的研究历史和动态进行系统分析。

1. 国外相关研究的学术史梳理及研究动态

（1）影像史学研究

作为历史学的研究分支，影像史学是一门年轻又丰满的学科。它将历史与鲜活的影像资料结合在一起，以影像为载体传达历史信息，是一种备受关注的历史思维模式。美国史学家 Hayden White 于 1988 年发表文章阐述了"Historiophoty"（影像史学）的基本思想，标志着这种新的历史呈现方式进入学术领域。基于 White 的理论，国外学者一方面将影像史学与书写历史进行对比，争论其历史研究意义；另一方面运用影像史学视角进行了多维度研究：如影像史学视角下对大众心理变化的研究、影像史学与人类学的研究、影像史学的功能研究。当代著名史学家 Natalie Zemun Davis 在 2009 年出版的史学巨著《马丁·盖尔归来》一书中肯定了影像具有反映历史的功用，也肯定了影像史学的史料价值。但这些研究主要是针对影像史学本身功用或跨学科的学术理论，着眼于实际操作的研究有所欠缺。

（2）海外机构和人员研究

国外关于海外机构和人员的研究主要包含两方面内容。一方面，针对海外机构和人员本身展开探索。对海外机构，如美国驻巴基斯坦大使馆、驻中国大使馆为例研究海外机构的布局设置特点；对特定人群，如印度尼西亚、尼泊尔和菲律宾的海外劳工群体（Maruja M.B.Asis，Dovelyn Rannveig Agunias，2012）和欧盟国家的旅游人群（Wolfgang Aschauer，2010）。另一方面，以特定事件为切入点展开对海外机构和人员的讨论。如探讨美国驻利比亚班加西外交机构遇袭事件、伊朗人质事件以及斐济和肯尼亚两国的恐怖袭击和政治动荡事件为例，研究海外人员中的旅游人群。

（3）紧急避险研究

国外对紧急避险的研究多先将事故分类再提出紧急避险的建议。如面对重大火灾，Genserik Reniers（2016）强调应急资源的有序、协调使用，并提出两种模型以应对不同性质的火势;Robert G. Goldhammer(2007)认为最好的紧急避险方式就是要认真对待预警、应急和善后三个步骤;面对地震等自然灾害时,Tetsuhiro Togo To、Sihiko Shimamoto(2009)从2008年中国汶川地震的救援过程反思,认为政府需及时预警自然灾害并即时监测同震的化学变化,教导民众自发应对地震;关注海外安全,以宏观视角讨论政府在公民海外遇险时应尽的职责,如挪威学者舒尔·拉尔森著的《危机中的领事保护——以挪威为案例》。基于拉丁美洲各国政府之间正式和非正式合作使散居者参与的做法和机构扩散的做法,研究了拉美政府如何为其在美国的人口和他们所遵循的模式制定了有关领事保护和服务提供的类似做法和制度。这种区域合作的大部分是基于信息共享和参与旨在提供服务和保护移民权利的联合举措,将经济发展作为一个相关但次要的目标(Alexandra Délano,2014)。

2. 国内相关研究的学术史梳理及研究动态

(1) 影像史学研究

我国的影像史学研究始于20世纪90年代中期,周梁楷先生最先把"Historiophoty"译为"影像史学"并引入国内。1996年,复旦大学教授张广智首次撰文向大陆地区介绍影像史学,随后发表系列论文和研究著作,以说明影像史学为史料注入了鲜活的力量。近年来亦有一部分研究产出,从多方面阐释影像史学的优势和特征:多学科间交融合作有助于影像媒介更全面、科学和均衡地记录现实社会(谢勤亮,2007)。影像史学使史料的涵盖范围、采编手段、采集主体和客体都产生了质的变化,标志着史料学进一步扩大到影像领域(林硕,2016)。影像史学促使历史学家在历史表述形式和解释方法等方面发生变化,提醒史学工作者应对影像予以更多的关注,由此可见史学界对这一种具有可视化特征的史学分支保持着特别的关注。

与此同时,一部分学者开始应用该法进行战争记忆、教育、心理学等话题的探索,影像史学研究法的应用使得这些研究更加鲜活、丰富。当前,应用影像史学的研究方法来解决我国海外机构和人员避险问题的先例还非常少。

（2）海外机构和人员研究

国内研究大多基于理论层面和专业视角。对驻外机构的研究主要着眼于建筑学和美学，而较少涉及机构安全问题：使领馆建筑遗址的保护和再利用；从工程设计、美学特色方面探讨驻外使领馆的建筑形式设计；对南非使领馆进行了安全方面的探究（康凯等，2013）。海外人员的安全研究成果较为宏观：如对我国的领事保护的宏观部署进行了评价，指出中国领事保护中存在的问题；中国外交的新重点——保护中国公民的海外安全（夏莉萍，2005）。

（3）紧急避险研究

目前国内对紧急避险的研究主要集中于制度本身、法律性质、成立条件、刑民案例，更多关注司法实践中出现的问题。具体研究成果如下：首先，各国紧急避险制度的比较研究（马克昌，2001）；以法律为着眼点，深度挖掘我国刑法、民法在具体紧急避险环节中出现的矛盾，并设计出能够解决权利冲突的制度；其次，为国内普遍性突发事件应对能力的提升献计献策。如针对高速公路紧急事件的相关研究、突发事故应急救援中关键技术的研究、应急处置机制的研究。

纵观国内外研究现状，不难发现当前的研究存在以下问题。第一，视角局限：目前多数研究的视角较局限。在研究对象上，将所有出国群体视为一个整体进行研究，对特殊人群，如外交官群体，关注度较低，没有进行系统的分类讨论，使得相关研究成果缺乏针对性和特殊性；在研究角度上，多数研究从传统史学角度出发，没有涉及多学科的综合性研究，使得成果形式较单一，结论多雷同。第二，方法单一：多数原有研究的方法较单一，以文献研究为主，专注于史料的研究分析，没有应用影像等多元资料和其他研究方法，使得其与现实事件的结合程度较低，从而导致研究成果呈现形式少，缺乏可读性。第三，实用性低：多数研究较为笼统地讨论海外紧急避险的措施和方式，对大多数人群缺乏适应性，甚至没有提出可现实操作性的对策，忽视了相关人群的实际需求，不能适应目前情势的需要。

因此，区分驻外使领馆、驻外中资机构、外交官、普通人员四个主体，从影像史学出发，结合影像资料，以实用性为准则，开发海外紧急避险机制，是理论与实践的较好结合。

三、研究方法

1. 影像分析法

本研究选取与研究目的相符的影像资料，主要包括电影、电视剧、纪录片等，进行分类。根据不同类型的影像资料，进行影像内容概括、结合理论分析、拓展现实应用，形成类别多样的影像案例集。

2. 案例研究法

（1）横向比较

本研究针对一个案例的发展过程，进行横向深入研究，挖掘案例的深刻内涵，给予大众的现实意义。

（2）纵向比较

本研究提炼影像资料中的案例，同时结合现实案例，进行多案例纵向分析研究。梳理多个案例的共性和特性，再分别进行深层分析。

3. 调查研究法

本研究针对具有海外经历的相关人士，例如对话外交部创新委资深外交官，走访海外经历丰富的权威商务人士，海外留学、短途旅行者口述史，记录并形成报告。

四、研究框架

本研究从影像史学视角出发，以驻外机构和人员为研究对象，主要包括以下内容：首先，收集大量资料，分为学术资料和影视、文学、现实案例，了解国际法，根据分类准则，即驻外使领馆、驻外非官方组织和外交工作者、其他海外公民，分门别类地展开资源挖掘，进而实现对研究对象的学理认知和丰富。其次，在前期资料收集的基础上，进行科学的梳理与整合，深度剖析导致海外危险事件发生的具体因素，总结共性，实现经验、教训的提炼，指导应急机制的开发。基于以上研究，将着眼于驻外机构和人员的现实安全需求，开发出切实可行的紧急避险机制。具体研究将采用基础性研究和实用性研究相结合的方法进行，如图 1-3-1 所示。

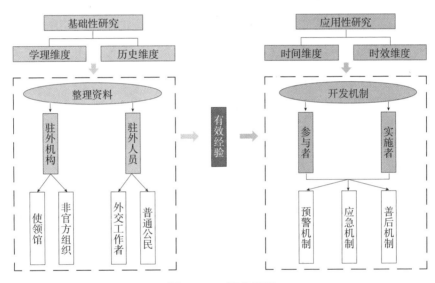

图 1-3-1 研究框架

基础性研究将从学理维度和历史维度两方面进行。通过两个不同维度进行资料的收集以及整理。资料大致分为驻外机构和驻外人员两大类型，细化至使领馆、非官方组织、外交工作者和普通公民。通过不同类型案例的收集，形成指导性资料库。在资料整合的基础上，以影视史料为主，其他材料为辅，提炼出相关事件的共性和特性，得出海外安全事件有效经验，这些经验将直接推动应用性研究的进行。

应用性研究将实际效用作为立足点，以时间为分类准则，着手开发不同时间段的避险机制。具体研究过程为：避险机制针对参与者和实施者两个不同主体制定，其中按照时间分类准则将形成预警机制、应急机制、善后机制三大类，确保对避险过程进行全方面涵盖。

五、研究路线

本研究紧扣影像史学主题，将研究分为整合资料、归纳原因、开发对策三个流程进行，科学划分每一流程分类下的不同研究内容。

第一，本研究立足于学理性和应用性两方面进行。学理性方面，主要针对通过影像呈现国际关系、探究影像教学法等进行理论剖析和归纳，为应用性研究提供理论基础。应用性方面，以影像为基点，进行剧情、人物关系梳理，提炼关键剧情并结合理论分析，总结不同主体的重要问题，最后结合典型案例实现资料规划和对策研究。前期理论探究、整合资料、归纳原因，为紧急避险研究的对策开发提供有力保障。

第二，在可视化观念的指导下，采用多种研究方法：文献研究法、统计分组法、影像分析法、案例研究法、比较研究法、调查研究法、经验总结法，进行研究。解决现阶段海外机构和人员研究的方法与资料单一，涵盖主体不全面，与现实脱节的问题。

第三，综合运用多元分析范式。本研究遵守全方位、宽领域、多层次的原则，融合了统计学中的统计分组法、传播学中的访谈法等多学科研究方法，实现了研究方式的多样化、科学化。同时，以我国对外工作的重要目标为导向，紧密联系新时期的复杂国际形势。收集大量的生动案例，最终得出包括多元资料库、案例集、学术论文、视觉化避险手册在内的不同类型的研究成果，开发、设计出有实用价值的海外机构和人员紧急避险方案。

六、研究意义

本研究紧扣影像史学主题，以我国对外工作的重要目标为导向，以视觉化和可读性作为重要准则，紧密联系新时期的复杂国际形势，将分为整合资料、归纳原因、开发对策三个流程进行，科学划分每一流程分类下的不同研究内容，根据研究内容的学理性和应用性侧重不同，为驻外机构及海外人员提供科学性高的海外避险措施。本研究的操作流程映射着研究整体的学术严谨性与实用性：首先是对理论的充实，不但丰富了对影像史学、驻外机构和人员以及紧急避险等领域的研究，也开拓了这三类研究对象的跨学科研究；其次是对实用性的回归，基于趣味性高、针对性强的特点，研究结果可更为有效地引导驻外机构和人员自觉提高安全意识，利用广大潜在受害者自身的预警意识规避海外危险，从源头减少海外危机的发生，缓解我国领事保护工作的压力。

截至2018年4月，以领事保护为题材的影像《战狼Ⅱ》《红海行动》分别取得中国内地电影史票房榜的冠亚军，可预见领事保护结合影像所具有的广阔前景。因此，针对目前研究对象选择片面、忽视部分群体和研究偏理论的问题，科学制定分类标准，关注目前被忽视的驻外使领馆和外交人员，开发、设计具有针对性的紧急避险意见，让驻外机构和海外人员等不同群体获取有实用价值的紧急避险方式，不仅有理论意义，还满足了对预防性领事保护的现实需求。

参考文献

[1] 康凯，崔恺，等. 中华人民共和国驻南非大使馆[J]. 建筑学报，2013（6）：16—22.

[2] 林硕. 论影像史学引发的史料学革新[J]. 学术探索，2016（12）：108—114.

[3] 马克昌. 紧急避险比较研究[J]. 浙江社会科学，2001（7）：91—98.

[4] 夏莉萍. 中国外交的新重点——保护中国公民海外安全[J]. 新视野，2005（6）：75—77.

[5] 谢勤亮. 影像与历史——"影视史学"及其实践与试验[J]. 现代传播（中国传媒大学学报），2007（2）：79—83.

[6] Alexandra Délano. The diffusion of diaspora engagement policies: A Latin American agenda. Political Geography, 2014: 90—100.

[7] Hayden White. 1988. *Historiography and Historiophoty*. The American Historical Review, Vol. 93, No. 5. 1193—1199.

[8] John Fletcher; Yeganeh Morakabati. 2008. *Tourism activity, terrorism and political instability within the commonwealth: the cases of Fiji and Kenya*. International Journal of Tourism Research, 2008（10）: 537—556.

[9] Maruja M.B. Asis, Dovelyn Agunias. et al. 2009. *Closing the distance*. Washington. D. C: Migration Policy Institute.

[10] Natalie Edwards, Ben McCann, Peter Poiana. *Framing French Culture*. University of Adelaide Press. 2015: 3—26.

[11] Scott Spector. 2001. *Was the Third Reich Movie-Made? Interdisciplinarity and the Reframing of "Ideology"*. The American Historical Review, Vol. 106, No.2. 460—484.

[12] Vanessa R. Schwartz. 2001. *Walter Benjamin for Historians*. The American Historical Review, Vol. 106, No. 5. 1721—1743.

[13] Wolfgang Aschauer. *Perceptions of tourists at risky destinations. A model of psychological influence factors*. Tourism Review, 2010（10）: 4—20.

第四章 《危机13小时》中美国政府领事保护决策失误原因探析

苟青华[①]

摘要：以国民安全为核心的领事保护决策是政府公共危机决策中一个具体而特殊的分支，其以优势方处于被动的特点区别于其他决策类型。案例以影视资料《危机13小时》为研究对象，以其造成1979年以来第一位美国大使在任期内罹难的"班加西事件"为原型，以案例为导向，运用因果解释过程追踪法对美国政府领事保护的决策全过程进行多维度研究，提炼出美国政府决策行为的因果机制，加之充分探讨以得到美国政府领事保护决策失误的原因并总结其经验：重视安全预警、优化并行处理系统以及提高行政决策联动能力。

关键词：班加西事件；领事保护；公共危机决策；因果解释过程追踪法；决策失败

一、引言

近年来公共危机决策研究备受学者关注，公共危机决策是指政府在公共危机事件发生过程中，为减少、消除危机的危害，根据危机管理计划和程序而对危机采取应对及管理的过程。公共危机决策的研究方向主要集中在以下几方面：①灾害危机，如地震、病菌；②社会群体危机，如暴乱、安全事故；③重大决策方向，如美国在中东地区的反恐战略；④政府管理方向，如决策者的操

[①] 苟青华，女，四川外国语大学国际关系学院。

作和技术。由此可见，以保护海外本国公民为实质的领事保护决策也应是公共危机决策中的一个具体分支，其以强势方处于劣势的特点区别于其他决策类型。针对公共危机决策，学术界业已从宏观到微观的研究中形成较为完备的理论体系，但这些理论中并无合适的理论框架可用于个案的深度分析（由于本文将使用基于结果的因果解释过程追踪法，因此详尽的文献综述见过程追踪的理论综述部分）。此外，对于公共危机决策失误的分析视角和建议提出大多偏理论化，不易实践。理论与典型案例的结合研究是近年来公共危机决策研究的趋势，不过案例选择的范围则主要集中在影响国计民生的重大问题上，极少涉及领事保护案件，而且案例往往是以辅助支撑理论的形式出现。

"班加西事件"是一个典型但尚未被挖掘的公共危机决策失误案例，笔者在初步追踪美国政府在班加西事件的决策过程中，发现美国政府决策失误的原因较为复杂。当前全球化趋势加深，暴涨的出境人数给各国带来了巨大的领事保护压力，不论是驻外机构还是海外人员的紧急避险问题都值得关注。因此，笔者认为，对"班加西事件"进行多维度挖掘不仅可以开拓公共危机决策研究，具有极大的公共决策理论意义，还满足了领事保护实践的紧迫性。

鉴于此，本文将以影像资料《危机13小时》为基点，对美国政府在"班加西事件"中的领事保护决策过程进行追踪，关注政府中各主体在决策过程中的行为关系与路径，归纳出美国政府进行领事保护决策的因果机制，从中找到其决策失误的原因并反思总结其经验。

二、《危机13小时》影像资料简介

《危机13小时》是迈克尔·贝根据真实领保案件"班加西事件"改编而成的电影，影片主要讲述了六名士兵组成的护卫队保护美国驻利比亚班加西留守机构的故事。"班加西事件"导致美国自1979年以来第一位大使在任期内牺牲，是时任国务卿希拉里任内一个政治污点。

2011年10月，美英法联军空袭利比亚，自此，利比亚战火蔓延。2012年，位于利比亚的美国机构仍然留守，其中班加西的一个外交据点和一个中情局秘密基地安全等级被列为"高度危险",CIA(Central Intelligence Agency,美国中央情报局)安排了由6名前特种部队组成的安保小组(Global Response Staff,GRS)保护基地。9月上旬,克里斯·克蒂文斯大使(Chris Stevens)来到班加西,因利方疏忽导致大使行踪暴露。在"9·11"之际,又恰逢美籍导演制作的引起世界穆斯林愤怒的影片《穆斯林的无知》播映。11日晚,当地群众突然集结并袭击美国外交据点,攻进大使住所。临近的 CIA 基地很快得知据点受到攻击的事情,但基地主管鉴于 GRS 的敏感身份,坚持派当地盟友——二月十七日烈士旅(February 17th Martyrs Brigade,F17MB)[①]协助外交据点。的黎波里大使馆立即多方联络,并派出葛兰小分队参与救援。国防部也开始动员联合作战部队和快速反应部队进行营救。随着袭击声的愈演愈烈,GRS 还是擅自前去支援,抵达据点时发现大使失踪,一名人员死亡。GRS 预判袭击者会乘胜追击,便带着美方所有工作人员回到 CIA 基地。此时,国防部派出的空中无人机抵达事发地上空。果不其然,12日零点刚过,袭击者又对 CIA 基地发起攻击,安保人员艰难地抵抗着猛烈攻击。美军非洲司令部的军事行动执行仍未得到军事行动决策者的一致通过。CIA 工作人员不停地向附近美国军事单位发出求救信号,但因无权限无人前来。直到凌晨5点葛兰小分队才在"利比亚之盾"的带领下抵达 CIA 基地。不久,最后一波迫击炮攻击开始,葛兰和另外一名安保人员不幸遇难。天亮后,CIA 基地里面的所有人相继返回美国。

三、《危机13小时》的过程追踪

过程追踪有多种方法,本文旨在通过确立"班加西事件"决策过程的因果机制,并对其进行充分分析,以得到美国政府领事保护决策失误的经验,因此笔者采用基于结果的因果解释过程追踪法(Explaining-outcome process-

---

① 二月十七日烈士旅(February 17th Martyrs Brigade,F17MB)是由利比亚国防部资助的民兵组织,在格达费垮台以后的过渡政权时期,其扮演了东利比亚的警察角色,维持社会秩序。

tracing)。① 在一个有因有果的事件中,可将事件的引发因素称为自变量(X)、事件的特定结果视为(Y),基于结果的因果解释过程追踪法是为了寻求对某一结果的充分解释,即自变量(X)到结果(Y)之间存在的因果关系进行充分解释,此方法的操作步骤是:首先,不仅要构建合适的理论框架,对决策机制的基本理论进行梳理,同时还要基于研究案例本身,从经验层面的事实进行梳理;其次,将决策机制与经验事实进行对比;最后,反思所得的决策机制是否能够充分解释经验事实,如果不能够形成充分性解释,还要继续修正因果机制直至能够充分解释。

(一) 理论综述与事实梳理

1. 理论综述

公共决策机制是指用制度加以固定的承担公共决策任务的组织机构和人员的职权划分、结构组成和相互关系的总称。② 领事保护决策,是指国家在面对海外安全问题时,基于保证国家有长久发展的外部环境,还要尽最大努力保护民众的生命及财产安全,在多种可能的行动方案中进行决策,选出应对之策和解决方法。③ 因此本文认为,美国的领事保护决策机制就是美国政府进行领事保护决策时,在遵循的一些制度、流程等的条件下,协调各个部分之间关系,以更好地发挥作用的具体动态运行方式。

公共危机决策失误是一种常见的行政现象,对于不确定性极高的领事保护决策更是如此。学界对公共危机决策分析的理论框架丰富,如理性选择模式(王鸣鸣,2003)、官僚组织理论(张清敏,2006)、认知心理理论(陈仁芳,2007)等,从公共危机决策以研究决策主体、决策机制和决策程序为主

---

① 基于结果的因果解释过程追踪(Explaining-outcome process-tracing)是一种以案例为中心,并寻求对某一特定结果进行最低限度的充分解释的过程追踪方法,特定于个案的因果机制通常有必要包含非系统性的部分。详见 Derek Beachh、Rasmus Brun Pedersen. *Process-Tracing Methods: Foundations And Guidelines*, Michigan: The University of Michigan Press. 2012, 18.
② 陈庆云. 2004. 现代公共政策概论. 北京:经济科学出版社, 36.
③ 张历历. 2007. 外交决策. 北京:世界知识出版社, 67—69.

的研究结果来看，这些理论模式相互之间存在内在关联。每一种理论框架代表着影响决策行为的最关键因素，无法充分解释多种因素相互作用的政府复杂决策过程。只基于一个或两个关键因素所建立的理论存在致命的缺陷，必须关注决策过程中的多个变量。当变量罗列出来，厘清变量之间的相互作用以及变量之间相互作用的机制也很困难。所以回归事件本身，找出各主体行为之间的引发关系越来越受到重视。

著名管理学家西蒙认为，决策可分为四个阶段：第一阶段是调查阶段，考察环境，收集信息；第二阶段是设计阶段，制订分析计划方案；第三阶段是选择阶段，决定可行的备选方案；第四阶段是评价阶段，对前期活动进行评价。[①] 唐世平主编的《历史中的战略行为：一个战略思维教程》一书中也提出了相似的基本分析框架，根据主要行为体的不同，以及这些行为体的重要性，战略行为可分为战略评估、战略决策、战略动员和战略执行四个阶段，[②] 重点观察不同阶段行为体在影视资料中的对应人物，实现从理论到影视的微观转换。各阶段主体的关系如下（见表1-4-1）。

表1-4-1　　　　　　　　决策行为四阶段

行为阶段	主要行为体	辅助行为体
战略评估	情报收集和评估系统	决策层
战略决策	决策层	情报和智库系统
战略动员	官僚体制	决策层
战略执行	官僚体制、具体的执行人员	决策层、情报系统

资料来源：唐世平，王凯. 历史中的战略行为：一个战略思维教程. 北京：北京大学出版社，2015：10.

在领事保护决策实践中，由于时间的紧迫性，调查与设计并不是两个完全独立的步骤，且评价往往是险情解除后才逐渐进行的。所以，相比决策理论的

[①] 赫伯特·西蒙. 管理决策新科学. 北京：中国社会科学出版社，1997：36.
[②] 唐世平，王凯. 历史中的战略行为：一个战略思维教程. 北京：北京大学出版社，2015：7—11.

四阶段，唐世平的战略决策行为逻辑更符合领事保护决策的特性。类比战略行为的诞生，国家做出的领事保护决策行为一般也会经过评估、决策、动员和执行四个阶段：情报系统和评估系统对收集到的信息进行评估；决策层做出最后决策；调动决策内容中所涉及的相关部门和人员；行动人员执行被分派的任务。

2. 事实梳理

基于对《危机 13 小时》的初步整理，笔者发现"班加西事件"的决策过程可能存在与一般行为逻辑不符的情况。因此笔者对"班加西事件"决策基于事实的经验梳理是经过调整的，从而避免行文中再次进行因果机制的梳理和调整。

虽然美国政府的领事保护决策是在利比亚袭击者攻击驻外机构后才启动的，但美国政府前期对驻外机构不到位的安全准备，深刻影响着事发后的领事保护决策。袭击过程中，施暴者对两个机构的袭击，引发了美国政府各部门不同的应对反应。因此依据决策时间的不同，笔者将影像资料中美国政府的领事保护决策分为三个阶段来进行经验层面的事实梳理。

（1）第一阶段

2011 年英美法联军空袭利比亚，罢黜独裁者穆阿迈尔·格达费，但交战民兵洗劫了原有的国家兵工厂，为了不让致命军火流入全球黑市，美国政府维持了班加西中情局秘密基地的正常工作。此外，位于的黎波里的大使馆和班加西的外交据点也留守原位。CIA 安全机构增派退伍特种部队人员组成 6 人小组（GRS）保护秘密基地，但领馆的安全防护体系没有得到任何改善；[①] 虽然美国国务院在 2011 年和 2012 年认为利比亚对美国外交官有严重的安全威胁，但美国外交人员仍然处在一个基本上没有保护措施的非官方设施中，少量的国务院安全人员服役也要具备外交能力，因此其安全保障大部分来自利比亚的军事援助。[②]

---

① 袭击前几个月，国务院撤回了两个原本有效的外交安全局下属的移动安全部队和一个美国军事安全支援小组，取而代之的是少数几名外交安全代理和当地警卫的组合，拼凑的当地警卫力量包括一名非武装外围巡逻队和来自二月十七日烈士旅的四名武装分子. *Benghazi: where is the state department accountability? Majority Staff Report-House Foreign Affairs Committee*, Department of State, 7—8.

② Select Committee on Benghazi Releases Proposed Report, 12/7/16, 60.

（2）第二阶段

2012 年 9 月，史蒂文斯大使来到班加西，本来秘密的行踪被利方曝光。美裔导演亵渎伊斯兰先知穆罕默德的影片传到伊斯兰世界，激发了强烈反美情绪。"9·11"这天晚上，美国驻班加西的外交据点突然遭到猛烈袭击。的黎波里大使馆得知据点被袭立即组织葛兰小分队赶往支援，并立即进行国内外联系：上报国务院，联络华盛顿外交安全指挥中心，联系利比亚国民议会主席马贾里亚夫（Magariaf）。美军非洲司令部也立即动员特别行动小组集结意大利，随后，国防部一支联合特种作战部队①被动员起来，还派出"掠夺者"无人机实时监控遇袭现场。CIA 基地站长让身份敏感的 GRS 待命，决定联系当地盟友二月十七日烈士旅前去营救。GRS 自行出发营救，到据点时，已有安保人员牺牲，大使不见踪影。经验丰富的 GRS 知道这些人还会乘胜追击，让全员撤回 CIA 基地。

（3）第三阶段

次日凌晨刚过，基地外面就有人从四面八方开始攻击。站长要求基地工作人员处理好机密文件并尽可能找更多的方式开展自我营救。非洲司令部内的军事行动决策会议（由三名国防部高官及一名外交代表组成）中，由于外交代表的立场与国防部有巨大差异，所以该会议并未一致通过军事营救行动。

CIA 工作人员联系周围的空军基地、快速反应基地等部队请求支援，无一响应。凌晨五点，葛兰小分队与"利比亚之盾"抵达 CIA 基地。不久，最后一波迫击炮攻击造成了葛兰和另一名安保人员直接死亡。天亮后，美方人员返回美国。

（二）理论与事实对比分析

前文已在理论和事实两个层面对各因素的互动关系进行了梳理，因案例

---

① 联合特种作战司令部（Joint Special Operation Command, JSOC）由常设特遣部队和特种部队组成的特殊部门，在全球反恐战争对所有的区域作战指挥官和联合任务部队进行支援，其对美国总统负责，按照总统的秘密指令在全球各地开展行动。联合特种作战部队的动员即标志着总统在国家安全委员会已作出支援决策。

本身的特性，笔者在此基础上加入"影响"[1]和"致突变因子"[2]，共同展示美国政府进行领事保护决策的动态过程。鉴于"班加西事件"多级参与的特点，政府决策者不能仅仅包含宏观层面的政府高级官员，如总统，还应包括可直接立即处理遇袭情况的中观、微观决策者，因此笔者将在评估、决策、动员、执行的决策行为与影响、致突变因子的共同框架下对"班加西事件"决策过程进行提炼，明确多决策行为之间的引发关系。为了使结果更为直观，笔者制作的理论与事实对照如图1-4-1所示。

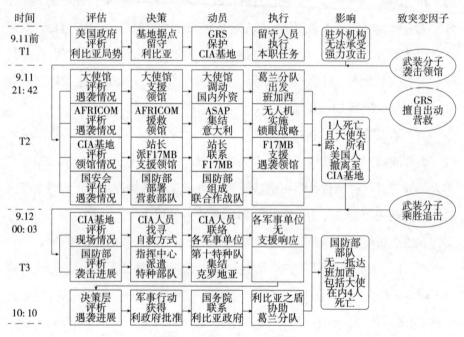

图1-4-1 理论与事实对照图

注：GRS为安保小组；AFRICOM为美军非洲司令部；F17MB为二月十七日烈士旅；ASAP为国防部特别行动小组。

资料来源：笔者自制。

---

[1] 影响：西蒙的决策过程以评价结束，本案例中的每段完整决策行为执行后虽尚未有专业部门的科学评价，但其结果是可观且客观的，对下一段决策有直接影响。
[2] 致突变因子：领事保护决策中，政府的决策行为不可避免地受到体制外利益攸关方的直接或间接的掣肘，而这些因素都是政府无法控制的。

从图 1-4-1 可以发现：美国政府在领事保护决策中基本按照自上而下的决策程序执行，军事力量动员迅速但执行乏力，中观决策与宏观决策的不一致导致军事资源使用率低。

（1）第一阶段

根据对第一段预警决策的事实梳理，可得出美国政府在此决策段中的因果机制与理论层面的一般性决策因果机制相吻合。

（2）第二阶段

对第二决策段的事实梳理表明了该阶段与理论层面的一般因果机制也具有一致性：得到外交据点遇袭情报后，各官僚机构的决策团体对是否进行营救以及如何营救做出决策，并调动相关人力物力进行部分可操作的支持与协助，不过此过程存在极其重要的来自决策体系外的突变因素。

（3）第三阶段

第三阶段因为决策权限的问题，在高级决策团体做出决策前，决策因果机制在一般性机制的基础上衍生了下一级决策者的应对行为，如国防部特种部队失效的动员。

（三）因果机制与充分解释

过程追踪法（Process-Tracing）关注的核心是原因和结果之间的因果机制。因果就是时间序列上的关键事件、过程或者决策将假设的原因和结果联系起来，辨识和确定因果机制的过程不仅能够证实假设，而且还能剔除竞争的假设或理论。[1] 因果机制（Causal Mechanism）的探索首先需要找到机制中的自变量（X）和结果（Y），找到自变量和结果才能出现事件之间引发与被引发的关系。

1. 自变量提取

从上文对三个决策阶段的分析来看：时间维度下，能够对美国政府决策

---

[1] 曲博. 因果机制与过程追踪法. 世界政治与经济, 2010（4）: 102.

过程施加影响的主体很多。袭击发生前，利比亚政局动荡是引发"班加西事件"决策的最深层次原因，可选其为自变量（X），包括大使在内四人死亡的结局是决策的最终结果，所以可视其为结果（Y）。整个决策存在三个相继发生的决策阶段，这意味着在（X）和（Y）之间存在第一阶段决策结果（Y1）和第二阶段决策结果（Y2），而它们之间又是层层递进的关系，即前一段决策的结果是引发后一段决策的原因，所以不难看出，班加西事件中从利比亚局势陡然恶化到营救失误的过程中还存在中介变量：安保力量不足（X1）、袭击者突然攻击领馆（X2）、GRS擅自行动（X3）、全员撤回据点（X4）、袭击者继续攻击据点（X5）。引发整个决策的自变量（X）与中介变量也是存在因果关系的：利比亚政局动荡后，美国乐观评估其局势造成驻外机构安保力量不足；安保力量不足的情况下遭遇突然的军事袭击，幸好GRS自发提供支援，才在溃败中挽回一点损失；考虑到袭击者会乘胜追击，全员撤回据点，以应对新一轮攻击。不过单从一段完整决策本身来看，这些中介变量在对应的决策段内仍然是该决策的引发条件，这意味着，中介变量在相应决策段的因果机制中仍可视为自变量（X）。

2. 因果机制确立

在自变量（X）提取归纳后，可将这些因素中的实体与其行为之间的作用模式进行总结。切合过程追踪第一步中决策流程，图1-4-2建构了美国政府进行领事保护决策过程的因果机制。

由美国政府进行决策的因果机制可见，整个决策几乎按照一般性决策机制演化，不过仍存在由决策权限所引发的不同于一般机制的决策行为逻辑：首先在自上而下的最高决策下达的同时甚至先于最高决策下达的时期，各级决策者已经形成并行的决策处理系统；其次针对海外烈性袭击的领事保护决策本身存在超强的时间压力，中观决策层不仅要立即实施部分应对措施，还不得不提前预估最高决策层而进行的"预决策"并做相应的动员。常规的决策流程加上这种基于事实的特殊现象恰恰能够对自变量（X）到结果（Y）进行充分的解释，由此，"班加西事件"中，决策程序的低效是其失误的最主要原因。

时间（T）	自变量（X）	因果机制（Causal Mechanism）							结果（Y）
T1	利比亚政局动荡（X）	评估 政府评估 海外局势	→	决策 驻外机构留守原地	→	动员 安保人员保护驻外机构	→	执行 驻外人员各司其职	安保不足（Y1）
T2	安保不足（X1） 领馆遇袭（X2） 一线安保人员擅自行动（X3）	评估 官僚机构评析 海外险情 权利顶层定夺 海外险情	→	决策 官僚机构援助 受害单位 政府解除 海外险情	→	动员 机构领导调动 各方资源 下属机构落实 行动方案	→	执行 可用力量前往 受害单位	全员撤回据点（Y2）
T3	全员撤回据点（X4） 据点遇袭（X5）	评估 各级机构评析 遇袭进展	决策 各级机构展开 营救行动	动员 机构人员联动 军事单位	评估 军事行动决策者评估 国家利益	决策 军方行动获得 外方批准	动员 美国政府联络 外方政府	执行 外方协助美方	营救失败（Y）

图1-4-2 "班加西事件"决策因果机制图

资料来源：笔者自制。

四、失误原因探讨

因果机制强调的是原因发挥影响，造成结果的中间过程，[①]实现对决策过程的充分解释。一项决策失误的原因，往往能在决策过程中找到端倪。图1-4-2很好地揭示了美国政府进行"班加西事件"的决策行为产生逻辑，从中不难发现一些"有违常理"的问题，如作为当前世界上最强大的国家，美国对高危地区的重要驻外机构的安全保障为什么会不足？遭受袭击后，国防部的多次动员为什么没有实际执行？美国政府的决策体系有着标准操作程序，但为什么决策效率仍然低下？

---

① 曲博. 因果机制与过程追踪法. 世界政治与经济，2010（4）：98.

（一）预警安保不足

事实上，政府机构的忽视是导致该事件最直接的原因。在袭击发生前很长一段时间，CIA 情报人员和利比亚的国务院人员均提醒过国务院应加强安全保障，然而这些警示并没有改变国务院对利比亚的评估，甚至还撤回了两个原本有效的外交安全局下属的移动安全部队和一个军事安全支援小组，改由一支非武装外围巡逻队和来自二月十七日烈士旅的四名武装分子保卫。① 众议员 Lynn Westmoreland 在听证会上说道："国务院在利比亚政策中最关心的部分之一是依靠一个不稳定国家的民兵来保护我们在班加西的人民。国务院也知道这些力量绝不能充分保护美国人，但政府在地面上的不穿靴子（No boots on the ground）的政策对行政来说更为重要"。② 国家在国外的行为与其对外关系和地区战略挂钩，由于美国在利比亚地区的立场和深度参与，国务院对军事力量的处理极为谨慎。

受"阿拉伯之春"洗礼的利比亚没有迎来"自由民主"，反而变得混乱不堪。美国政府对该地区安全环境的恶化并没有做好评估和相应的准备，其固有的傲慢、文化优越感和缺乏对其他宗教的包容性也是这一悲剧发生的深层原因。

（二）国防部多次动员未落实

美国在世界范围内长期部署着常规部队和战略部队，高度的国防戒备状态让美军可以快速抵达世界任何一个角落。"班加西事件"的调查报告证实国防部在事发后虽有多次部队动员，如快速反应部队、特别行动部队，联合

---

① 事后，时任美国国务卿的希拉里在就此事发表讲话时曾说："这一切是怎么发生的？这怎么会发生在一个我们帮助解放的国家，在一个我们帮助免遭摧毁的城市？"这表明即使悲剧已成真，国务卿都未曾想过利比亚人民会反过来攻击帮助过他们的美国，对利比亚形势的乐观预判使国务院乃至美国政府忽视了潜在的危险。*Benghazi: where is the state department accountability? Majority Staff Report-House Foreign Affairs Committee,* Department of State. 7—8.

② 其中地面上穿靴子政策（Boots on the ground）是指根据军事命令派遣驻外地面部队，*Select Committee on Benghazi Releases Proposed Report,* 12/7/16, GA-03.

特种部队，①可最终无一抵达，究其原因如下：首先，国防部绝大部分动员是部门领导的口头动员，②尚未得到最高指挥层的授权通过，这意味着其本身就存在巨大的失效风险；其次，鉴于非战争军事行动相对准战争行动的低烈度性，其不可避免地会受到美国的外部关系以及它们对国家利益的影响。虽然作战司令部从技术上来说并不接受国务院的指挥，但为了将国家力量的所有组成全部纳入战区和地区战略，作战指挥官需要得到来自其他政府机构的支持。③即在现实的领事保护行动决策中，跨机构合作是常态，来自国务院的地区外交代表或其他高级官员，会为军事组织提供政策和目标方面的指导；④最后，2010年美国《国家安全战略报告》在强调"军事力量是安全基石"的同时也指出，美国的安全也依赖外交努力，美国的长期安全要通过相互尊重、对话来实现。⑤这表明美国要发挥在国际体系内的领导作用，在国外的行动会尊重他国主权，不会凌驾于体系之上。

由此可见，动员本身的性质、无绝对领导权的跨机构合作和国家军事战略等原因导致特种部队的支援营救任务迟迟不能执行。

---

① *Department of Defense's Response to The Attack on U.S. Facilities in Bengazi, Libya, and the Findings of Its Internal Review Following The Tttack, HEARING, second session,* February 7, 2013, 3—4.

② *Department of Defense's Response to The Attack on U.S. Facilities in Bengazi, Libya, and the Findings of Its Internal Review Following The Tttack, HEARING, second session,* February 7, 2013, 5.

③ [美]基思·波恩，安东尼·贝克. 杨宇杰，庞旭，朱帅飞，等，译. 美国非战争军事行动指南. 北京：解放军出版社，2011：36.

④ 国务院高层考虑到如果班加西事件是由于进攻性视频引发的抗议活动，这将表明与中东其他地区的相似之处；此外，如果班加西发生了不同的事情，比如有谋划的恐怖主义袭击，那么这种情况就会引起相关地区国家不仅对美国是否在打败恐怖主义产生质疑，还会对美国政府对利比亚的政策产生质疑。*Report of the Select Committee on the Events Surrounding the 2012 Terrorist Attack in Benghaz, II: INTERNAL AND PUBLIC GOVERNMENT COMMUNICATIONS ABOUT THE TERRORIST ATTACKS IN BENGHAZI,* Washington, D.C: White House, 12/7/16, 129. 这就意味着在地区军事行动决策团中各机构利益难平衡，政治因素的考虑降低了军事决策的纯粹性。

⑤ *National Security Strategy,* Washington D.C: The White House, May 2010.

（三）标准操作程序下领事保护决策效率低

从"班加西事件"的决策因果机制来看，美国政府遵循决策行为产生的标准操作程序①：海外袭击发生后，遇害机构立即上报各主管部门，主管部门上报总部，其间各部门主管或行动负责人依据预测的最高决策和对应权限进行动员并执行部分应急措施。机构负责人和国家核心层先后得知相关情况并迅速组成决策团体，提出指导方针，主要联动国务院、国防部和中央情报局三大部门落实。地区性领导指挥部门实现对总体方针的具体实施，其中军事行动由无绝对领导者的跨机构决策团体进行协商决策。美国政府内部的信息流动和决策路径均表明最高决策者的指令模糊和官僚机构之间协作不顺均是造成大部分决策资源难以在适当时机发挥效用的原因。

第一，最高决策者的指令模糊。美国宪法规定，由总统担任美国武装部队总司令，其中国防部负责提供必要的军事力量，可发布联合作战命令。②事故发生后，总统和国防部长明确要求部署军事力量援救，但如何运用军事资源还需地区负责人进行跨机构商议。加之随着冷战结束，美国崇尚武力的战略思维发生变化，运用军事手段愈加审慎。③这些考虑在议程中会消耗大量时间，最终导致没有军事营救力量抵达班加西。④

第二，官僚机构之间协作不顺。跨机构间达成共识前，国防部会在其内部先达成共识，然后再使用军事权力机构与其他机构、部门和组织间进行合作；美国国务院人员由于其工作的特殊性，形成了独特的制度文化：过分小心谨慎，不愿承担任何风险。⑤外交官们倾向于只要有可能就要尽量避免军

---

① 标准操作程序（Standard Operating Procedure，SOP），就是将某一事件的标准操作步骤和要求以统一的格式描述出来，用来指导和规范日常的工作，是经过不断实践总结出来的在当前条件下可以实现的最优化的操作程序设计。
② [美]伯特·查普曼. 徐雪峰，叶红婷，译. 国家安全与情报政策研究——美国安全体系的起源、思维和架构. 北京：金城出版社，2017：28—29.
③ 王荣. 美国国家安全战略报告研究. 北京：时事出版社，2014：194.
④ Select Committee on Benghazi Releases Proposed Report, 12/7/16, 141.
⑤ 韩召颖. 美国政治与对外政策. 天津：天津人民出版社，2007：156.

事行动，在他们看来"动武"意味着自己的政策失误。① 由于中央情报局的职能及其与总统的关系，使得其常常卷入不同部门或官僚机构之间的权力斗争。在外交据点遇袭期间，班加西 CIA 基地安全团队没有接到任何来自 CIA 总部或者的黎波里站关于执行营救的命令信息；② 因为国防部、国务院和中央情报局关于国家安全的观点相互冲突，并以自我为中心，③ 所以三者之间的跨机构合作并不能形成统一的步调。

五、"班加西事件"现实意义

（一）安全问题的高度重视

国家在国外的行为会受到国际秩序和对外关系的限制，国内从处理危险并反馈下达需要花一段时间，加之"远水难救近火"，所以前期充足的预警准备才是解决海外险情的最有效部分。政府或领导机构要避免盲目乐观评估局势，不仅要为驻外人员提供充足完善的硬件保护，还要加强高危地区工作人员的个人安保训练，提升其应对危险的能力。

具体实务方面的经验总结如下：对于一些有重大意义的日子，要提前进入警戒状态；驻外机构的选址尽量隐秘；非军事机构的安保力量与国防部特种部队人员业务水平明显存在差异，可以部门联合进行人才培养；在国家间的安全问题协商中，尽可能争取更多的自我管辖权。

（二）优化并行处理系统

社会联系渠道的多元化使得某些层级与其他国家的行为体或政府建立直接的交往，与其他行为体相比，某些行为体对联系网络变化的脆弱性和敏感

---

① 韩召颖. 美国政治与对外政策. 天津：天津人民出版社，2007：174.
② *Investigative Report on the Terrorist Attacks on U.S. Facilities in Benghazi, Libya, September 11-12, 2012*, U.S. House of Representatives Permanent Select Committee on Intelligence, 20.
③ [美] 托马斯·帕特森. 顾肃，吕建高，译. 美国政治文化. 北京：东方出版社，2007：559.

性小得多。① 这意味着增加末端决策层级的权限可能将会更有效。领事保护案情极具时间压力，各级领导机构不得不自行做出部分决策，但最高政治领导者又必须以串行模式来处理问题，这就会导致并行与串行处理系统同时运转。即决策产生过程中某些问题极有可能会赢得来自多个政策议定场所不成比例的注意力，② 而基本上不考虑涌现的议题严重程度，如当军事行动的基础掺杂政治目标，就不一定能够形成预期的最终军事状态。

因此，增加并行系统处理的权限，缩短在行政系统中的"时间成本"，当并行系统遇到问题时，最高决策者及时做出应对以达成统一行动的共识。

（三）提高行政决策联动能力

针对领事保护的军事行动不同于战争军事行动，通常有很多非军事机构参加，各部门的协调缺乏权威的指挥安排，而且各自对目标的看法也有分歧，要实现统一行动很难。避免低效的决策行为，解决方式有两条：一是最高决策层决策结果明确，并固化各级决策者，使各机构下属部门直接执行；二是建立存在全面领导的机构地区性跨机构决策团体，建立规范的决策模式，在一定时限内③落实上级指导方针。

1. 最高决策的明确性

领导的权威决策对整个系统的良好运作起着积极意义。决策权力顶层的官员不仅能够在极短时间内获得最完整全面的情报和各项专家顾问的建议，同时还拥有所有资源的调动权，任务下放的形式联动各官僚机构执行，可以大大缩短次级系统处理的时间。

---

① [美]罗伯特·基欧汉，约瑟夫·奈. 门洪华，译. 权力与相互依赖（第四版）. 北京：北京大学出版社，2012：32—33.
② [美]弗兰克·鲍姆加特纳，布赖恩·琼斯. 曹堂哲，文雅，译. 美国政治中的议程与不稳定性，北京：北京大学出版社，2011：235.
③ 一定时限以30分钟为宜。因为领事保护中安全防务的特性，其应该与军事部门最为相关，所以以国防部运作为基础，作战指挥室需要5分钟获得军情报告，15分钟根据情报制订出行动计划方案，10分钟进行跨机构商议。

2. 跨机构决策的"统一"性

各行政分支机构是国家安全政策的主要制定者，也是国家安全政策信息的主要提供者。当跨机构中相互冲突的优先任务给统一行动带来障碍时，不能悬而不决。决策程序的设计应基于每个组织都需要其他组织的重要支持的原则，以形成功能性的相互依赖，[①] 这种相互依赖才是各机构和组织间最牢固的纽带。常规运行中，战役层面要建立跨机构论坛并组织跨机构合作训练，促进其建设性对话。

六、结论

政府公共危机决策往往考验着一个国家的政治、经济和文化等多方面的联动能力。在影响和决定公共危机决策质量的众多因素中，决策机制无疑是其中关键性的环节，它直接关系到公共政策实践的成败。本文通过对"班加西事件"决策进行过程追踪，提炼出美国政府的决策行为逻辑，通过对因果机制的分析，得出其决策失误的原因：决策程序的低效。同时，也反思总结了一个大国领事保护决策失误的经验：机构日常运作中，应不断优化领事保护决策程序，固化政府各级决策者，并且各级人员都应重视安全问题，做到"居安思危"。此后在应对突发的海外险情时，基于联动能力强的政府机构，科学合理的领事保护决策机制才能减少决策中的偏差与失误，提升决策的整体质量和水平。

随着中国对外开放的深入，领事保护决策的理论与实践这一领域正在蓬勃发展。本文立足于事实案例，深度挖掘美国政府处理"班加西事件"的决策全过程，避开因理论导向而设置的视角研究范围的局限，为决策研究提供了新的方法。因此，本文所总结出的有效经验对中国在时间压力和高度不确定性的情景下进行高效的领事保护决策极具借鉴意义。

---

① [美]基思·波恩, 安东尼·贝克. 杨宇杰, 庞旭, 等, 译. 美国非战争军事行动指南. 北京：解放军出版社, 2011：39.

参考文献

[1] 陈仁芳. 危机决策中领导认知心理的障碍误区及其优化途径. 东南学术, 2007（5）: 51—57.

[2] 韩召颖. 美国政治与对外政策. 天津: 天津人民出版社, 2007.

[3] 赫伯特·西蒙. 管理决策新科学. 北京: 中国社会科学出版社, 1997: 36.

[4] [美]伯特·查普曼. 徐雪峰, 叶红婷, 译. 国家安全与情报政策研究——美国安全体系的起源、思维和架构. 北京: 金城出版社, 2017: 28—29.

[5] [美]弗兰克·鲍姆加特纳, 布赖恩·琼斯. 曹堂哲, 文雅译. 美国政治中的议程与不稳定性. 北京: 北京大学出版社, 2011: 235.

[6] [美]基思·波恩, 安东尼·贝克. 杨宇杰, 庞旭, 等, 译. 美国非战争军事行动指南》, 北京: 解放军出版社, 2011.

[7] [美]罗伯特·基欧汉, 约瑟夫·奈. 门洪华, 译. 权力与相互依赖（第四版）. 北京: 北京大学出版社, 2012: 32—33.

[8] [美]托马斯·帕特森. 顾肃, 吕建高, 译. 美国政治文化. 北京: 东方出版社, 2017.

[9] 曲博. 因果机制与过程追踪法. 世界政治与经济, 2010（4）: 98—102.

[10] 唐世平, 王凯. 历史中的战略行为: 一个战略思维教程. 北京: 北京大学出版社, 2015: 7—11.

[11] 王鸣鸣. 外交决策研究中的理性选择模式. 世界经济与政治, 2003（11）: 14—19.

[12] 王荣. 美国国家安全战略报告研究. 北京: 时事出版社。2014.

[13] 张清敏. 美国对台军售决策的官僚政治因素.国际政治科学. 2006（3）: 28—61.

[14] 张历历. 外交决策. 北京: 世界知识出版社, 2007: 67—69.

[15] *Benghazi: where is the state department accountability? Majority Staff Report-House Foreign Affairs Committee*, Department of State. 7—8.

[16] *Department of Defense's Response to The Attack on U.S. Facilities in Bengazi, Libya, and the Findings of Its Internal Review Following The Tttack, HEARING, second session, February 7, 2013.*

[17] Derek Beachh, Rasmus Brun Pedersen. *Process-Tracing Methods: Foundations And Guidelines, Michigan*: The University of Michigan Press, 2012, 18.

[18] *Investigative Report on the Terrorist Attacks on U.S. Facilities in Benghazi, Libya*, September 11-12, 2012, U.S.House of Representatives Permanent Select Committee on Intelligence, 20.

[19] *Report of the Select Committee on the Events Surrounding the 2012 Terrorist Attack in Benghaz, II: INTERNAL AND PUBLIC GOVERNMENT COMMUNICATIONS ABOUT THE TERRORIST ATTACKS IN BENGHAZI,* Washington, D.C: White House, 12/7/16,129.

[20] *Select Committee on Benghazi Releases Proposed Report*, 12/7/16.

第二编　案例部分

第一部分　驻外机构之驻外政府机构案例

第一章 《逃离德黑兰》：协作网络下的人员营救

刘雪君[①]

摘要：案例选取电影《逃离德黑兰》为研究对象。该影片以伊朗人质危机为背景，讲述了1979年事件发生后，美国以拍摄科幻电影《阿尔戈号》为名，与加拿大等方面合作，成功营救出六名美国驻伊朗大使馆人员的故事。案例旨在通过对影像中驻外人员安全及各相关机构部门协调合作等要点进行分析，为驻外人员的紧急撤离及机构部门在危机下的协调合作提供参考方案和建议。

关键词：伊朗人质危机；驻外人员；危机撤离；应急协作

一、案例正文

（一）影片概况

表 2-1-1　　　　　　　　《逃离德黑兰》基本信息

电影名称	逃离德黑兰
英文名	Argo
类型	历史、剧情
片长	120 分钟
首映时间	2012 年 10 月 12 日（美国）

[①] 刘雪君，女，中国人民大学国际关系学院。

续表

导演	本·阿弗莱克
编剧	克里斯·特里奥、约书亚·比尔曼、托尼·门德兹
主演	本·阿弗莱克、艾伦·阿金、约翰·古德曼等
获奖情况	第85届奥斯卡金像奖最佳影片等

（二）主要人物

故事发生于1979年的伊朗，6名美国使馆工作人员被困于加拿大使馆，而伊朗革命卫队正在对其进行搜捕。托尼·门德兹是美国中情局特工，主要负责营救这群美国公民。在上级杰克·唐纳的支持下，托尼一方面寻求好莱坞制片人莱斯特·西格尔和特效化妆师约翰·钱伯斯的帮助，另一方面联合加拿大驻伊朗大使肯·泰勒，共同将这6名使馆人员安全带离伊朗。影像主要人物关系如图2-1-1所示。

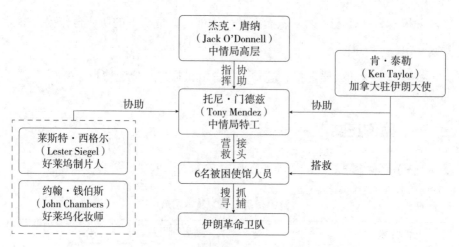

图2-1-1 《逃离德黑兰》主要人物关系

资料来源：笔者自制。

（三）剧情聚焦

1979年，伊朗人民推翻礼萨·巴列维，流放的神职人员霍梅尼回国统治伊朗；由于巴列维罹患癌症，获得了美国的政治庇护，前往美国医治；伊朗人民要求将其引渡，并对他进行审判。

是年11月4日，美国驻伊朗大使馆外聚集了大量游行示威的伊朗群众，群情激奋；而馆内仍有工作人员在办公，无论是大使馆里的美国公民还是前来办理签证的伊朗人都人心惶惶。

眼见有人翻墙而入，美使馆人员立即关闭办公室，一边向伊朗警察报警求助，一边紧急销毁大使馆内的一切文件物品，包括文件柜、保险柜及签证印版等，但整个过程处理完毕至少需要一个小时，时间极为紧迫。美使馆工作人员有的认为伊朗警察或军队不会及时赶到，因而想尽快撤离；但也有人认为大使馆是美国的领土，因而留守是最保险的办法。安保人员虽荷枪实弹，却被要求不可以射击使馆外的伊朗群众，最多只能使用催泪弹。其中一人走出房间欲与伊朗人讲明理，却被扣留，外面的人以此威胁，馆员只得打开大门，之后人群大批涌入；部分伊朗人撬开地下卫生间的窗户栏杆和玻璃，也进入了美国大使馆。正面冲突爆发，60多名使馆工作人员及平民被劫持，以此作为交换沙赫的筹码；6名美国人从馆舍侧门逃离，前往加拿大大使官邸暂避。

消息传到美国，69天后，位于美国弗吉尼亚州的中情局总部开会讨论营救方案。当时情况危急，伊朗革命卫队挨家挨户搜查，且美国广播公司驻伊朗站被禁止向外播送画面。中情局特工托尼·门德兹介绍了被困六人的情况，包括性别、职务、性格和特点等。会中有人建议被困者骑自行车从山路逃离，托尼认为此方案过于荒唐。在紧迫的时间压力下，托尼提出可在伊朗人知道六人身份前，给其重设身份，再让六人坐商业飞机离开伊朗的计划。1980年1月16日，即危机发生74天后，托尼受到《星球大战》的启发，想到可将被困六人身份设置为前往伊朗寻找科幻电影拍摄地的加拿大摄制组人员。他找到好莱坞特效化妆师约翰·钱伯斯和制片人莱斯特·西格尔，通过确定电影《阿尔戈号》剧本、购买版权、媒体宣传等一系列操作，最终获得了美国政府的批准。

托尼前往伊朗开展营救工作，并得到加拿大方面的帮助，拿到了用于伪造身份的空白加拿大护照。六人先是意志消沉，但经历了外景考察及国内方面的掣肘后，全部积极准备，共赴机场迎接最后的考验。

在机场取票时，因为计划在美国国内被叫停，所以必须要得到卡特总统的批准才可以拿到 7 张飞往苏黎世的机票，中情局高层杰克·唐纳积极争取，机票信息及时传达到机场系统。在机场中最先进行查问的是检查站，由于只查护照，因而顺利通过。第二个关卡是移民局，虽然遭受怀疑，但由于托尼拿出了伊斯兰文化指导部文化部部长的信函，也顺利过关。最后是革命卫队的查问，这些人曾在美国或欧洲接受教育，因而这一关难度最大。在登机前这七人暂被扣留，等待身份的确认，革命卫队先给美国方面打电话确认了身份，在迟疑间隙，七人登上飞机，成功离境。

《逃离德黑兰》核心剧情脉络如图 2-1-2 所示。

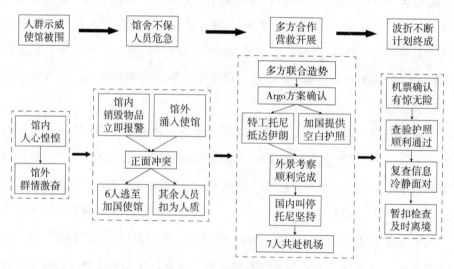

图 2-1-2　核心剧情脉络

资料来源：笔者自制。

二、案例分析

基于《逃离德黑兰》原型事件的发生背景及影像中展现的营救过程，本章将主要关注两个关键点，分别为外交机构人员的安全及各机构部门间的协作，并对影像中反映的相关情节进行阐释分析。

（一）驻外机构人员

1. 剧情回顾

首先，德黑兰彼时社会动荡，11月4日爆发大规模游行时，无当地警力的支援。其次，应对激动的伊朗民众时，馆舍人员应对措施不当，致使大批示威群众涌入大使馆。最后，《逃离德黑兰》表明被困于伊朗的6名美国公民均属于外交人员，具体为美国驻外机构工作人员。

2. 理论要点与分析

《逃离德黑兰》中营救的被困美国公民是美国驻伊朗大使馆的工作人员，按照剧中的描述，既有领事官员，也有普通的打字员和农业专员。广义上的外交人员包括了一国国内外交主管部门的工作人员及驻外使领馆人员。[①] 因而，6名美国人即属于驻外人员中使领馆人员这一特定群体。由于置身他国，当地的社会秩序及大环境对其的影响是多方面的。根据影像中的描述，可大致区分为社会动荡时的安全威胁和危机发生时撤离过程中的安全威胁。

社会秩序动荡带来的威胁属于日常安全防护这一范畴。《逃离德黑兰》片头展现了伊朗自20世纪中叶以来的情况：1950年伊朗选举穆罕默德·摩萨台为首相，他是非宗教民主人士，在任期间将英美控制的石油国有化，归还给伊朗人民。1953年，英美密谋政变，罢免了摩萨台，安排礼萨·巴列维担任沙赫，他挥金如土，使伊朗民不聊生；同时组建秘密警察组织，即伊朗国家安全情报组织萨瓦克维持统治。伊朗的西方化激怒了伊朗传统的什叶教徒，1979年伊朗人民推翻沙赫，霍梅尼回国统治伊朗，而巴列维也因治疗癌症前往美国，这便引发了当年11月4日的伊朗民众冲击美国大使馆的事件。从背景描述中可以看出，此次事件的爆发是必然的，伊朗群众与美国

[①] 陈志敏，肖佳灵，赵可金. 当代外交学. 北京：北京大学出版社，2008：100.

方面的矛盾由来已久，这场双方的正面冲突正是体现。

除了上述在动荡地区的日常安全威胁外，在群众冲撞大使馆的事件发生之后，驻外人员撤离时的准备与过程也具有较高的危险性。在《逃离德黑兰》的前半部分，尤其是使馆人员准备撤离馆舍前，除了及时寻求当地警方的支援外，影片中还有描述工作人员利用碎纸机和地下室的焚烧炉销毁使馆内所有文件的情节。另外，在抵抗伊朗示威群众时，使馆安保力量决定不对游行人群动用武力，只在迫不得已时用催泪弹——从理性的角度看，这实际上是为了不引发更大程度的民愤，并将伤害尽可能减到最小。然而，之后安保人员欲当面与伊朗民众解释说明时，人群却借此机会打开突破口冲入使馆，该处置危机的方式在事后分析显然是不明智的，这也从侧面说明危机爆发时的每一个细微环节都可能对最终的结果起到决定性作用。除此之外，影像后半段对6人藏于加拿大大使馆时的心情、室外考察时的惊险境遇，以及在机场三道关卡处的灵活应变之刻画，也同样戏剧化地展现了在撤离伊朗德黑兰过程中的困难及危险。一国的外交人员同样是该国的公民，因而，其安全也应得到保护。从个人角度看，驻外机构人员自身的安全意识及防范措施应引起足够重视；而从外部看，使领馆馆舍的安全性也是必要的安全保障。

（二）多机构部门间协作

1. 剧情回顾

托尼·门德兹首先与好莱坞方面进行营救方案的前期设计，具体呈现为剧本的选定和人员身份的设置等。其次，在营救过程中，加拿大驻伊朗大使对托尼·门德兹的协助也对最后营救的成功起到了关键作用。最后，在先前的计划制订和后期机票问题的解决中也体现了美国国务院与中央情报局等机构的博弈。

2. 理论要点与分析

《逃离德黑兰》中的"好莱坞计划"从雏形到具体实施，都离不开各相关部门之间的协助合作。其中，不仅包括政府机构间的配合，也包括政府与民间商业团体间的协作，具体可从国内和国际两个层面呈现。

从国内角度看，托尼·门德兹在初步计划用拍摄电影的方式营救被困美国公民时，首先想到的是跟制作人莱斯特·西格尔和特效化妆师约翰·钱伯斯沟通，因而才有之后的选定剧本、购买版权及宣传等环节——抽象到部门机构层面，即美国中央情报局与好莱坞之间的合作，其中美国的媒体行业，包括电视及报纸等，在前期造势的过程中也起到了关键性的作用。此外，在事件发生两个月后，美国国务院、白宫办公厅及中央情报局等方面就营救方案进行商讨，以及之后提及的三角洲部队计划，体现了一国政府内部相关机构和部门间的协作。对应到中国，即政府的部际协调合作，具体例证与阐释详见"现实应用"部分。

从国际角度看，加拿大方面在事件发生后为六名美国人提供了馆舍作为躲藏处，并给予其空白签证用于出境；在航班的选择上，撤离的飞机飞往瑞士苏黎世，加之解密档案的佐证，都说明了至少有加拿大和瑞士政府在该营救事件中对美国提供了帮助。这种在现实中发生于不同国家政府间的较为抽象的合作，延伸到影像中则具体体现在使馆及航班等具象的事物上。纵观整个伊朗人质危机，虽然主要当事国家只有美国和伊朗，但不可否认其他相关国家的作用。在解救其余数十名人质的过程中，卡特政府也在国际上积极寻求他国或国际组织的帮助。例如，卡特在此期间希望通过联合国及教皇保罗二世等方面充当中间人，进行美伊之间的斡旋。与此同时，美国政府也希望联同其他国家对伊朗实施制裁，以尽快解决人质问题。

驻外人员输出国、危机发生国所处的地缘位置，以及人力物力等资源的调配都会促使不同机构和部门间的协作。同时，随着社会资源的流动范围的扩大及效率的提高，这种协作已不仅仅局限于政府部门之间，也会向民间倾斜；不仅仅局限于国内层面，也会涉及更多的跨国跨区域合作。因此，现今在处理危机时，多机构及部门间的协作越来越不可避免，可以预见国家间合作的领域及其所处理的事件范围也将不断扩大。

三、现实应用

基于上文对于《逃离德黑兰》核心问题的阐释，本章将承接驻外机构人员和多机构间协作这两个关键点，回溯影像相关情节，从现实典型案例出发，提出供驻外人员参考的紧急避险撤离预案，以及在其他涉外紧急事件中各机构部门间优化协作的建议。

（一）驻外人员撤离预案

1. 重要问题

当发现有伊朗群众进入馆舍后，驻伊美国使馆工作人员在向伊朗政府需求保护的同时，尽力销毁大使馆内的所有文件物品。当人群大批涌入时，部分使馆工作人员原地等待救援，六人从侧面离开，前往加拿大大使官邸躲避。驻外人员安全问题在相关情节中有所体现。

2. 典型案例

根据时任中国驻亚丁总领馆馆员马冀忠在《祖国在你身后：中国海外领事保护案件实录》中的记述：2015年4月初，亚丁撤侨行动接近尾声，领馆工作人员准备闭馆撤离，但还有很多内部事务要处理。按要求领事设备硬盘、财务账簿、现金、两部海事卫星电话、领馆建设蓝图撤离时须随身带回，馆内存放的档案文件、内部专用电脑硬盘都必须销毁。撤馆前一天晚上，马冀忠先是在屋内用碎纸机对文件进行处理，后转到三楼用焚烧炉焚烧。为提高效率，他想到官邸正门廊檐立柱处有所遮挡比较安全，就把所有文件运到后院空地处，浇上柴油焚烧。处理内部工作电脑硬盘时，由于无专业工具，他只能利用铁锤和凿子把硬盘硬生生地砸开再扔到火里烧毁。

经过两天三夜的连续奋战，4月2日凌晨五时左右，终于将馆内事务处理完毕。从凌晨起，他和胡领事就一边通过监控屏幕观察领馆周围的动静，一边等待着从领馆里出发到码头的时机。早晨七时许，马冀忠和胡领事乘坐防弹车驶出总领馆后，发现一辆坦克的主炮正对着他们，为了能让

> 对方辨别出车上的外交牌照，以免误伤，司机放慢了车速。最终在八时左右到达码头。①

3. 应对举措

一般而言，由于外交机构人员担负着更加重要的政治使命，且馆舍内的文件可能涉及国家机密，因而无论是《逃离德黑兰》还是现实中的案例，都反映出驻外人员在撤离前须对全部文件进行销毁，而这些任务的执行除了发生在特定情境下直接接收国内命令之后，更多的则是事前的预防和紧急避险预案的设计与演练。现如今，越来越多的中国人走出国门，从事驻外工作，虽然没有肩负如外交人员这般的使命，但在感知到危险时，仍需要未雨绸缪，制定紧急避险预案。下面将针对广义上的驻外人员，提出危机撤离方案，以供参考。

（1）在时间及环境不允许的情况下：

①切勿恋物：及时寻找藏身处或其他可以提供庇护的地方，如使领馆等，切不可因为贪恋财物而贻误最佳的撤离时机；

②助己助人：在确保自身安全的情况下，尽力在危机时刻帮助身边需要帮助的人。

（2）在时间及环境允许的情况下：

①携带证件：随身携带可以证明自己身份的证件，如护照等，以便在撤离时用以确认身份；

②销毁文件：如果所处单位或机构有涉及国家机密的文件或物品，尤其是国有企业，须在撤离之前将其全部销毁；

③尽力助人：如在有能力的情况下，遇到需要帮助的同胞或国际友人，应尽力提供帮助，共同面对危机。

对于长期驻外工作的个人乃至机构而言，若该国或地区社会秩序持续混乱，即有必要提早根据所处具体环境制定相应的危机避险撤离预案，并且在

---

① 参阅本书编委会.祖国在你身后：中国海外领事保护案件实录.南京：江苏人民出版社，2017：41—42.

平时熟悉周围环境，密切关注中国外交部发布的相关信息，熟记 12308 领保热线，以备不时之需。

（二）危机中的协作网络

1. 重要问题

《逃离德黑兰》中，国内层面存在美国中央情报局与好莱坞（政府机构—商业团体），好莱坞与媒体行业（商业团体—行业）以及美国国务院、白宫办公厅及中央情报局等（政府不同机构与部门）之间的通力协作。国际层面则主要有美国与加拿大及瑞士的政府间合作，具体体现在馆舍避难、护照签发以及航班选择等方面。

2. 典型案例

> 2011 年，利比亚的撤侨行动中，在中国国务院应急指挥部的全面部署下，首先启动撤侨安全保障工作应急机制，制定了海、陆、空、多国多点立体协同撤离方案，并立即实施。2 月 23 日深夜，中国派出的首架包机从北京首都机场起飞，并于 24 日早上抵达了利比亚首都的黎波里，包机上载有中国外交部官员及食品、药员等应急物资。此后，中国各航空公司派出大型飞机，从北京、上海、广州等多个机场前往利比亚、开罗等机场，接回中国侨民。
>
> 由于撤离的侨民人数众多，在中国应急指挥部的部署下，中国驻利比亚大使馆指挥在利中国公民从陆路撤向的黎波里和班加西，在这两个城市的港口等待中国政府组织租用的海轮。24 日从希腊开出的三艘船中两艘已抵达班加西港，每艘船运出 2000 多侨民。这样先撤出的中国侨民驶向希腊和马耳他避险，再飞回中国。24 日当晚，最早开出的两艘船已返抵希腊克里特岛。①

---

① 参阅张历历. 中国全力从利比亚大撤侨分析. 当代世界，2011（4）：21—22.

3. 应对举措

电影《逃离德黑兰》主要涉及营救被困外交人员，整个过程中既有国内，又有国际各方的协作。映射到当下的中国，在撤侨行动中，同样也要涉及不同部门、不同机构。以上述利比亚撤侨事件为例，中国国务院应急指挥部是统筹整个行动的核心，除了国内层面海、陆、空军的协同配合外，还涉及多国的机场和港口；另外，撤离路线中也辗转多个国家。

在此案例中，该协作网络的建构既有客观条件的倒逼，也有中国政府主观能动性的驱动。一方面，由于利比亚与中国地理距离较远，直接从中国大规模运输人员和物质的可行性较小，从邻近国家和地区周转或调配则明显能提升救援效率，因而，既有的客观地缘条件决定了中国政府在执行撤侨任务的过程中必须借助周边力量。另一方面，在这次利比亚撤侨行动中，我国政府调派了民航包机、附近海域的中远集团运输船只、海外作业渔船，并就近租用了大型邮轮和大客车，[①]这些具体的行动，实则是我国在应急救援时较强的政府部际协调能力及动员能力的外化，具体涉及我国外交部、民航局、航运公司和利比亚及周边国家的使馆等诸多机构和部门。

当今中国面临的挑战之复杂性和急迫性日益上升，仅凭某个政府部门的孤军奋战是难以在紧急时刻加以应对的，加之越来越多的中国人走出去，新型协作网络的建构及优化更需提上议程。协调是公共行政理论的永恒主题。[②]后新公共管理理论不仅关注于内部协调，也涉及政府与公民组织或其他非政府部门间的协调——既从横向角度分析，也关注垂直方向的协调。作者基于现实情况，认为预设和完善危机情况下的协作制度是有效应对突发事件的前提，横向的信息共享和纵向的相关情况的及时沟通是催化剂，政府与民间对于国际形势的认知跟进及迭代是保障，科学高效的研判是关键。将协作网络的优势极大发挥，则更有利于应对当今在海外发生的危机。

---

① 转引自肖晶晶，陈祥军，于广宇，等. 海外撤侨应急运输特点分析. 国防交通工程与技术，2012，7，10（3）：2.

② 曹丽媛. 中央政府部际协调的理论和方法. 学术论坛，2012，35（1）：46.

无论是《逃离德黑兰》中的危机，还是近年来中国进行的多次大规模撤侨行动，都给人以巨大启示。虽然，现阶段我国遇到类似伊朗人质危机事件的可能性较小，但随着中国改革开放程度的日益加深，加之全球非传统安全（如恐怖主义）等问题的兴起，很难说在不久的将来，中国不会面临相似的事件。仍以撤侨行动为例，除了个别国家或地区本身动荡混乱这一客观原因，从个人角度而言，过去中国公民在海外遇到紧急事件时，无法想象在机场或港口会停泊着来自祖国的飞机和舰船接他们回家；而从国家角度看，过去在中国自身国力和国际影响力还与发达国家存在较大差距时，很难有能力协调统筹各方，进行大规模海外领保行动。因此，现今中国在撤侨过程中的实战经验和教训极具价值，在该过程中，不仅仅是国家力量的展现，同时也可在复杂多变的局势下，磨合提升国内与国外、不同机构部门之间的协作能力，以备在今后伴随着更大机遇而来的新挑战中再次"亮剑"！

拓展材料

《逃离德黑兰》展现的关键要点在众多影像及书籍中也有体现，以下提及的拓展材料除涉及驻外人员（尤其是外交机构人员）安全及危机中不同机构部门间的协作外，还引申至外交馆舍等方面的内容，以供学习参考。

纪录片

[1] 传奇—伊朗人质危机（2014）

[2] 档案—最漫长的劫持：1996年日本驻秘鲁大使馆人质危机（2014）

[3] 纵横天下—外交官纪实系列纪录片（2011）

[4] 面对面—跨国撤离中的外交官：枪林弹雨中的高效撤离（2011）

电影及电视剧

[1] 锅盖头3：绝地反击 Jarhead 3: The Siege（2016）

[2] 国土安全 第四季 Homeland Season 4（2014）

[3] 六天 6 Days（2017）

书籍

[1] 简·洛菲勒. 2010. 外交与建筑：美国海外使领馆建造实录. 北京：中国财政经济出版社.

[2] 科兰. 1998. 大使馆和外交官：机构设置·分工·职责. 北京：世界知识出版社.

[3] 钱实甫. 1959. 清代的外交机关. 北京：生活·读书·新知三联书店.

[4] 青峰石. 2006. 外交部大楼里的故事. 北京：世界知识出版社.

注：参考文献中出现的书目此处不再赘述。

参考文献

[1] Falk R. 1980. The Iran hostage crisis: easy answers and hard questions. The American Journal of International Law, Vol. 74, No. 2: 411—417.

[2] 本书编委会. 祖国在你身后：中国海外领事保护案件实录. 南京：江苏人民出版社，2017.

[3] 曹丽媛. 中央政府部际协调的理论和方法. 学术论坛，2012，35（1）：46—50.

[4] 崔守军. 中国海外安保体系建构刍议. 国际展望，2017，9（3）：78—98.

[5] 丁明达，马国馨. 美国驻外使馆建筑发展回顾. 世界建筑，2006（4）：114—118.

[6] 南珂. 浅谈驻外使馆建筑风格与功能. 建筑知识（学术刊），2012（B11）：16.

[7] 谭佳昕，王颢竣，杨清淳. "一带一路"背景下的全球安全治理体系——试探究驻外人员安全保障机制. 青年时代，2017（32）：105—106.

[8] 魏亮. 伊朗人质危机起因再析. 西亚非洲，2011（1）：67—71.

[9] 肖晶晶，陈祥军，于广宇，等. 海外撤侨应急运输特点分析. 国防交通工程与技术，2012，10（3）：1—3.

[10] 张洁洁. 试论伊朗人质危机前后美国对伊政策的转变. 兰州交通大学学报, 2010, 29（5）: 104—108.

[11] 张历历. 中国全力从利比亚大撤侨分析. 当代世界, 2011（4）: 21—23.

[12] 赵理海. 伊美事件与国际法——引渡、人质、外交豁免权. 法学杂志, 1980（1）: 31—35.

第二章 《红海行动》与《战狼 2》：中国特色撤侨中的机构与个人

刘雪君[①]

摘要：案例选取电影《红海行动》和《战狼 2》为研究对象。两部影片以中国近年来大规模海外撤侨行动为背景，分别从蛟龙突击队和冷锋个人两条主线，讲述了中国公民在海外遇险时，在各方力量的帮助下成功撤离的故事。案例旨在通过分析影像反映的中国特色撤侨行动，以及危机中驻外政府机构及执行人员的具体行动，从公民和机构两个维度提出针对海外紧急避险的参考方案和建议。

关键词：海外撤侨；中国特色；驻外机构；公民

一、案例正文

（一）影片概况

表 2-2-1　　　　　　　《红海行动》《战狼 2》基本信息

电影名称	红海行动	战狼 2
英文名	Operation Red Sea	Wolf Warriors 2
类型	剧情、动作	剧情、动作
片长	138 分钟	123 分钟
首映时间	2018 年 2 月 16 日	2017 年 7 月 27 日
导演	林超贤	吴京

[①] 刘雪君，女，中国人民大学国际关系学院。

续表

编剧	冯骥、陈珠珠、林明杰	吴京、董群、刘毅
主演	张译、黄景瑜、海清、杜江、蒋璐霞等	吴京、张翰、吴刚、弗兰克·格里罗、卢靖姗等
获奖情况	2018第8届北京国际电影节天坛奖、最佳视觉效果奖等	2017中国-东盟电影节最佳影片奖等

（二）主要人物

《红海行动》中，舰长和政委指挥蛟龙突击队（共8人）先后执行了三次保护中国公民的任务，分别为海上救援、侨民撤离及人质营救。在应对海盗劫持中国商船时，蛟龙突击队成功完成任务，但队员罗星身负重伤，由顾顺顶替。之后，在搜寻和撤离驻伊维亚共和国的何清流领事、中国侨民以及人质的过程中，作为战地记者的法籍华人夏楠为蛟龙突击队提供帮助，一同对抗当地叛军及恐怖组织。最后，恐怖组织对临沂舰实施正面袭击，我方进行回击。《红海行动》主要人物关系如图2-2-1所示。

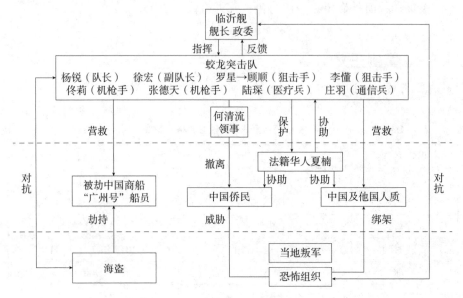

图2-2-1 《红海行动》主要人物关系

资料来源：笔者自制。

《战狼2》中,原为中国人民解放军特种部队"战狼"中队成员的冷锋因触犯纪律被开除军籍,来到非洲某国谋生。当地红巾军聘用欧洲雇佣军,与政府军发生交火,该国陷入战乱。冷锋首先护送战区侨民抵达大使馆,后得到许可,重返战区的华资医院及工厂营救被困的中方医生及员工。在瑞秋医生和非洲小女孩Pasha,以及工厂的卓亦凡和何建国的协助下,大批中国公民及非洲当地人员成功撤离。红巾军及欧洲雇佣军对整场撤侨行动造成巨大阻力,伤及部分中国公民。《战狼2》主要人物关系如图2-2-2所示。

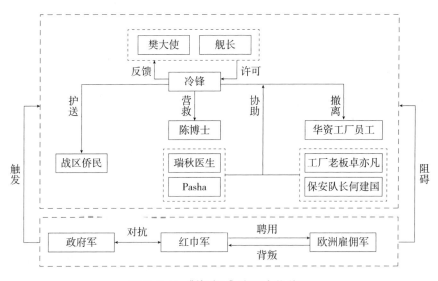

图 2-2-2 《战狼2》主要人物关系

资料来源:笔者自制。

(三)剧情聚焦

《红海行动》以蛟龙突击队为视角,主要展现了一场自上而下保护中国公民的撤侨行动。故事以亚丁湾外海上中国商船发出求救信号开始,海盗登上"广州号"劫持了船员。蛟龙突击队接到命令后,先炸毁了商船的主轴液压装置,逼停该船,之后登船营救15名中国人质。在此过程中,小队成员之一罗星中弹,临沂舰返航。

折返途中，舰长受到上级指示，伊维亚共和国发生内战，临沂舰需转向执行撤侨任务。先前已有三批中国侨民抵达港口，但伊维亚政府无力援救被恐怖分子扎卡逼进工厂的何清流领事及最后一批中国侨民，故批准蛟龙突击队进入该国。直升飞机无法进入，在政府军的协助下，蛟龙小队只能护送载有民众的巴士车前往奥哈法港口；但在途中巴士爆炸，车上人员不幸遇难。

蛟龙突击队队长此时接到上级命令，中国人质邓梅被困于巴塞姆镇的恐怖分子人质营，需继续开始营救行动。夏楠的经历及恐怖分子对其助理的"斩首"行径让蛟龙小队决定不仅营救中国公民，也将其他人质一并救出。整个过程，蛟龙突击队两名队员牺牲，多人受伤。在最后与恐怖分子的沙漠对决中，恐怖组织发射导弹袭击我方舰船，临沂舰副炮拦截，主炮打击，并在上级的批准下派出无人机，将其全部歼灭。蛟龙突击队夺取"黄饼"，至此完成整个撤侨行动。

《战狼2》从冷锋的角度出发，主要描述了一场自下而上的撤侨行动。影片中的非洲某国突发叛乱，冷锋保护男孩 Tundu 和华人店主等人一起前往大使馆，寻求庇护，红巾军见樊大使出面，停火后撤；该批侨民抵达港口准备撤离。

冷锋从舰长及大使处获悉战区内的华资医院及工厂内仍有被困的中国公民，决定重新返回战区。由于暂未获得联合国的许可，中国军事人员无法进入战区，因而冷锋只好只身前往华资医院，展开营救。叛军聘用的欧洲雇佣军在医院内失手射杀了掌握拉曼拉疫苗技术的陈博士，冷锋在与雇佣军交手后驾车带着瑞秋医生及"活体疫苗"Pasha 离开医院，不料在途中翻车，冷锋受到拉曼拉病毒感染。

三人之后按 Tundu 给出的信息来到华资工厂，并计划好了乘机撤离的事宜。晚上雇佣军袭击工厂且冷锋病发，多人死伤，幸好叛军受命撤离，才未导致更大规模的伤亡。翌日，联合国直升机前来护送工厂人员，却被叛军击落，死伤数人。冷锋带领工人躲进工厂，并与卓亦凡及何建国一同应对叛军。

冷锋在搏斗过程中受伤严重，被压于墙体之下无法移动，叛军射杀躲藏在厂房里的工人，冷锋将叛军杀害平民的影像证据实时传送至海军舰队。此时，中国方面已获得联合国授权，上级同意军舰发射导弹，命中叛军的坦克群。最终冷锋挥舞着五星红旗带领工厂员工穿过战场，抵达联合国安全区。

基于撤侨这一主要事件，《红海行动》及《战狼2》两部影像的剧情脉络如图 2-2-3 所示。

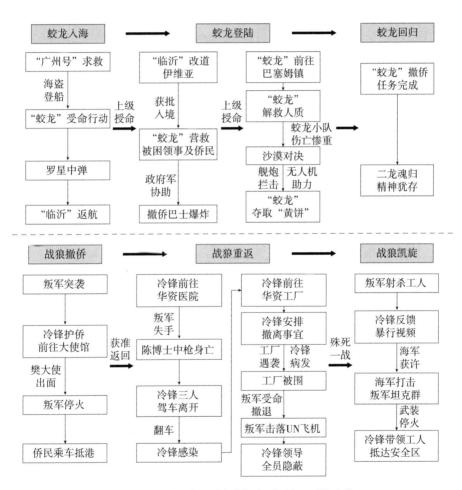

图 2-2-3 《红海行动》《战狼2》核心剧情脉络

资料来源：笔者自制。

二、案例分析

《红海行动》和《战狼2》两部影像均以撤侨行动为主要切入点，可视为近年来中国成功完成大规模海外撤侨的影视化呈现。在极具中国特色的撤侨大背景下，两者皆显现出中国驻外机构的重要作用，而两部影像最为显著的区别之一在于前者更侧重于执行人员的集体行动，属于自上而下的信息传达路径；而《战狼2》关注个体行为在整个撤侨过程中的作用，相较于《红海行动》是自下而上的信息传递。本章将首先从中国特色撤侨行动出发，进而着眼于具体的危机情况下，驻外机构及执行人员的作用。

（一）中国特色撤侨行动

1. 剧情回顾

《红海行动》和《战狼2》两部影像中，均体现了下级对上级命令的绝对服从。与此同时，"授权"行为也有多处体现，包括进入他国境内，对侵犯者实施武力打击以及联合国的授权等。最后，无论是蛟龙突击队，还是冷锋，他们身上都体现出了不屈的使命感。

2. 理论要点与分析

《红海行动》所反映的相关情节主要是通过上级对下级的命令下达进行的推进。从影片最开始的中国商船营救，到之后的侨民及人质搜寻——蛟龙突击队的每一步行动均按照舰长的指挥进行。另外，从临沂舰舰长及政委的视角出发，其下达的命令也是承接上级的部署，例如在特战队员罗星受伤返航途中，接到命令更改航线前往伊维亚共和国进行撤侨行动；以及在影片最后获得授权，对恐怖分子实施导弹及无人机打击等。

人员搜寻是撤侨的先导环节，同时也是一项需要动用各方力量和资源的大规模行动，除了外交手段外，还需要重视人员物资的配备和行动的及时性——这些都表明了中国政府这一行为体在该环节中的必要性。从国家利益的角度分析，海外中国公民的生命安全是国家利益的延伸，而维护国家利益、调配人力物力资源最有效的行为体即政府。

人员的撤离在整个撤侨环节中，难度不亚于人员搜寻。这对政府及一线行动人员的统筹能力之考验巨大。《红海行动》中，临沂舰对蛟龙突击队远程指挥授命，蛟龙小队则负责具体的营救及撤离。整个过程中，自上而下形成合力，在保证中国公民最大限度安全撤离的同时灵活调整战略方案，配合火力打击及资源调动，从而完成整个撤侨任务。

相较于《红海行动》中的蛟龙突击队，冷锋虽是特种兵出身，但在面对拉曼拉病毒和雇佣军等多方压力时，力量还是稍显单薄。然而，在获得舰长及樊大使的允诺之后，冷锋只身重返战区的行为也极大地体现出其使命感和作为个体行为体的灵活性。在刻画中国公民撤离时，《战狼2》更加彰显了公民个人的价值。影像中较为突出的情节是冷锋在华资工厂妥善安排好撤离事宜后，再次遭到雇佣兵的袭击，工厂老板卓亦凡和保安队长何建国协助冷锋一同保护侨民；在处于被动的情况下，及时通过传输设备向舰长反馈叛军对中国公民实施暴力的影像记录，并定位员工被困地点，为中国方面进行武力打击提供确凿证据。另外，在《红海行动》中，夏楠在解救邓梅及其他人质时，积极配合协助蛟龙突击队的行动，也同样反映出个人在人员撤离过程中的重要作用。

两部影像关注的任务执行行为体不同，但均反映出中国政府在危机发生时的统筹能力，这是近年来中国成功完成多次撤侨任务的保障，也是中国特色撤侨行动的体现。

（二）危机中的驻外机构及执行人员

1. 剧情回顾

《红海行动》中，何清流领事所代表的中国驻伊维亚共和国领馆在应对危机时沉着冷静，有条不紊地组织中国公民离开战区，这在最后一批侨民的撤离过程中发挥了重要作用。《战狼2》中，樊大使所代表的中国驻外使馆为中国公民提供保护，带领中国公民顺利登上舰船。无论是《红海行动》中的集体行动者（蛟龙突击队），还是《战狼2》中的个人（冷锋），在一线撤侨行动中都发挥着重要的作用。

2. 理论要点与分析

影像中抽象的驻外机构由具体人物塑造。《红海行动》中的何清流领事即中国驻伊维亚共和国领馆的具象体现。电影里，何领事在馆舍内组织最后一批侨民上车离开，前往港口。政府军协助开道，但叛军袭击了政府军的装甲车，领馆巴士被逼进战区。何清流领事带领侨民下车，进入废旧工厂躲避，并与临沂舰取得联系；领馆武装力量直面叛军，保护侨民安全，但也有不少武警在交火中牺牲。《战狼2》中，樊大使是中国大使馆这一驻外机构的呈现载体。当冷锋带领华人店铺老板和其他中国公民离开时，首先想到的便是前往我国大使馆寻求保护；而在战区火力交锋正劲时，樊大使出面，交火暂停——叛军担心的并非樊大使本人，而是其身后的中国。相似情节还包括《红海行动》中，法籍华人夏楠直接通过领保热线 12308 向中国方面提供关键的人质线索等。

因而，从驻外机构这一层面看，中国驻外国的使领馆一方面是沟通海外中国公民和国内政府的媒介；另一方面，是身处海外的中国公民在危机到来时，直接可以求助并获得帮助的机构。过去，中国的综合国力未能达到有效保障海外中国公民安全的水平，而现今，中国在国际社会中影响力的提升也让中国驻外政府机构能更好地保障中国公民在海外的权益。

回归影像，驻外机构在应对危机时的行动十分重要，但更重要的是在一线执行任务的人员。《红海行动》中突出了蛟龙突击队的作用，而《战狼2》则突出了冷锋个人。一方面，出于剧情的需要，影像塑造了不同的执行行为体；另一方面，与上级信息沟通与反馈的通畅程度，以及授权的限度也是决定执行人员行动的重要因素。

值得关注的是，《战狼2》虽有一定的艺术加工，但仍然将个人行为在危机中的价值这一话题带入了观者的视线。撤侨行动属于领事保护的范畴，20世纪90年代以来，领事保护工作逐渐呈现出多元参与的趋势，而个人力量在撤侨行动中的作用则有必要引起足够的重视。

三、现实应用

《红海行动》及《战狼2》的主线内容为中国撤侨行动,本章将承接上文的分析,将其投射进现实当中,按行为主体划分为中国公民及驻外机构,分别从海外中国公民在危机时的求助及驻外机构的直接响应两个角度进行论述。

(一)海外中国公民的求助

1. 重要问题

两部影像中均反映,中国公民在海外遇到危机事件时,首先想到的直接求助对象是中国驻外使领馆;同时,在《红海行动》中也呈现了拨打领保热线12308求助的途径。联系现实,分析近年来中国官方推送的领保案例实记也可发现,及时迅速向我国驻外机构求助,可大大提高公民自保和政府开展行动的效率。

2. 典型案例

2016年7月14日是法国国庆节,尼斯发生恐怖袭击事件,22时50分,中国驻马赛总领馆的领保电话急促响起。电话那头的同胞语气恐慌,像是受到了惊吓。据悉,尼斯烟火表演刚刚结束,英国人漫步大道的远端突然传来枪声,周围人群非常惊恐。总领馆工作人员一边做电话记录,一边安抚同胞的情绪,提醒他就近寻找建筑物躲避,等待警察介入,保持与总领馆联系。

23时30分,领馆工作人员张磊突然接通一个领保电话,听筒里传来嘈杂的背景音,一位带哭腔的女士断断续续地诉说着刚刚梦魇般的经历:她和另一名中国游客遭遇恐袭,她本人受轻伤,同伴因腿部受伤昏迷,被送往医院急救。由于现场混乱,她不知道同伴被送往哪家医院,希望总领馆提供帮助。

余总领事得知情况后指示,要求马上确认我伤员情况,想方设法保障伤员第一时间得到妥善救治。夏荫副总领事立刻致电我馆在尼斯的领

> 保联络员于先生,要求他火速赶到巴斯德医院,了解我公民受伤及救治情况。①

3. 应对举措

当今世界总体和平,但局部战事频仍,加之非传统安全问题的出现,海外华人应当更加注意自身安全,尤其是在面临诸如动乱,甚至是战争的时候。

现实案例乃至两部影像中展现的海外领事保护行动的相同之处,在于事件紧迫,任务重大,但是通过公民及时反馈以及驻外机构响应,最终护侨任务均出色完成。因而,现如今中国公民在海外遇险时,第一时间与中国驻当地的使领馆取得联系,寻求帮助是极为必要的。

具体而言,在遇到紧急情况时,要想方设法及时与使领馆或者通过12308呼叫中心联系;②若有机会前往当地使领馆,可直接寻求保护。危机爆发时,应与其他中国公民及当地居民相互帮扶,共同应对危机。时间允许的情况下,随身携带必要的证件,如护照等,以备确认身份时使用。另外,在撤离过程中,当所在国发生严重事态,外交部及有关驻外使领馆提醒当地中国公民尽快撤离时,应及时响应,选择适当途径撤离,避免陷入危险境地。③

(二)驻外政府机构的响应

1. 重要问题

两部影片不仅展现了海军在撤侨过程中的实力,还通过具体人物反映出中国驻外机构在危机一线的中坚作用。与本书提及的另一部影像《撤离科威特》中主人公兰吉特向本国政府求助无果的情境相比,我国驻外使领馆的及

---

① 参阅中国领事服务网. 2018-04-04. 尼斯恐袭不眠夜 领保新兵亲历记. http://cs.mfa.gov.cn/gyls/lsgz/lsxs/t1387039.shtml
② 本书编委会. 祖国在你身后:中国海外领事保护案件实录. 南京:江苏人民出版社,2017:373.
③ 本书编委会. 祖国在你身后:中国海外领事保护案件实录. 南京:江苏人民出版社,2017:371.

时响应为后续护侨撤侨行动的开展提供了强有力的保障。

2. 典型案例

也门撤侨

据时任中国驻也门使馆馆员林聪的记录，发生空袭的时候，大使及馆领导在第一时间与中资企业负责人联系，大使田琦通过电话向国内报告了相关情况后，随即在使馆地下室召开了紧急会议，分析研判也门安全形势。

在外交部统一部署下，驻也门使馆、驻亚丁总领馆与军方和我国驻部分周边国家使馆密切配合，周密制订撤侨计划，发挥团结协作、连续作战精神，安全、高效、有序地从也门撤离了中国公民613人，以及来自15个国家的外国公民279人。①

使馆还协助45名斯里兰卡公民，搭乘临沂号护卫舰撤离也门，其中一位斯里兰卡公民说他们首先找到印度使馆，得到的答案一直是"下次再来问问吧"！在绝望时，他们拨通了中国驻也门大使馆的电话，得到了中方的帮助。

3. 应对举措

危急时刻，在海外的中国公民向驻外政府机构寻求帮助后，各使领馆则需开始着手应对。从实践角度出发，及时响应便是驻外政府机构在危机中的第一要务，因而在较短时间内的应急和反馈机制是这类机构在今后需要着力优化之处。需要指出的是，相较于《红海行动》对人员撤离时领馆武警和特种突击队行为的呈现，《战狼2》关注的个人行为在现有的报道和研究中却较少提及。部分原因在于紧急避险对各类资源的统筹能力有较高要求，而在现实生活中仅凭借个人力量很难达到影像中的圆满结果。然而，不可否认的是，在危机突发且政府救援力量暂未到达时，公民个人能力就显得极为重要。近年来，领保联络员制度已在中国驻多国使领馆施行，这个群体主要由当地的华人华侨组成；他们虽然不是使领馆的正式工作人员，但同样为中国

---

① 本书编委会. 祖国在你身后：中国海外领事保护案件实录. 南京：江苏人民出版社，2017：48.

公民提供服务。领保联络员机制的实施不但可以减轻驻外使领馆人员的工作压力，更重要的是，领保联络员还能够在第一时间帮助海外中国公民，并向使领馆及时传递最新信息。相关制度的完善和人员的培训不仅可以使中国整个海外领事保护机制更加优化，还能让驻外机构更加贴近海外中国公民，让领保真正走进群众，进一步践行"外交为民"的理念。

从保障角度看，相关制度的出台是驻外政府机构实施海外领保工作的坚强后盾和行动依据。2018年3月26日，外交部网站发布了《外交部关于〈中华人民共和国领事保护与协助工作条例（草案）〉（征求意见稿）公开征求意见的通知》，并附上了草案内容，本条例的目的即规范驻外外交机构和驻外外交人员开展领事保护与协助工作的行为，更好地维护中国公民、法人和非法人组织的正当权益。其中，涉及驻外机构和人员在应对重大突发事件时的处置及在进行领事保护过程中的职责范围。该工作条例的完善及最终出台将是推进领事保护与协助立法工作的重要举措，也是新机遇新挑战下驻外机构及人员应对危机的有力制度保障。

总体而言，无论是影像还是现实，国家的统筹作用都是不能忽视的，而中国驻外使领馆实则是中国政府在海外维护国家利益的一线机构。一方面，从人员及物资的动员能力角度看，国家有极强的灵活性和统筹协作性——这既建立在强大的"硬实力"基础上，同时也与不断提高的"软实力"有关。另一方面，从制度建设的角度看，我国领事保护的相关制度正在逐渐完善。在十三届全国人大一次会议期间，外交部部长王毅答记者问时，提及2017年，中国内地居民出境达到了1.3亿人次。面对越来越繁重的领保任务，我们坚持以人民为中心，持续打造由法律支撑、机制建设、风险评估、安全预警、预防宣传和应急处置六大支柱构成的海外中国平安体系。①

当然，正如王毅部长所说——预防是最好的保护，草案中也明确提出了预防的重要性。然而，即便中国公民在海外遇到不可控的危机情况，导致人

---

① 参阅新华网．2018-03-25．王毅：做好领保工作是义不容辞的责任 有三个利民好消息．http://www.xinhuanet.com/politics/2018lh/2018-03/08/c_137024252.htm．

身安全受到威胁，中国也必将派出蛟龙、战狼，带领中国公民平安回家。

拓展材料

《红海行动》和《战狼2》均以保护身处海外危机情况下的中国公民为背景，本文在此基础上关注驻外机构及执行人员的作用，以下扩展材料除涉及中国相关人物及事件外，同时部分内容引申至他国在撤侨及其他保护本国公民的行动，以供学习参考。

纪录片

[1] 面对面—跨国撤离中的外交官（2011）

[2] 军事纪实—祖国的拥抱：中国海军也门撤离中外公民纪实（2015）

电影

[1] 撤离科威特 *Airlift*（2016）

[2] 恩德培行动 *Operation Entebbe*（1976）

[3] 拉哈特行动 *Operation Raahat*（2017年9月4日金砖国家电影节开幕式影片）

[4] 太阳泪 *Tears of the Sun*（2003）

[5] 逃离德黑兰 *Argo*（2012）

书籍

[1] 何建明. 国家：2011中国外交史上的空前行动. 北京：作家出版社，2012.

[2] L.T.李. 领事法和领事实践. 北京：商务出版社，1975.

[3]《外交官在行动：我亲历的中国公民海外救助》编委会. 外交官在行动：我亲历的中国公民海外救助. 南京：江苏人民出版社，2015.

[4] 张兵，梁宝山. 紧急护侨 中国外交官领事保护纪实. 北京：新华出版社，2010.

[5]《中国领事工作》编写组. 中国领事工作. 北京：世界知识出版社，2014.

[6] 中华人民共和国外交部领事司. 中华人民共和国领事条约集（上）. 北京：世界知识出版社，2013.

[7] 中华人民共和国外交部领事司. 中华人民共和国领事条约集（下）. 北京：世界知识出版社，2013.

注：参考文献中出现的书目此处不再赘述。

参考文献

[1] Woodman, R. E. 1963. Vienna convention on consular relations. American Journal of International Law, 57（4）：995—1022.

[2] 本书编委会. 祖国在你身后：中国海外领事保护案件实录. 南京：江苏人民出版社，2017.

[3] 葛军. 东帝汶撤侨："第一号领事保护事件". 世界知识，2006（12）：59—61.

[4] 阚道远. 试论中国人本外交的新发展——利比亚撤侨的实践与启示. 学术探索，2011（3）：42—46.

[5] 黎海波. 论中国领事保护的运作机制及发展趋势：以撤离滞泰游客为例的比较与探讨. 八桂侨刊，2010（4）：62—66.

[6] 卢文刚，黄小珍. 中国海外突发事件撤侨应急管理研究——以"5·13"越南打砸中资企业事件为例. 东南亚研究，2014（5）：79—88.

[7] 任正红. 中国也门撤离行动的"领事保护"属性. 世界知识，2015（9）：64—65.

[8] 吴志成. 从利比亚撤侨看中国海外国家利益的保护. 欧洲研究，2011（3）：30—32.

[9] 肖晶晶，陈祥军，于广宇，等. 海外撤侨应急运输特点分析. 国防交通工程与技术，2012，10（3）：1—3.

[10] 张历历. 中国全力从利比亚大撤侨分析. 当代世界，2011（4）：21—23.

第三章 《最漫长的劫持》：长时间人质劫持中宗教与非政府组织之作用

孙珮琳[①]

摘要：案例选取纪实节目《档案》20140731期《最漫长的劫持——日本驻秘鲁大使馆人质危机》为研究对象，主要讲述了1996年12月17日14名图帕克·阿马鲁革命运动成员挟持了日本驻秘鲁大使官邸的数百名人质，各方通过长时间努力成功解救人质的真实事件。旨在通过分析宗教、国际非政府组织在人质救援中发挥的独特作用，为人质劫持策略的选择提供参考方案和建议。

关键词：人质劫持；宗教；国际非政府组织

一、案例正文

（一）影片概况

表 2-3-1 　　　　　　　《最漫长的劫持》基本信息

节目名称	最漫长的劫持——日本驻秘鲁大使馆人质危机
所属栏目	档案
所属期数	20140731
节目时长	48 分钟
播出平台	BTV 北京电视台
制片人	吕军

[①] 孙珮琳，女，四川外国语大学国际关系学院。

（二）人物关系

表 2-3-2　　　　　　　　《最漫长的劫持》人物关系

人物名称	简介
内斯拓·塞尔帕	恐怖组织图帕克·阿马鲁革命运动成员，本次劫持的组织者
路易斯·詹比得里	人质，负责秘鲁海军情报的专家
维特神父	人质，主动拒绝释放
蒙特西诺斯	时任总统顾问

资料来源：笔者自制。

（三）剧情综述

1. 1996 年 12 月 17 日

19:30，日本驻秘鲁大使馆内灯火通明，觥筹交错，500 名秘鲁国内政治、军事、企业等各界领头人物受日本大使青木森久的邀请共聚一堂，庆祝日本明仁天皇 63 周年诞辰。使馆为盛情招待宾客，不仅出动了所有侍者，而且外请了 6 名侍者前来帮忙。

20:30，大使馆围墙处突然传来六声爆炸声，一群蒙面人闯入大使馆，6 名侍者也掏出手枪，与蒙面人一起攻击警察和安保人员，并在 15 分钟内控制了大使馆两层楼的所有出口，500 名贵宾都沦为人质。

21:30，塞尔帕为了避免人质反抗，无法成为筹码，主动释放了女仆、厨师、保安、侍从、女性客人等 200 多人。然而他的真实目的是让秘鲁总统释放关在监狱里的 460 名 MRTA 恐怖分子。藤森主张动用武力，遭到内阁和美国、日本的反对。

2. 12 月 18 日

由于美国政府态度的转变，藤森放弃了武力营救主张，决定派政府官员与塞尔帕谈判。

3. 12 月 22 日

塞尔帕再次释放了 225 名人质，但仍然有 72 名重要人质被劫持。这天，藤森发表电视讲话，态度转变，不再与恐怖分子谈判，除非释放所有人质，否则将采取武力营救。

4. 1997 年 4 月 20 日

谈判陷入僵局 126 天后，终于在国际红十字会的斡旋、日本政府的压力下，谈判恢复。同时，红十字会将生活用品和食物、水等送入大使馆内。馆内人质的生活基本得到保障后，詹比得里设法逃走，但是由于门栓发出了声音，惊动了隔壁的恐怖分子，逃跑失败。

不过侥幸的是，由红十字会送往大使馆的物品中，成功安放了窃听器。依靠詹比得的传呼机，人质终于在大使馆内收到了蒙特西诺斯的消息，于是武装救援被默默策划着。

5. 4 月 22 日

15:10，神父传递了信息，只要得到总统命令，救援行动就立刻开始。

15:27，解救人质行动开始。大使馆外传来了爆炸声，一楼的 5 名恐怖分子被炸死，塞尔帕准备带着其他恐怖分子上楼杀死人质时，救援人员将他击毙。詹比得里和神父等人质从阳台逃走。

16:05，恐怖分子都被击毙，除了一个人质因为突发心脏病而死亡，其他人质都被成功救出。行动结束后，时任总统藤森立刻到达现场处理善后工作。此次营救人质成功完成，也被认为是人质营救的标杆。

二、案例分析

（一）国家利益

1. 剧情回顾

起初藤森主张动用武力解决，遭到内阁和美国、日本的反对，因为这次劫持中涉及 14 个国家的大使，如果藤森不妥协，惹出国际纠纷，他将无法负责。但当时任总统克林顿了解到美国大使因公务提前离开现场，未遭到劫持后，他则建议藤森使用一切可能的方式解决危机。然而由于众多日本重要官员仍然被扣押，日本政府在谈判陷入僵持时，持续给藤森施加压力，如不继续谈判进程，日本将撤走所有在秘鲁的企业。

2. 理论要点

国家利益是国家生存和发展的权益，维护国家利益是主权国家对外活动的出发点和落脚点。国家利益决定两国之间的关系，对两国之间的交往、政策产生巨大的影响。

3. 理论分析

美国政府态度的转变，鲜明地反映出国家利益对于两国关系之间的影响。起初，美国强烈反对藤森采取武力解决此次危机，是因为担心被劫持的美国大使的生命会受到威胁。然而当了解到人质中事实上没有美国高级官员时，他的态度发生了极大的转变。当前，国际环境变幻莫测，每个主权国家已经不再仅仅满足于确保基本的国家利益，更多的是追求自身利益最大化。

（二）非政府组织

1. 剧情回顾

由于谈判停滞，秘鲁政府下令关停大使馆的水和电，试图使劫持者屈服，然而却是徒劳。人质们由于缺乏食物和水，生活艰辛，生活环境恶劣，加上精神压力大，身体虚弱，一部分人质精神崩溃，用吉他琴弦自杀。不仅仅是人质，恐怖分子也因长时间的封闭和紧张，心理和生理接近崩溃的边缘。

2. 理论要点

非政府组织不仅是指联合国体系所认定和接纳的民间组织，还包括其他各种民间组织，特别是在国际场所活动以及有较多国际联系的民间组织。国际红十字会是以为战争和武装暴力的受害者提供人道保护和援助为宗旨的组织。

3. 理论分析

国际红十字会之所以能在恐怖分子与政府的对峙中开展人道主义活动，

是因为其根据《日内瓦公约》[①]以及国际红十字会与红新月运动章程赋予的使命和权力，在国际性或非国际性的武装冲突和内乱中，扮演中立者角色。在这次劫持事件中，红十字会为使馆内的所有人提供基本生活和医疗的物资援助，不仅是为人质的基本生活提供保障，避免其在被劫持过程中因为物理因素受到伤害；更是改善了劫持者的生活条件。劫持者在谈判陷入僵持时是与外界隔离的，理论上，他们的物质生活和人质无明显差异。因此，红十字会介入之时，避免了因为物质条件过于艰苦，给劫持者的精神带来折磨而做出伤害人质的非理性行为。

（三）宗教与人性

1. 剧情回顾

由于劫持时间过长，人质和劫持者的身心都被折磨至崩溃的边缘。有的人质精神涣散，更有甚者用吉他琴弦自杀。有的则利用国际红十字会送进使馆的《圣经》进行祈祷，以此保证自己不被消极情绪侵害。劫持者甚至也无法忍受了，他们把维特神父当作精神的支柱，不断向其倾诉，以减轻自己内心的痛苦。

2. 理论要点

宗教是人类社会发展到一定历史阶段出现的一种文化现象，属于社会特殊意识形态，其本质是一种精神寄托和终极关怀。信教者在条件艰苦的环境中，把宗教当作使之精神愉悦的物品，以获得精神的满足。

3. 理论分析

凡是生命，必遵从本性。当今世界已经发展到文明程度较高的水准，绝大多数人会选择恰当的行为途径，欲将不适合与社会发生联系的、过激或颓废的本性休眠，而唤醒那些适合社会联系的、平和的、正直的本性。

本案例中的人质大多信仰基督教，以圣经为蓝本，核心思想是福音，

[①] 红十字国际委员会. 2018-4-13. 日内瓦公约及其评注. http://www.icrc.org/zh/war-and-law/treaties-customary-law/geneva-conventions

即上帝耶稣基督的救恩。在极其艰难的条件下，人质无法通过外部环境排解自身负担，则寄精神于宗教，获得心灵的释然，增强自己求生的欲望。恐怖分子即使不信教，但在特殊情况下，他们也需要寻找精神寄托，此时是启发其善的本性的最好时机。谈判人员可以通过对其心灵的引导，使其找寻到被隐匿的人性，从而使其思想发生转变，推动事件解决的进程。

三、现实应用

（一）宗教

1. 重要问题

在人质劫持事件中，宗教因素往往被忽视。然而，层出不穷的现实案例不断提醒人们，宗教在一定情况下会变成扭转时局的关键因素。

2. 典型案例

（1）在1975年发生在荷兰火车上的一场人质危机中，一位名叫罗伯特·德格罗特的人质就因此化险为夷，他在被处死之前为妻儿进行祷告，随后劫持者放过了他。一些劫持者感动落泪，其中两人同意不向他开枪，而是将他推下了火车。这名人质翻滚下路基，幸而没有受伤，佯死一段时间后便成功逃脱。为了防止感情用事，恐怖分子在处决人质时往往速战速决，不允许任何人祷告。

（2）中国某人质被非洲某恐怖分子劫持，经过政府调解5年多无果后，通过当地某位具有权威的酋长介入调解，最终劫持者与政府方达成协议，人质被成功释放。

3. 应对措施

（1）人质

因为不曾经历过劫持事件，绝大多数人质的心理都是脆弱的，很难忍受长时间的煎熬。被劫持继而等待救援的过程中，他们无所事事，抑或受到劫持者的虐待，给他们的精神带来极大的压力。此时，信教人质就可以通过宗教来排解。通过宗教教义，不断给自己以心灵暗示，以增强生存的信念。这不仅为政府的救援工作争取了时间，而且会激发其求生的斗志，主动寻找逃脱方法，提高了人质存活率。

（2）劫持者

通过宗教的影响力，唤起劫持者内心被掩盖的善良。由于劫持者在经历了长时间与政府方的对峙，他们的心灵也一直处于紧张的状态。加之除劫持案件的组织者之外，很多劫持者并没有太多的劫持经验，长时间的僵持也会触及他们的心理防线。此时，对其进行适当的引导，也许会给其思想带来巨大的转变，以此来通过和平的方式解决其诉求。

（3）第三方

宗教组织在特定的情形中，可以发挥独特的作用。在人质劫持案中，许多恐怖分子对政府采取强硬抵抗态度，对于自己的劫持目的不能做出一点让步。此时，可利用此类组织在地方上的权威地位，在恐怖分子心目中可信服的角色，作为第三方与恐怖分子进行交涉。

（二）非政府组织

1. 重要问题

在劫持者拒绝与政府直接进行谈判时，非政府组织的介入将在一定程度上有效推进调解进程。与此同时，也可以改善劫持者以及人质的物质生活。

2. 典型案例

（1）北京时间2012年1月28日晚，中国水电集团29名中国员工在苏丹被反政府武装组织"苏丹人民解放运动"（北方局）劫持。绑架案发生9天后，据苏丹媒体报道，国际红十字委员会日前已就29名被苏丹反对派武装"苏丹人民解放运动"（北方局）绑架的中国工人的释放事宜与相关方面展开谈判，并且预计在48小时内有实际成果。[①]

[①] 新浪网. 2012-02-28. 29名中国工人苏丹惊魂11天：曾遭轰炸昼夜行军. http://news.sina.com.cn/o/2012-02-28/105224021987.shtml

（2）当地时间 2017 年 4 月 19 日，意大利的马耳他非政府组织"移民海上援助站"的船只搭载获救移民和遇难移民遗体抵达奥古斯塔。日前，马耳他非政府组织移民海上援助站对在地中海中遇险的 9 艘船只实施救援，这些船只共载有 1500 多名难民。①

3. 应对措施

以国际红十字会为例，非政府组织在人质劫持案中发挥着不可替代的作用，其一举一动都会给时局带来影响。

（1）提供必需的医疗和生活物资救助

大型的人质劫持案，长时间的僵持使得人质的基本生活得不到保障，容易导致人员的伤亡。人质可能会与政府提出物资要求，来保证劫持场所内正常的生活。但当劫持者想用艰苦的生活环境来折磨人质，以给政府施加威胁时，处于中立的非政府组织的人道主义救助，可以保证劫持者和人质的基本生活，同时也不会对时局带来负面影响。

（2）充当政府和劫持者之间的纽带

政府和劫持者之间必然存在安全的威胁，面对面直接谈判几乎不可能。劫持者可能通过悬挂横幅、电话等信息设备与政府方联系。但是当非政府组织介入人质事件时，其也可以充当劫持者诉求以及政府方决策的信息传递纽带，保证了信息传递的可信度以及时效性。

（3）直接介入谈判

人质的安危掌握在劫持者的手中，当劫持者拒绝与政府进行和平谈判时，非政府组织可以以中立的态度直接介入谈判。但是此时，其不能代替政府做出决策，而是尽量帮助政府平复劫持者心情，推动事件向和平解决的方向发展。

---

① 新华网. 2017-04-21. 马耳他非政府组织实施救援. http://www.xinhuanet.com/politics/2017-04/21/c_129558387.htm

（三）人质心理

1. 重要问题

长时间的劫持事件，会给劫持者和人质的基本生活带来不便，同时会给他们的身心带来伤害。

2. 典型案例

（1）泰瑞·安德森（美国）在黎巴嫩贝鲁特被恐怖分子劫持长达2456天（6年零264天）。在他1991年12月4日被释放时，他第一次看见他6岁的女儿——她是在他被绑架后不久出生的。

（2）1979年9月，由于美国同意流亡的伊朗国王进入美国并进行药物治疗，大约500人包围了美国驻伊朗德黑兰大使馆。馆内大约有90人，其中52人被囚禁长达444天，直到1981年1月20日风波结束才被救出。

3. 应对措施

当政府和劫持者在对峙情况下，随着时间一点点推移，人质神经高度紧张，心理压力激增，使得其体力、精力、耐力都经受了极大的考验。如果政府在短时间不能够和劫持者达成解决的方案，随着时间的流逝，可能导致人质的精神处于崩溃的状态。人质继而会认为政府根本没有把自己的生命放在第一位，导致人质产生绝望、紧张、焦躁等情绪。此时，人质把自己当前处境归结于政府不配合劫持者，情感会转向劫持者一方。也就是在一些案件当中会出现的"斯德哥尔摩效应"（或称为人质情结），表现为对劫持者产生依赖感、信任感、认同感。为了避免人质心理向这种方向发生转变，政府应当迅速采取有力措施，在和平谈判达成共识的情况下，及时规划武力救援，使得人质的生理以及心理仍然保持积极的状态，努力配合救援工作。

拓展材料

影像资料

[1]《太阳之泪》（Tears of the Sun），美国，上映时间：2003年3月3日.

[2]《黑鹰堕落》(Black Hawk Down),美国,上映时间：2002年1月18日。

参考文献

[1] 何斌. 基于劫持者和人质心理活动的分析论警务谈判策略. 公安理论与实践, 2016 (5): 112—116.

[2] 张庆国. 劫持人质案件中的谈判策略探讨. 人民论坛, 2012 (35): 126—27.

[3] OzgurNikbay, SuleymanHancerli, Gary W. Noesner. 2007. Negotiating the Terrorist Hostage Siege: Are Nations Prepared to Respond and Manage Effectively? IOS Press.

[4] P. Ramesh Babu, D. LalithaBhaskari, CPVNJ Mohan Rao. 2012. A Survey on Session Hijacking. DOAJ.

第四章 《六天》：人质劫持事件中的谈判与救援

孙珮琳[①]

摘要： 案例选择电影《六天》作为研究对象。该影片以伊朗驻英国大使馆人质劫持真实事件为背景，再现了人质劫持事件发生后，英国政府通过多方谈判以及空勤队高效救援，成功解救人质、消灭恐怖分子的行动。通过人质解救的典型案例，旨在为劫持事件中正确选择谈判策略、武力救援行动方式，提供了宝贵的经验。

关键词： 人质劫持；谈判；救援

一、案例正文

（一）影片概况

表 2-4-1　　　　　　　　　影片《六天》基本信息

电影名称	六天
英文译名	Six Days
影片类型	动作，惊悚，剧情，历史
影片时长	94 分钟
首映时间	2017 年 8 月 4 日（新西兰电影节） 2017 年 9 月 7 日（新西兰）
对白语言	英语
导演	托亚·弗莱瑟
主演	杰米·贝尔，马克·斯特朗，艾比·考尼什，马丁·肖，本·特纳

[①] 孙珮琳，女，四川外国语大学国际关系学院。

（二）人物关系

表 2-4-2　　　　　　　　影片《六天》人物简介

人物名称	简介
特雷弗·洛克	外交组巡警
马克斯·弗农	警察
洛伊	空勤队队长
约翰	空勤队队员

资料来源：笔者自制。

（三）剧情综述

1980年4月30日至5月5日，六名自称"解放阿拉伯斯坦民主革命阵线组织"的武装男子，攻占了位于英国伦敦王子大道16号的伊朗驻英国大使馆，劫持26名人质，妄想借此迫使伊朗执政的霍梅尼政权进行谈判，要求其释放被关押的92名组织成员。

第一天，1980年4月30日，星期三

11:32，上午伦敦，伦敦市南肯辛顿区街头人流如织，有六个恐怖分子揣着各式武器迅速冲进伊朗大使馆，并控制了使馆安保警察，向外喊话，要求召集谈判代表，并表示若不满足其要求，便将杀死人质。警方向其送去了谈判使用的电话，伦敦警察厅迅速在其隔壁的英国皇家全科医学院成立行动指挥部，并通过电话与恐怖分子取得联系。

政府官员在内阁办公室的简报室里成立了一个危机管理团队。英国首相撒切尔夫人表达了对恐怖分子的强硬态度——对其零容忍，但在前期进行谈判时要稳定其情绪。并要求第22特别空勤团保持待命，准备营救人质。

第二天，1980年5月1日，星期四

5月1日凌晨，特别空勤团成员抵达摄政公园兵营，之后秘密进入伊朗大使馆隔壁的行动指挥部。

警方从由于重病被释放的人质口中得知了枪手的数量、武器及使馆内的布局及人质情况。同日，隔壁的埃塞俄比亚大使馆也向英国方面开放，军情五处的特工开始用手钻在墙上打孔安装麦克风,在屋顶的烟囱里放下窃听装置,来确定恐怖分子及人质的位置。

第三天,1980年5月2日,星期五

恐怖分子要求通过BBC播出其要求:要一辆大巴把所有人都载到希思罗机场,非伊朗籍人质会在机场当场释放;要一架飞机将剩余的人质、武装人员和大使带到中东某国,到达目的地再释放所有人质,并要求BBC当晚必须播出其声明。与此同时,警方通过使馆的看守人,详细了解使馆内部布局,进行模拟解救。

第四天,1980年5月3日,星期六

恐怖分子在早上再次打来电话,并要求BBC播出其要求,否则杀死一名人质作为回应。谈判专家同意播出,但要求释放人质,最终恐怖分子同意释放两名人质,并且BBC也播出了恐怖分子的声明。

第五天,1980年5月4日,星期日

到了第五天晚上,恐怖分子头目的情绪有所缓和,因为新闻报道称阿拉伯国家的大使们已经同意与英国政府官员会面,讨论如何结束这场危机。

第六天,1980年5月5日,星期一

恐怖分子的情绪更加激动,其发现二层楼的墙居然鼓了起来,怀疑是英国警察所为,并且其要求的阿拉伯大使一直未出现,恐怖分子以杀死人质威胁。下午大使馆传来枪响,不久后,警方将指挥权移交军方,特别空勤团发起对使馆的行动,最终解救出剩余的20名人质,仅一名恐怖分子存活,其余被现场击毙。

二、案例分析

(一)紧急救援

1. 剧情回顾

人质劫持案发生后,英国政府官员立刻在内阁办公室的简报室里成立了一个危机管理团队,由国防部、外交部、伦敦警察厅、内政部、军情五处、军情六处、公共设施和英国机场管理局，以及特别空勤团的全权代表们组成。

2. 理论要点

《反对劫持人质国际公约》第一条规定：任何人如劫持或扣押并以杀死、伤害或继续扣押另一个人（以下称"人质"）为威胁，以强迫第三方，即某个国家、某个国际政府间组织、某个自然人或法人或某一群人，作或不作某种行为，作为释放人质的明示或暗示条件，即为犯本公约意义范围内的劫持人质罪行。①

3. 理论分析

这次伊朗驻英国大使馆的六名劫持者，妄想借此与伊朗执政的霍梅尼政权进行谈判，要求其释放被关押的 92 名组织成员，这是典型的以政治需求为目的的人质劫持案件。英国政府的危机管理团队可谓是统筹兼顾，为这次人质劫持的成功解救做了充足的准备。这个由多方组成的团队各司其职，他们通过在各自岗位上多年的工作经验，对决策、攻击、警戒等各项工作有整体而理性的把握，继而可以在解救人质的过程中任务明确而又配合完成救援，避免出现由于缺乏专业经验而导致的重大决策或技术错误。

（二）武装援助

1. 剧情回顾

承担此次人质营救任务的武装力量是英国皇家特别空勤团，他们在人质劫持案发生前仍然在进行模拟真实环境的操练。收到救援命令后，他们即刻赶往大使馆隔壁的处所待命。警方通过使馆的看守人，详细了解使馆内部布局，并还原了使馆构造，为空勤队进行战略制定和模拟解救提供便利，同时也提高了武力救援的成功率。

2. 理论要点

英国皇家特别空勤团（简称 SAS），是由戴维·斯特林上校于 1942 年在

---

① 中国人大网．2018-04-14．反对劫持人质国际公约．http://www.npc.gov.cn/wxzl/gongbao/2000-12/14/content_5002827.htm

利比亚建立的一支特种部队。是现今世界上最顶尖的特种部队，更是许多著名特种部队成立时的参考对象。现在分成两个部分，第 22 特别空勤团还有两个本土军单位——第 21 特别空勤团和第 23 特别空勤团。

3. 理论分析

英国皇家特别空勤团诞生于第二次世界大战初期，主要执行情报搜索、破坏甚至暗杀的工作。今日的 SAS 不但从事第二次世界大战时的同样的任务，同时亦加入了反恐活动、反叛乱、反情报活动等任务。成功完成本次人质解救工作后 SAS 名声大振。

他们的日常训练中除了一般的体能和专业技巧训练，还有各种紧急情况的实物模拟训练。人质劫持案前，他们在大巴车上模拟与恐怖分子对峙，并由队长担任恐怖分子的角色，更能使队员在与能力较高的恐怖分子交战时从容应对。高强度、高难度的日常训练，使得空勤团具备应对紧急危机的素质与能力。

（三）人质谈判

1. 剧情回顾

恐怖分子除了与谈判人员进行沟通外，还要求通过 BBC 播出其要求：要一辆大巴把所有人都载到希思罗机场，非伊朗籍人质会在机场当场释放。还需要一架飞机将剩余的人质、武装人员和大使带到中东某国，到达后再释放所有人质，并要求 BBC 当晚必须播出他的声明。同时，他们通过收看 BBC 的报道，清楚了解到了大使馆外政府的一举一动。

2. 理论要点

人质谈判场主要包含关系场、环境场和话语场三个子场。关系场之"关系"指人物关系，第三方是关系场的组成部分。有时候，应警方或劫持者的要求，谈判会涉及第三方。有些劫持者要求新闻媒体介入，因此新闻媒体可以充当谈判的第三方，对谈判结果产生直接影响。[①]

[①] 邓志彪. 论人质谈判场. 江西公安专科学校学报，2016（1）：81—86.

3. 理论分析

此次人质劫持事件事态严重，吸引了英国多家媒体前来报道，他们日夜蹲守在大使馆外，及时更新救援进程。而 BBC 作为英国最大的新闻广播机构，也是世界上最大的新闻广播机构之一，理所当然成了劫持者获得和发布信息的最佳选择，也就是这次人质谈判关系场中的第三方。当空勤队部署在大使馆门外准备开始突破救援人质时，劫持者通过 BBC 的现场直播报道，立刻了解了使馆外的状况。他们即刻通过谈判使用的手机，表达了愤怒的心情，因此空勤队立刻停止了行动。同时，劫持者通过 BBC 传递出自己的条件，不仅让英国政府了解了他们的需求，更是使阿拉伯国家领导人在第一时间对他们产生关注，给他们施加压力，便于在最短的时间内达成谈判一致。

然而，媒体介入并不是总会给人质救援带来积极影响。媒体对劫持场所外政府的武装行为、决策、态度等的报道，也会极大地影响劫持者情绪。一旦其被报道内容惹怒，很有可能酿成悲剧。

（四）政府交涉

1. 剧情回顾

英国首相撒切尔夫人表达了对恐怖分子的强硬态度，对其零容忍，但在前期进行谈判时要稳定其情绪。同时，伦敦高级警察多次通过电话与恐怖分子进行交涉，主要目的是安抚恐怖分子心理，为人质救援工作争取足够的时间。谈判代表在与恐怖分子的对话中，多次采用恳求的话语，例如"请多给我们一点时间，我是真心想要帮助你们"等体现政府方的诚意。

2. 理论要点

人质谈判是指在绑架案中，谈判员与劫匪之间的谈判，其目的是稳定劫持者的情绪，避免其伤害人质。劫持者在劫持人质后的心理状态并不是保持不变，而是随着时间的推移呈曲线变化。劫持的开始阶段，劫持者心理是充满自信的，他们认为自己的行为会对政府造成压力，政府不会不顾及人质的安危,他们一定可以达成自己的最高需求。

3. 理论分析

人质救援的所有行动中,政府的交涉必然是权威性最高的。绝大多数劫持者都希望通过与政府的直接谈判,尽快达成自己劫持的目的。政府也希望通过谈判和平解决危机,保证人质的安全。而影片中,由于首相撒切尔夫人的强硬态度,劫持者的兴奋状态开始下降。尽管谈判在推进,但仍然没有取得理想的谈判结果,与政府方的僵持状态只会给他们带来生理和心理上的疲惫,此时便是谈判人员解决危机的最佳时刻。在此时谈判人员突破劫持者的心理防线,与武装力量相配合,在保证人质安全概率最高的时刻,一举将劫持者拿下。反观现实,在绝大多数人质劫持案件中,单纯依靠谈判或者武力是无法使政府与劫持者双方达成共识的,唯有将谈判和武力救援相结合,找准时机,才能达到救援成效的最大化。

三、现实应用

(一)谈判

1. 谈判小组人员

(1)重要问题

人质劫持事件发生后,劫持者希望达成其劫持目的,政府希望可以和平解决危机,而此时,谈判这一环节在人质救援过程中起关键作用。

(2)典型案例

> 1976年6月27日,从以色列起飞的A300"空中客车"被一伙恐怖分子劫持到乌干达,劫机分子要求立即释放53名他们的"自由战士"来换取人质。以色列通过与恐怖分子谈判的方式拖延时间,同时制订了以武力营救人质的"大力神计划",最终成功消灭恐怖分子。[①]

---

① 网易新闻. 2010-08-30. 中国特警曾多次成功处理劫持人质事件. http://news.163.com/10/0830/06/6FAIRFPE0001124J.html

（3）应对措施

人质危机谈判，虽然是一个人在与劫持者谈判，但背后却是一个小组集体的力量，是谈判小组在小组长带领下产生的集体智慧，谈判小组各成员均有明确的分工，搭配合理、各负其责、密切配合。美国人质谈判组的人员构成美国联邦调查局突发事件处置小组，谈判小组应该实行六员制：谈判组长、主谈员、辅谈员、情报汇总记录员、武力行动组联络员、精神分析或心理学专家。在处置规模较大、较为复杂的劫持人质案件时，如果谈判持续时间达数天或更长时间，则每一角色都应配备两名以上的人员。

谈判不仅是推动劫持者释放人质的催化剂，更是为其他救援工作争取宝贵的准备时间。因此，掌握必备的谈判技巧，在真正的危急时刻处变不惊，是一个优秀的谈判者应具备的品质。

2. 劫持者的心理

（1）重要问题

在劫持事件不断推进的过程中，不仅人质与救援人员的心理会发生变化，劫持者的心态变化更为多变，这将会直接对其行为产生影响。因此，把握好劫持者心理是谈判以及救援过程中不可忽视的重要环节。

（2）典型案例

> 2010年8月23日上午9时左右，菲律宾高级警官门多萨劫持了来自香港的旅游车，企图要挟菲律宾政府恢复其原有的官职。谈判过程中，门多萨的2个兄弟和妻子都来到现场。门多萨的弟弟格里高里奥也是警察，他手持一支手枪与哥哥谈判时，突遭警方扣押并解除武装。门多萨得知此事后，询问两位谈判专家究竟有没有归还手枪于格里高里奥，两位谈判专家称已归还，但后来门多萨从弟弟口中得知未有归还手枪，知道被骗，他和谈判专家的谈判立刻中断。更为严重的是，反腐部门拒绝了门多萨的复职要求，导致其情绪失控，心理波动过大，成了悲剧发生的导火线，随后他开枪扫射人质。[1]

---

[1] 腾讯网．2010-8-23．惊魂14小时全纪录．http://news.qq.com/zt2010/flvjc/jilu.htm

（3）应对措施

根据劫持者心理变化的过程，谈判人员可以制定以下谈判策略。

①整体把握谈判事件。人质劫持案谈判策略的本质是：谈判人员通过各种有效的外在环境，对劫持者心理施加压力，同时给予心理引导，力求将事件向理想化方向发展。因此，首先需要深入剖析劫持者的劫持目的、心理状况，继而可以在谈判未深入前预测其举动，制定相应的应对方案。

②减小外部环境对劫持者的心理影响。首先，救援人员需要通过控制外界环境来减小对劫持者的心理干扰。围观的群众、戒备森严的武装人员、争先报道的媒体记者都会对劫持者的心理带来重大的心理压力，使其更加恐慌，甚至会采取极端行为。因此，限制围观群众数量，适当扩大警戒范围，强化管理媒体行动，将减小外部环境对劫持者的心理影响。

③给予劫持者正确的引导。劫持者在劫持事件刚刚发生时，心理是极度暴躁的。因此在谈判进行的过程中，谈判人员需要帮助其恢复平静，回归理性思维。谈判者不仅可以通过客观条件满足劫持者的需求，并且可以通过情感因素，唤醒劫持者内心对家人的考虑、对自身道德的反思。进而，谈判者劝诫劫持者放下武器，可以获得生路。如在具体实施过程中恰到好处地使用了针对劫持者的心理控制，绝大多数情况下，劫持者都会释放人质，他们也不必付出生命的代价。

3. 官方媒体的作用

（1）重要问题

人质劫持事件发生后，必然会吸引众多媒体前往报道。不仅如此，甚至劫持者会主动要求媒体作为第三方参与谈判。然而，媒体发挥的作用积极与否，极大地影响了最终的谈判结果。

（2）典型案例

2015年11月19日，极端组织"伊斯兰国（ISIS）"当天稍早宣布其已经处决了9月9日绑架的两名人质，其中包括一名中国公民。国内对人质绑架一直是冷处理态度，尽可能低调。而且从人质家属的角度考虑，媒体报道也会给他们带来心理压力，低调处理是综合考虑的结果。然而基地组织主要通过半岛电视台跟外界沟通，为了达到最佳宣传效果，杀害人质手法层出不穷，主要选取更有冲击力的方式，想制造更大的轰动效应。①

（3）应对措施

官方媒体在重大突发事件中的作用具有两面性。

①积极作用。一方面，及时的现场报道，使得人质家属、公众在第一时间获得最新的权威消息，避免不必要的恐慌和骚乱。另一方面，部分劫持者需要媒体介入谈判。因此媒体也充当着劫持者与谈判、救援人员之间的桥梁，他们及时传达恐怖分子的需求，为谈判进程的推进做出一定贡献。

②消极作用。媒体的报道中必然包括了政府对于劫持事件的态度，以及被劫持场所外的戒备、环境状况。劫持者可以通过媒体了解他们的目的、需求是否得到了重视，以及他们自身的处境。若是政府一直采取强硬态度，为考虑劫持者的要求，或者政府武装力量的保卫对于劫持者的生命造成的威胁，他们很可能在高度紧张的心理状态下采取不理智的行为，威胁人质的生命安全。

（二）救援

1. 实物模拟救援

（1）重要问题

救援人员除了需要进行常规体能、专业技术训练外，还需要针对不同的案发场景，进行具体的实物模拟救援训练。实物模拟救援是紧急救援中的重要组成部分。

（2）典型案例

美国 D-BOX 技术公司专业设计和制造可用于军队地面训练的最尖端的运动系统，该公司独特的专利技术使用专门为每个可视内容片段编程的运

---

① 网易新闻. 2015-11-20. 媒体解析这次中国人质解救为何没能成功. http://news.163.com/15/1120/06/B8RHHK370001124J.html

动效果，它们被集成进一个平台、座椅或其他产品的运动系统，由此产生的运动同屏幕上的动作完美地同步。该公司研发的地面训练系统包括：专用车辆炮塔训练系统，数字化靶场训练系统，多用途综合激光作战系统，大型虚拟作战训练系统等。①

美国空军进行的"行动合同支援联合演习2015"的训练与传统的演习不同，这次演习在室内进行，参加演习的军人也是从头到脚全副武装，装满了传感器而非常规的头盔与护甲，参演军人的眼睛被一种显示器遮住。他们使用的是一套被称为"可拆式士兵训练系统"的训练模拟器。

（3）应对措施

实物模拟训练分为日常模拟训练和紧急情况模拟训练两种类型。

①日常模拟训练。紧急情况发生前，专业救援队会根据先前的救援经历，总结不同种类的救援场景，例如：火灾、交通事故、人质劫持等。专业的模拟训练会通过救援现场的完全还原，为救援人员的训练营造氛围，以此来提高其在具体情境下的危机应对能力。

②紧急情况模拟训练。本事件中空勤队的救援行动正式开始前，首先进行了使馆内部构造模拟训练。根据被释放人质的口头描述，救援人员在1:1还原的简易大使馆模型中进行救援演练，以制定精准的救援路线和策略。此行为给紧急事件的模拟提供了典范。

首先，紧急事件发生后，必须首先对事件发生场所的内部布局有详细的了解。一般来说，恐怖分子为了引起政府的关注，往往会选择在人流量较多的大型地点实施行动。因此，对于较为知名的公共场所的布局图纸，应在事件发生后的第一时间交至救援人员，给予他们充分的时间熟悉地形，进行救援准备工作。

其次，对于大型的救援行动，应在稳定恐怖分子情绪后进行充分准备，必要的条件下需搭建事件发生场所的实物模拟场景。以三层楼房为例，模拟

---

① 中国网，2016-09-09，美国的军人地面训练新技术 模拟仿真利用率高. http://www.china.com.cn/military/2016-09/09/content_3926896

的实物场景必须正确体现楼房的楼层数、每层楼房的房间数以及房间位置分布、楼梯以及安全出口的位置等信息。若有关于恐怖分子在楼房内活动的信息，则需要明确其在具体时间的具体活动分别分布在何处。实物场景布置完毕后，救援人员方可进入进行模拟。

最后，救援人员进入实物场景时，需要切记自己执行任务时的路线，在每个位置定点是所要采取的行动，注意与同伴的配合，以保证在正式救援环节不出差错。

当然，在正式救援的过程中，必然会出现与实物模拟时不同的紧急状况，此时就需要救援人员随机应变，根据模拟时的经验进行应对。

拓展材料

本部分材料以人质劫持事件为主题，主要关注人质事件发生后，政府、媒体等各个方面，为成功解救人质做出的贡献，可以为今后的人质解救提供经验。

书籍

勒罗伊·汤普森（Leroy Thompson）. 特战部队营救人质作战指南. 北京：中国市场出版社，2018.

影像资料

[1]《空军一号》(Air Force One)，美国，上映时间：1997年7月25日.

[2]《慕尼黑》(Munich)，美国、加拿大、法国，上映时间：2005年12月23日.

[3]《勇闯夺命岛》(The Rock)，美国，上映时间：1996年6月7日.

参考文献

[1] 李磊. 公开型劫持人质案件中劫持者的心理变化规律. 山西警官高等专科学校学报，2003，11（1）：25—26.

[2] 刘殿臣. 人质劫持案件劫持者心理历程和谈判策略分析. 山东警察

学院学报，2014（6）：91—96.

[3] 黄伟强. 如何提高人质解救中的谈判效果. 公安教育，2009（4）：39—42.

[4] Lisa Loloma Froholdt. Coping with Captivity in a maritime hijacking situation. WMU Journal of Maritime Affairs, 2017，16（1）：53—72.

第五章 《猎杀本·拉登》：海外追逃

孙珮琳[①]

摘要：案例选择电影《猎杀本·拉登》作为研究对象。该影片以"9·11"真实历史事件为背景，再现了美国中情局成员为追捕本·拉登，长期在海外与基地组织恐怖分子斗智斗勇，并最终成功的事件。案例旨在通过分析众所周知的典型案例，为长期在海外执行追捕任务的人员提供自我保护和紧急避险的典范。

关键词：恐怖主义；海外追逃；驻外安全

一、案例正文

（一）影片概况

表 2-5-1　　　　　　影片《猎杀本·拉登》基本信息

电影名称	猎杀本·拉登
英文译名	Zero Dark Thirty
影片类型	历史，惊悚，剧情
影片时长	157 分钟
首映时间	2012 年 12 月 19 日（美国）
对白语言	英语，阿拉伯语
导演	凯瑟琳·毕格罗
主演	杰西卡·查斯坦，杰森·克拉克，凯尔·钱德勒，雷达·卡特布，乔尔·埃哲顿

[①] 孙珮琳，女，四川外国语大学国际关系学院。

（二）人物关系

表 2-5-2　　　　　　　　影片《猎杀本·拉登》人物关系

基地组织成员		CIA 成员	
本·拉登	基地组织的首领	玛雅	中央情报局女特工
阿玛尔	基地组织成员	丹	CIA 驻巴基斯坦探员之一
阿布·法拉杰	本·拉登手下	杰西卡	CIA 驻巴基斯坦探员之一，后牺牲
阿布·艾哈迈德	法拉杰和本·拉登的信使	布拉德利	CIA 驻巴基斯坦最高长官

资料来源：笔者自制。

（三）剧情聚焦

1. 初入"战场"，按图索骥

2003 年，在"9·11"事件发生后的两年，CIA 探员一直致力于寻找与本·拉登有联系的沙特集团人物，一个名叫玛雅的年轻 CIA 探员抵达位于巴基斯坦的秘密机构的时候，在这里等待她的是同样来自于 CIA 的基地组织专家丹，还有一个被称作阿玛尔的阿拉伯因犯。据可靠情报，此因犯很可能一直在资助本·拉登。由此，玛雅正式加入寻找恐怖组织的队伍。

当玛雅首次见到阿玛尔的时候，他受尽虐刑，但并未供出同伙。然而，2004 年 5 月 29 日，沙特阿拉伯王国一间豪华酒店里，恐怖分子进行了一场针对非穆斯林和美国人的暴力事件。CIA 探员迫于压力，再次逼问阿玛尔。在长期的酷刑和饥饿的折磨之下，阿玛尔已经记忆恍惚，玛雅就此对他逼供，得知了基地组织成员法拉德与本·拉登间的信使为阿布·艾哈迈德。

2. 抽丝剥茧，惨遭失败

玛雅根据阿玛尔提供的人物关系继续调查。在波兰格但斯克的黑牢，玛雅乔装寻找阿布·艾哈迈德的消息，确信他就是本·拉登身边的亲信，但 CIA 站长却无视她所获得的情报。

2009 年 12 月 30 日，玛雅追踪阿布·艾哈迈德的计划被 CIA 巴基斯坦长官以风险太大而否决。但此时，玛雅的同事杰西卡得到情报，基地组织内的一名约旦医生愿意露面并向 CIA 提供更多情报。双方最终约定在"安全区域"——阿富汗的 CIA 基地会面,杰西卡为避免惊吓约旦医生,交代驻守的特战队员不要拦车进行检查,当车开进见面地点后再行检查。当约旦医生从车上走下来时,不断重复着"真主万岁",此时藏于上衣口袋中的炸弹爆炸,杰西卡牺牲,CIA 阿富汗基地遭受巨大损失。

3. 重整旗鼓,再次明朗

杰西卡的死让玛雅坚定了誓死抓到本·拉登的决心,玛雅的同事在整理档案时再次梳理阿布·艾哈迈德与萨义德家族的关系:萨义德家族有八位兄弟,阿布的真实姓名信息——萨义德阿布·艾哈迈德,并且阿布·艾哈迈德并没有死,CIA 掌握的照片信息并非阿布·艾哈迈德本人,而是他的某位兄弟。因此,玛雅重新由阿布·艾哈迈德追踪这条线索。在科威特,CIA 探员通过寻找阿布·艾哈迈德家的电话号码以及通话记录,确定了他的住址和行踪,最终定位到了本·拉登的居所。

中情局尝试通过各种方法,监听房屋内的情况,均以失败告终,在提取 DNA 信息上更是举步维艰。因此首次与白宫的讨论——CIA 关于本·拉登的预测并未获得肯定。之后,在白宫内部会议中,CIA 各相关高层对可能性进行了最终评估,同时玛雅依旧坚定认为不明身份者是本·拉登。由于玛雅十年间一直在不遗余力地追踪本·拉登,白宫以及特战队员最终都接受她的预测。

4. 十年追捕,终有一得

2011 年 5 月 1 日,白宫方面下达命令,派遣海豹突击队,秘密潜入本·拉登住所,成功将其猎杀。

二、案例分析

(一)个人决策

1. 剧情回顾

CIA 探员杰西卡得到情报,恐怖组织内的一名约旦医生愿意露面并向

CIA 提供更多情报。双方在约定区域见面时，驻守大门的特战队员受杰西卡之令未进行拦车检查，准备当车驶入见面地点后再行检查。当约旦医生走下车时，引爆了藏于上衣口袋中的炸弹，杰西卡牺牲。

2. 理论要点

决策，指决定的策略或办法。是人们为各种事件出主意、做决定的过程。它是一个复杂的思维操作过程，是信息收集、加工，最后做出判断、得出结论的过程。

3. 理论分析

为了约见约旦医生，美方以一台透析仪作为交换筹码，并安排杰西卡全权负责此次见面。然而杰西卡要求驻守的特战队员在约旦医生进入阿富汗 CIA 基地时，先不进行例行的安全检查，求线索心切的错误决策导致了最终悲剧的发生。这里杰西卡的决策按照决策的重复性划分，属于非程序化决策；按照决策条件的确定性划分，属于风险型决策；按照决策的主体不同划分，属于个人决策。

驻外公务人员的工作本身存在极大的风险，尤其是在恐怖主义盛行的时期与地区，这一次杰西卡的行动虽然是由上级决策层授权批准，但是其中仍然包含了许多她个人决策的因素。为了尽快寻找线索，她不惜违反 CIA 例行的检查程序，这不仅是极其不理性的行为，更对自身以及派驻军人的生命造成不可挽回的伤害。

（二）决策后果

1. 剧情回顾

通过说服上司和同事，玛雅成功对阿布展开窃听和追踪，并得到阿布的藏匿之处。在对房屋内的人物进行分析后，她发现一位中情局曾跟丢七年的人。玛雅和同事将消息上报 CIA 最高长官，并希望获批猎杀行动。但最高长官表示在未确定屋内人员的确切身份之前，他不会冒险做决定。

通过扫描热成像，并对房子里居住地人物进行观察及比较分析，乔治认为，第三名男性很有可能就是基地的高层策划人员——本·拉登。美国国家安全事务助理等人进行数据分析后，认为有 40% 的可能性是基地组织的其他高层策划人员，35% 的可能性是一名沙特毒贩，50% 的可能性是科威特军火商，甚至 10% 的可能性是阿布的兄弟。因此，在没有确切的证据证明不明身份者是本·拉登之前，总统无法下达猎杀命令。

2. 理论要点

决策都有其后果，在任何最终决策做出之前，决策者都应该把可能的结果，无论利弊，考虑清楚。与此同时，修昔底德也指出了执行外交政策过程中奉行小心与审慎之伦理原则的重要性，这是因为世界是极不平等的，外交政策的选择是受限制的，且威胁始终与机会并存。深谋远虑、审慎小心与判断力，是经典现实主义政治伦理的特征。

3. 理论分析

玛雅根据对被抓获的恐怖分子的审讯，最终确定追踪本·拉登最合适的方案是"追踪阿布·艾哈迈德进而找到本·拉登"。CIA 在锁定目标后，严密探测情报，并做出详细的分析。同时，以美国国家事务安全助理为代表的白宫方面对 CIA 的情报进行数据分析。上述体现了 CIA 和国家事务安全助理（白宫）都是理性行为体，他们的决策是建立在理性思考的基础上的。

主人公玛雅十分确定被锁定的房屋中不明身份的男子是本·拉登，但没有翔实的证据。她的想法需要上报给 CIA 长官，进而由 CIA 长官与美国国家事务安全助理进行交涉，对行动的可行性进行评估，国家事务安全助理将预测结果上报总统，最终做出决策。

在 CIA 与白宫方面负责人进行沟通的过程中，因为两方对于情报有着不同的评估，CIA 认为"不明身份男子"是本·拉登，而国家事务安全助理（白宫方面）则认为还有很大的可能性是其他人，两方在决策上产生分歧。但 CIA 必须服从白宫的行政命令，因此，直到目标房屋被锁定 129 天后，白宫被说服，下令"刺杀本·拉登"。

CIA 成员固然是美国公民，并且他们身处恐怖活动频发的动荡地区，白宫方面对其更要进行更为周到的保护，这也就解释了白宫方面一再确认本·拉登是否就生活在阿布出入的地方，再采取行动的原因。

（三）安全保护

1. 剧情回顾

玛雅作为长期追捕本·拉登的人员，很早就暴露在了恐怖分子的视野中。在公众场合偶遇爆炸事件，侥幸未受到生命的伤害。更为严重的是，玛雅的住处也被监视，当她从住处开车出门，立刻被门口蹲守的持枪恐怖分子攻击，她立刻倒车退回门内，才保住了自己的性命。

丹在审理本·拉登身边的信使时，采用了近乎虐待的严酷手法。然而在执行虐刑时，丹戴着黑色头套以掩盖自己的真实面貌。同时与信使有直接接触的看守人员，都使用了头套。

2. 理论要点

驻外人员不等同于东道国国民，也不等同于第三国国民，其是本国公司或政府聘请的工作岗位在本国国外的本国人员。由于日益增多的恐怖主义，驻外人员安全不断受到威胁。①

3. 理论分析

虽然 CIA 探员在巴基斯坦的行动已经做到了尽可能保密，但由于恐怖分子也具有极高的反侦查能力，他们对于 CIA 探员也是了如指掌。巴基斯坦本是一个恐怖活动频发的国家，他国外交官在巴基斯坦应该受到其政府更为全面的保护，保证他国驻外人员人身自由或尊严不受到任何侵犯。

> 2002 年 12 月 4 日报道，菲律宾军方和警方联合成立"外交官安全特别部队"，专门负责保护各国驻菲使馆的安全。"外交官安全特别部队"由 300 名军警组成，主要部署在使馆和外交官住所集中的马卡蒂地区。该部队还将派遣经过特殊训练的警察为各国驻菲大使和其他外交官担任贴身保

---

① 俞钰凡. 驻外人员的派驻与管理. 华东交通大学学报, 2007, 24（3）: 53—56.

镖。11月28日，澳大利亚和加拿大驻菲使馆因受到恐怖组织威胁相继关闭。欧盟驻菲代表处也于同日关闭。

派遣到国外执行任务的人员本身不仅需要掌握必备的处理危险事件的能力，也需要提高危机预警的意识。在非执行任务的日常生活里，也必须时刻关注周围，是否有逃犯团伙在实施监视，不断提高自身的反侦查能力。

与追捕对象或是追捕对象身边的亲信进行接触时，追捕人员须通过必要的方式掩饰自己的容貌，目的是防止其逃跑或是通过其他手段向其组织汇报追捕人员的体型、容貌等特征，以便追捕目标对追捕人员进行反侦查行动，或是采取更为残酷的报复行为。

三、现实应用

（一）执行任务前

1. 重要问题

作为执行海外追逃任务的人员，首要目标是不惜一切努力完成任务，然而一切行动的前提是保证自身生命安全。加之海外逃犯的政治或武装势力强大，因此，执行行动的人员必须具备一定的反侦查能力。同时，每项任务执行过程中必然会遇到大大小小的决策问题，评估最后所做决策是否是一个正确的决策，必须在决策前做出风险预判。

2. 典型案例

从1983年2月12日，"二王"即王宗坊和王宗玮兄弟俩，在沈阳犯下第一起命案。至9月18日被警方击毙的七个月时间，"二王"凭借枪支和手榴弹打死打伤公安执法人员和无辜百姓18人（打死9人伤9人），五次逃脱警察的追捕。

3. 应对举措

（1）前期准备

作为长期身处他国，执行海外追逃任务的人员，必须隐藏自己的身份，首先，要从外形打扮做起。避免显眼的发色、夸张的妆容、奇特的穿衣风格，同时不宜过多穿着或使用高档奢侈品，否则在一些战乱或者政治动乱的发展中、欠发达国家或地区，会显得格格不入，很容易被追逃目标及其组织察觉。

不能在执行准备过程中暴露自己的身份，甚至可以乔装打扮。对于此刻身处的国家，需要详细了解其风俗习惯、着装风格，如有特殊的宗教打扮也必须入乡随俗。执行任务的人员尽可能使自身融入当地的风土人情中，通过妆容、服饰等方面的"伪装"，把自己包装成一个本地人。

此外，还要尽量减少或避免使用社交软件，更不能实时更新自己的位置和动态。作为追逃目标及其组织成员，也一定具有相当高水平的反侦查能力。不仅是社交软件，手机中的其他软件，例如地图软件、搜索引擎都会留下痕迹。因此建议执行海外追逃任务的人员在完成交流与联络时，尽量使用功能简便的手机，如有特殊需要，交流过程中也须采用符号、暗号等。至于个人生活中所需的娱乐诉求，可采用另一部手机，与工作完全分离。

在情报收集方面，首先，最为人所知的便是通过跟踪目标，确定其每日出行的路线、到达的地点，以此总结出其一般性行踪规律。此种方式更适用于逃窜经验不足的目标，因为有经验的逃犯出行常常会选择不同的路线。同时，需要消耗较大的人力物力，一旦追捕人员暴露身份，更有可能出现生命危险。

其次，可以通过监听、网络监视技术获取追捕目标的通话记录、网页浏览足迹等。想要使用此方法，前提是必须拥有较为先进的科学技术，并且想方设法将监视设备安放在目标生活的地方。然而，一些经验丰富的逃犯为了逃避追捕人员的监视，不使用固定的设备与外界联络。此时，追捕人员可将眼光定位在其亲属或亲近的朋友身上。即使是逃犯，绝大多数情况也必然会与自己的亲人联系，通过对其亲人的监视，可获取逃犯处发出的信号定位，以此来判断逃犯所在位置。

最后，可以通过与当地社会人士的合作获取情报。此方法较为适用于政治较为动乱的国家。

（2）风险预判

决策需要确立明确具体的目标，区分必须达成的目标和期望达成的目标，并使参与决策人员充分理解：目标，是正确决策的基础。对于持枪行凶抢劫的暴力恶性案件，公安机关要求将犯罪分子迅速捉拿归案，消除隐患。这个总的目标是明确的。追捕"二王"的行动，一开始就提出要迅速破案，"活要抓到，死要见尸"，这是必须达成的目标。在追捕工作中，避免或尽量减少伤亡损失，这是期望达成的目标。追捕"二王"决策成功的地方，在于目标明确，决心大，采取的措施坚决有力。但在具体决策中也有目标不明之处。这主要是决策目标在有些公安干警中没有得到落实。列车乘警在发现了带枪的可疑人员并进行盘查时，因抓捕"二王"的目标不明确，所以警惕性不高，采取的措施不得力。当遇到罪犯持枪反抗时，措手不及，惊慌失措，不但让凶恶的罪犯从眼皮底下逃脱，而且自己也险些丧命。

提前将执行过程中可能遇到的危险分类汇总，并制订不同的应对方案。对于追捕成功率较高但同时承担风险较高的执行方案，一定须在事前对执行人员进行规定，不可无视命令、私自行动。低层决策者更不能通过自己的权利，随意下达有风险的决策命令。在执行任务期间，也不能因为前期预测的风险较低而放松警惕，出现任何突发情况都要立刻谨慎处理。

（二）执行任务中

1. 政府合作

（1）重要问题

对于逃犯的跨国追捕，仅依靠逃犯所在国政府的权力和力量完全不够，此时政府间的合作就显得极其重要。

（2）典型案例

在联合执法方面，中国与上合组织成员国、东盟成员国已经有了很好的合作。在湄公河流域，中老缅泰四国在湄公河流域建立了共同执法的模式。中国与安哥拉依据双方签订《中华人民共和国公安部和安哥拉共和国内政部关于维护公共安全和社会秩序的合作协议》，两国警方2012年8月在安哥拉开展联合执法行动，缉捕在安的中国籍犯罪嫌疑人并押解回国。①

(3) 应对举措

有关国家邀请中方参与他们的国内执法行动，参与对外逃犯罪嫌疑人的缉捕行动。国家执法有着严格的地域性，任何国家警察机关的执法都只能在本国行政区域范围内，这是国家主权原则的必然要求。不过，打击犯罪、不让犯罪分子逍遥法外也是世界各国的共识，因此，为了维护国际社会的和平与秩序、民众的财产与人身安全，有关国家愿意达成协议联合执法。

有当地政府的援助，不仅在执行人员自身安全方面得到一定的保障，而且可以大大降低任务的难度。由于当地警方对于地形、局势的了解远深于派遣其国的执行人员，且精通当地语言、拥有较为稳定的情报来源，因此在追捕过程中，省去了适应当地环境、发展当地人脉的步骤，非常有利于任务执行。

2. 国际通缉

(1) 重要问题

国际刑警红色通缉令是国际刑警组织最著名的一种国际通报。它的通缉对象是有关国家的法律部门已发出逮捕令、要求成员国引渡的在逃犯。

(2) 典型案例

李华波，红色通缉令2号人物，原江西省上饶市鄱阳县财政局经建股股长，涉嫌贪污国家公款近1亿元，于2011年1月潜逃至新加坡。案件发生后，中央反腐败协调小组组织检察、外交、公安等部门立即启动了追逃追赃工作。多部门组成工作组先后8次赴新加坡进行磋商。经过不懈努力，中新两国在没有缔结引渡条约的情况下积极开展司法执法合作。中方

---

① 华律网. 2017-12-19. 中国的海外追逃主要方式. http://www.66law.cn/laws/438585.aspx

向新方提出司法协助请求，提供证据，由新方冻结了李华波涉案资产，对李华波实行了逮捕、起诉，以"不诚实接受偷窃财产罪"判处其15个月有期徒刑，并在李华波出狱当天将其遣返回国。①

（3）应对举措

中国官方于2015年4月22日公布的一份涉及100名外逃国家工作人员和重要腐败案件涉案人的红色通缉令，持续引发关注。这尚属中国首次颁布如此大规模的国际通缉，是中国反腐进程中的一次"历史性"突破，将有效震慑贪腐人员。而不断加码国际追逃，也是向国内各级权力监督部门发出严格管理干部队伍的信号。

在国际上，这种公开对于贪官热衷潜逃的国家来说，他们如果再不配合中国的追逃，借口重重，在国际舆论上可能就会被戴上"避罪天堂"的帽子；在国内，对于那些外逃案件的高发省份，这种公开也是警告当地相关的责任部门，严格履职，封堵贪官外逃。

（三）执行任务后

1. 重要问题

引渡是指一国把在该国境内而被他国指控为犯罪或已被他国判刑的人，根据有关国家的请求移交给请求国审判或处罚。引渡制度是一项国际司法协助的重要制度，也是国家有效行使管辖权和制裁犯罪的重要保障。随着中国海外追逃的投入力度不断加大，以及综合国力的不断提升，国际社会大都愿意与中国政府进行合作，红色通缉令加之各国政府和警方的合作，罪犯越来越难逃中国法网。

2. 典型案例

2016年11月16日，从美国达拉斯飞来的AA236次航班降落在北京首都机场，一名女子刚走下舷梯，等候多时的执法人员当面向其宣读浙江省

---

① 中国新闻网. 2016-04-13. "红通"名单公布近一年归案嫌犯近半数涉嫌贪污罪. http://www.chinanews.com/gn/2016/04-13/7831964.shtml

> 公安厅逮捕证。该女子正是潜逃海外13年之久的"百名红通人员"头号嫌犯杨秀珠。
>
> 2003年6月16日，浙江省人民检察院以涉嫌贪污受贿罪立案侦查，批捕杨秀珠，并于7月22日通过国际刑警组织发布红色通缉令。自此，一场旷日持久的海外追逃拉开大幕。①

3. 应对举措

海外追捕行动无论成功或失败，都需要进行经验总结，尤其对于背后有强大组织的逃犯，更需要做好事后整理工作。梳理执行过程中所涉及的人物关系、地点线索等，为连环追捕的任务做好前期准备。更重要的是，对于当地的情报提供者、当地警方，可以给予适当的报酬，与他们保持良好的关系，以便在下次在他国追捕任务中可以更好地获取线索继续合作。

拓展材料

本部分材料主要收集了关于美国军队消灭恐怖组织、应对突发事件的典型案例，为世界各国与恐怖组织对抗提供了范本。

书籍

[1] 小彼得·F. 张立功, 译. 海神之矛行动——海豹突击队猎杀本·拉登. 北京：中国市场出版社, 2016.

[2] 马克·欧文, 凯文·莫勒. 杨保林, 张宝林, 王蕾, 译. 艰难一日. 北京：中信出版社, 2012.

影像资料

[1]《海豹六队：突袭奥萨马本拉登》(Seal Team 6: The Raid on Osama Bin Laden), 美国, 上映时间：2012年11月04日.

[2]《孤独的幸存者》(Lone Survivor), 美国, 上映时间：2013年12月25日.

[3]《美国狙击手》(American Sniper), 美国, 上映时间：2015年1月16日.

---

① 凤凰资讯. 2016-11-17. 红通头号嫌犯杨秀珠回国自首. http://news.ifeng.com/a/20161117/50268654_0.shtml

参考文献

[1] 梁保初,王德伦. 谈追捕"二王"过程中决策的得失. 公安大学学报,1985(3): 28—29.

[2] 毕云红. 外交决策及其影响因素. 世界经济与政治,2002(1): 11—16.

[3] Salah Oueslati. 2014. U.S. Foreign Policy and the Complex Factors in the Decision-Making Process. Society, 51(5): 472—481.

[4] Serge H. Ahmed. 2017. Individual decision-making in the causal pathway to addiction: contributions and limitations of rodent models. Pharmacology Biochemistry & Behavior, 164.

第六章 《国土安全》(第四季):人员策反与使馆安保

郝 楠[①]

摘要:案例选取美剧《国土安全》(第四季)为研究对象。该剧以美国驻巴基斯坦大使馆与巴基斯坦政府联合打击以哈卡尼为头目的塔利班恐怖组织为背景,讲述美巴双方各有打算,互相策反,互相掣肘,最终导致塔利班组织头目哈卡尼成功袭击美国驻巴基斯坦大使馆,造成使馆30余人死亡,美巴断交,美国撤回大使馆人员的故事。该案例聚焦海外机构与人员的策反与使领馆安保问题,并提供现实参考与应对建议。

关键字:策反;情报;大使馆;安保;恐怖组织

一、案例正文

(一)影片概况

1. 基本信息

表 2-6-1 《国土安全》(第四季)基础信息

影片名称	《国土安全》(第四季)
影片类型	剧情、悬疑、政治
首映时间	2014年11月(美国)
导演	Lesli Linka Glatter

[①] 郝楠,男,新加坡国立大学李光耀公共政策学院硕士生,曾任政府间国际组织中国—东盟中心新闻公关部助理等。

续表

编剧	Alex Gansa
主演	Claire Danes, Mandy Patinkin, Rupert Friend, Nazanin Boniadi, Laila Robins, Tracey Letts.

2. 背景介绍

《国土安全》(第四季)根据真实事件改编。

2011年,美国驻巴基斯坦大使指责"哈卡尼网络"袭击美驻巴大使馆。美国政府怀疑该组织与巴政府有关联。该事件一度对美巴关系造成恶劣影响。

在第四季中,美国驻巴基斯坦大使馆与巴基斯坦政府联合打击以哈卡尼为头目的塔利班恐怖组织。美方中情局在巴境内以反恐名义积极活动。巴方不满美国长期干涉巴内政,包庇并纵容哈卡尼。最终,哈卡尼成功袭击美国驻巴大使馆,造成使馆30余人死亡。哈卡尼成功逃脱,并一跃成为反美英雄。巴三军情报局高级官员借机在媒体上表达对美不满。美国总统勒令美巴断交并撤回大使馆人员。

3. 人物简介

表2-6-2　　　　　　　《国土安全》(第四季)主要人物

派别	角色名称	身份	主要行为
美国中情局驻巴基斯坦情报站	桑迪	情报站原站长	泄露美方机密情报换取个人利益
	卡莉	情报站现站长	力主逮捕塔利班头目之一哈卡尼
	彼得	情报站调查员	力主逮捕塔利班头目之一哈卡尼
美国中情局	洛克哈特	中情局局长	操控人事,谋取个人政治利益
美国驻巴基斯坦大使馆	玛莎	美国驻巴大使	维持美巴关系
	博伊德	美国驻巴大使丈夫,伊斯兰堡当地执教	被巴方策反,出卖情报
巴基斯坦三军情报局	塔斯尼姆	情报局高级官员	利用塔利班反美
	可汗	情报处处长	秘密协助中情局行动
塔利班	哈卡尼	塔利班某分支组织头目	联合巴情报局反美,同时也与美中情局暗箱交易

续表

其他	索尔	中情局前局长，现任某安全公司高层	利用个人资源协助中情局行动
	阿雅	伊斯兰堡医学院学生，哈卡尼之侄	被多方操控，最终身死

资料来源：笔者自制。

4. 互动关系

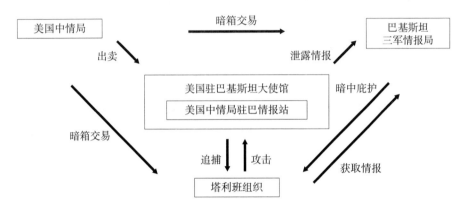

图 2-6-1 《国土安全》（第四季）主要组织互动关系

（二）剧情回顾

中情局喀布尔情报站站长卡莉根据巴基斯坦站站长桑迪的情报下令空袭恐怖分子头目哈卡尼。当时，哈卡尼正在参加一场婚礼。空袭致使 40 余人死亡。哈卡尼的侄子阿雅侥幸逃回就读的伊斯兰堡医学院。其朋友气不过，将阿雅手机中阿雅意外拍到的空袭婚礼的视频发到了网上，引发众怒。不巧桑迪身份暴露，被愤怒的民众当街杀死。卡莉和彼得试图救他，未果。彼得通过凶案现场的视频意外发现桑迪之死与巴基斯坦三军情报局有关。卡莉请缨担任巴基斯坦站新站长，并招募彼得加入。作为安保公司高层，索尔到美国驻巴基斯坦大使馆提供安保服务。卡莉辗转联系上阿雅，并成功策反阿雅获得哈卡尼的行踪。

与此同时，巴基斯坦三军情报局高级官员塔斯尼姆知晓了大使丈夫博伊德曾从大使玛莎处窃取情报给桑迪。塔斯尼姆以此威逼利诱，策反了博伊德，迫使其继续窃取情报并阻挠卡莉。通过阿雅获取哈卡尼行踪的卡莉正准备对哈卡尼实施打击时，博伊德泄露的信息使哈卡尼警觉，并绑架了索尔以保证自身安全。从卡莉处脱身的阿雅被愤怒的哈卡尼处死。哈卡尼以索尔为筹码与卡莉谈判，要求交换中情局手中的5名在押同党。中情局局长洛克哈特抵达巴基斯坦处理此事。索尔尝试逃脱但最终未果，再次被哈卡尼抓获。洛克哈特不得已同意交换人质。博伊德的泄密行为被发现，并被囚禁于使馆中。

　　卡莉换回索尔。驱车返回使馆途中，卡莉车队被哈卡尼手下埋伏阻击。巴基斯坦情报局故意拖延救援。使馆海军陆战队大部受大使命前往接应卡莉。哈卡尼得以实施调虎离山之计，由只有使馆内部人员知道的密道攻入使馆。使馆人员死伤惨重。桑迪多年苦心经营的情报网信息亦被哈卡尼获取。使馆内的彼得势单力薄，难以抗衡。哈卡尼最终得以成功逃脱。白宫怒而断绝与巴基斯坦的外交关系，并下令撤回使馆人员。彼得私自留下意图复仇，卡莉也留下试图阻止彼得。在彼得欲刺杀哈卡尼的现场，卡莉成功劝阻了彼得，但意外发现哈卡尼的车内坐着另一位中情局高层。卡莉回到美国后才得知，中情局已与哈卡尼达成了互利的秘密协议。卡莉愤而离开。

二、案例分析

（一）策反案例

1. 巴情报局策反美驻巴大使丈夫

（1）剧情回顾

表2-6-3　　　　　　　　　　　　剧情回顾

策反人	巴情报局高官塔斯尼姆
被策反人	美驻巴大使丈夫博伊德

续表

手段	● 以前科威胁举报； ● 抓住被策反人事业不顺，且不希望连累大使妻子的弱点； ● 承诺帮其保密，事情过去后给予自由。
结果	成功策反。被策反人提供信息。
策反人要求	● 提供卡莉行动信息及资料； ● 阻碍卡莉行使职责。
被策反人行为	● 泄露卡莉个人及行动信息给巴方，使得巴方了解到卡莉个人病史及行动动向； ● 替换卡莉药品，使卡莉服下重度致幻剂，在行动中险些丧命； ● 在大使决定辞职之际，说服大使继续与巴方谈判，为巴方争取时间。
结局	叛变行为造成美大使馆被袭以及人员和设施重大损失，个人被带回美国受审。

资料来源：笔者自制。

（2）理论要点与分析

①外交人员配偶的特权与豁免权。根据美国国务院文件《外交与领事豁免权：法律执行与审判权限》（Diplomatic and Consular Immunity: Guidance for Law Enforcement and Judicial Authorities），美国外交人员（diplomatic agents）家庭成员，包含配偶及21岁以下子女（如为全日制学生可放宽为23岁）享受与外交人员同等的特权及豁免权，不得被逮捕或拘留，其个人住所和财产也不得被侵犯。

被策反人应当在第一时间向巴方通报其外交官配偶身份，申明自己的特权与豁免权。

②外交安全局。美国国务院下设外交安全局（Diplomatic Security Service），其职能之一是在美国国内与国外预防、侦查并消除任何针对国务院工作人员的外国情报活动。在与联邦调查局的合作下，其有权逮捕仍进行有利于外国情报活动的国务院工作人员。

被策反人应当及时向外交安全局汇报自己被巴方情报人员接触事宜，并协助外交安全局办案。

③美国宪法中的叛国罪。根据美国宪法第三款第 110 条：对合众国的叛国罪只限于同合众国作战，或依附其敌人，给予其敌人以帮助和鼓励。无论何人，除根据两个证人对同一明显行为的作证或本人在公开法庭上的供认，不得被定为叛国罪。

被策反人应第一时间意识到自己此前的行为已经犯法。继续协助巴方，从而间接协助塔利班恐怖组织，将使其触犯叛国罪。

2. 美中情局策反塔利班组织头目亲戚

（1）剧情回顾

表 2-6-4　　　　　　　　　　剧情回顾

策反人	中情局巴基斯坦情报站站长卡莉
被策反人	塔利班组织头目哈卡尼之侄阿雅
手段	● 色诱； ● 共情； ● 承诺协助逃往伦敦； ● 提供金钱、英国护照。
结果	成功策反。被策反人提供信息。
策反人要求	提供其叔叔哈卡尼行踪。
被策反人行为	● 与策反人发生性关系，并产生感情； ● 收取策反人金钱、英国护照等物品； ● 告知了策反人其叔叔真实境况，虽身患重伤，但并未死亡； ● 无意中通过其护照上的定位装置暴露了叔叔行踪。
结局	美国中情局通过策反人找到哈卡尼。被策反人被其叔叔哈卡尼发现背叛后处决。

资料来源：笔者自制。

（2）理论要点与分析

①中情局特工在外国活动的合法性。根据《维也纳外交关系公约》第一款，外交人员为主权国家派出人员或国际组织工作人员享受特权及豁免权。享受全部特权和豁免权的为主权国家派出人员，即使团团长及使团成员，须拥有外交衔级。使馆的行政与技术人员享有部分外交特权和豁免权。

中情局特工为美国特工派出人员，但并非外交人员。其在国外活动违反国际法。其活动或是借助外交官的身份掩护，或是基于派出国和驻在国的互相谅解。卡莉在巴基斯坦活动，并在美驻巴大使馆内运作中情局情报站应当是基于巴基斯坦政府与美国政府协商同意后建立，或双方形成了不成文的默契。

②中情局特工的职能。根据美国12333号行政命令（Executive Order 12333），美国的情报工作须向美国总统、国家安全委员会与国土安全委员会提供必要的决策信息。这些信息包括有关于外交、国防与经济政策的制定与执行，避免美国国家利益受到外部威胁的损害。所有的相关部门都应当全力互相配合以达成这一目标。

中情局特工有权为了美国国家安全，对相关人员进行策反并获取相关信息，以保障美国国家安全。但该命令同时也规定了信息的获取方式须为最低侵犯性（the least intrusive）。

卡莉通过色诱、承诺协助逃亡、物质诱惑等方式虽然是国际间谍行为的通用行为，但是在巴基斯坦情报机关看来，已经威胁了巴基斯坦国家安全。

3. 美国驻外大使馆的安保

（1）剧情回顾

表 2-6-5　　　　　　　　　　　　剧情回顾

威胁来源	塔利班恐怖组织（由地下密道攻入） 巴政府内部反美势力（纵容恐怖组织）
安保力量	● 美国外交安全指挥中心（全天候侦测针对美国驻外外交使团的威胁并指挥行动，玛莎在剧中提到避难室的门必须得到华盛顿的外交安全指挥中心授权才能打开）； ● 美国海军陆战队（大部被临时调出并在路上被伏击）； ● 美国外交安全官（管理安保力量并与驻在国政府协同保护使团及设施安全）； ● 中情局特工（其情报站恰好设在使馆内）； ● 驻在国政府军警（巴政府有意拖延提供安保）。
安保设施	● 避难室（防弹、延时电子锁）； ● 紧急逃生梯（被塔利班知晓）； ● 密道（被塔利班知晓）。

续表

安保措施	● 紧急调集海军陆战队； ● 大使等要员进入紧急避难室； ● 销毁重要文件、硬盘等机密信息和设施； ● 大使馆紧急关闭。
损失	● 中情局情报站等使馆内机构设施遭到破坏； ● 使馆工作人员三十余人伤亡； ● 中情局在巴基斯坦线人名单被抢； ● 使馆密道、紧急逃生梯等布局泄露。
结果	● 大使、中情局局长被问责； ● 美巴断交； ● 大使撤回、使馆人员撤回； ● 大使丈夫被捕，押回国内受审。

资料来源：笔者自制。

（2）理论要点与分析

①美国驻巴使馆的权益。根据《维也纳外交关系公约》，"称使馆馆舍者，谓供使馆使用及供使馆馆长寓邸之用之建筑物或建筑物之各部分，以及其所附属之土地，至所有权谁属，则在所不问。美国使馆即美国联邦政府派驻巴基斯坦使团的办公及居住场所。"

美国驻巴使馆不应被任何外国势力侵犯，驻在国政府应当保障美使团及设施安全。但美使馆内设中情局情报站并从事情报活动，如其没有取得巴政府允许，应视为对巴国家安全的威胁。

②美国使馆的安保程序。美国使馆在遭遇紧急状况下，海军陆战队会根据预案指挥对大使馆进行紧急关闭（Lockdown）。根据海军陆战队的手册，紧急关闭是一种暂时性的避难方式，阻止人员暴露在安全威胁前，比如行动狙击手的威胁。紧急关闭会要求人们紧急从室外移动或撤离到室内。当警报被发出，威胁区域内的相关建筑物内的人员须紧急锁上门窗，堵住建筑物的出入口以防任何人员进出，直到安全警报解除。这一方式的实质是将一切建筑物转化为安全屋。一次紧急关闭可能因具体情况不同为期几分钟或几小时

不等。

由于案例中美国驻巴使馆的内部设施信息已经被恐怖组织知晓，且恐怖组织已经攻入使馆，即便案例中彼得下达了紧急闭馆的命令，但是仍旧造成了重大的人员伤亡和设施损失。

③美国使馆的安保力量。根据美国国务院规定，美国使馆的安保力量由以下几部分组成：

1. 美国外交安全指挥中心（全天候 24 小时监视并汇报危害美国使团、美国国务院及美国海外公民的威胁信息）；

2. 美国海军陆战队（为指定的美国外交与领事设施提供内部安全保障，以防止损害美国国家安全至关重要的涉密材料）；

3. 美国海军陆战队舰艇反恐安全部队（不属于使馆的常规安保力量。如威胁发生在美国武装力量的周边，则该部队会被派出）；

4. 外交安全官员（特殊的安全官，与当地政府合作以为使领馆提供安全保障）；

5. 私人安保公司的雇员；

6. 驻在国当地提供的军警。

海军陆战队的职责为保护对美国国家安全重要的材料。大使将海军陆战队大部派出接应其他人返回使馆，严格意义上是不合规的。

三、现实应用

（一）反渗透、反策反、反窃密

1. 重要问题

2015 年 7 月 1 日，第十二届全国人民代表大会常务委员会第十五次会议通过新的《国家安全法》。国家主席习近平签署第 29 号主席令，并予以公布。法律对政治安全、国土安全、军事安全、文化安全、科技安全等 11 个领域的国家安全任务进行了明确，共 7 章 84 条，自 2015 年 7 月 1 日起施行。其中，第一章第十三条提到，任何个人和组织违反本法和有关法律，不履行维护国家安全义务或者从事危害国家安全活动的，依法追究法律责任。第二章第十五条提到，国家防范、制止和依法惩治任何叛国、分裂国家、煽动叛乱、颠覆或者煽动颠覆人民民主专政政权的行为；防范、制止和依法惩治窃取、泄露国家秘密等危害国家安全的行为；防范、制止和依法惩治境外势力的渗透、破坏、颠覆、分裂活动①。

2. 典型案例

2013年12月4日上午11时26分，海军东海舰队某仓库哨兵正在待岗，突然发现有一辆白色的小轿车停下来，一名男子摇下车窗向营区内部拍照。哨兵在搜查时发现，该男子的手机里保存的全都是军港码头军事设施的照片。当时东海防空识别区公布还没到两个月，这个情况引起了战士们的怀疑。很快，当地国家安全机关侦察员赶到现场带走了这名可疑人员。

经讯问，该男子名叫陈威，宁波象山人，2008年5月到某国留学，2012年在某国创业。其间，一个外国朋友找到他，邀请他参加当地一个关于中国风险的研讨会。2012年12月22日，陈威准时到了会场。在会议的间隙，一个名叫寄田的境外人员主动与陈威进行攀谈。原来，中国风险研讨会的发起人把与会的人员名单告诉了寄田，当寄田得知陈威来自东南沿海后就很感兴趣，他来参加研讨会的目的，就是为了结识陈威。此后，二人日渐熟络，联系逐渐频密。经过多次拉拢、试探后，寄田让陈威收集的信息变得越来越具体。

2013年年初，陈威回国探亲，他按照寄田的指示拍摄了相关海警船只的图片，寄田收到照片后指示陈威好好观察一下这些船上是否配备武器。虽然觉得敏感，但陈威并没有拒绝，为此还特意报名参加了一个海岛游览项目，终于如愿拍到了机密级导弹艇。在这次搜情任务结束后，寄田要求陈威立刻删除之前的邮件。这时的陈威已经非常清楚寄田的身份以及

---

① 中华人民共和国国家安全法，2018年3月31日，中国政府网，http://www.gov.cn/xinwen/2015-07/01/content_2888316.htm.

自己的所作所为，但他并没有悬崖勒马。

2013年11月17日，陈威回国后照例进行拍摄。12月4日，陈威开车到第三个指定地点——奉化某部队进行情报搜集。在途中，他先后拍摄了两张带有军事禁区标志的大门照片，在拍摄第二张大门照片的时候被哨兵发现。

经查，陈威在2012年11月至2013年12月期间，多次向某国间谍情报人员提供我国军事设施和区域的照片。经鉴定，其中两项被认定为机密级军事秘密。2013年正是我国钓鱼岛附近形势最敏感的时候，这些信息被对方掌握，一旦擦枪走火，将会对我国国家安全造成严重威胁。陈威为国外间谍机构提供情报的主观故意行为已构成间谍罪，被依法判处有期徒刑七年。[①]

3. 应对举措

间谍就在你身边，交友切记要防奸；
利诱胁迫加欺骗，敌人常用须分辨；
网上求职留心眼，切莫助敌做眼线；
短信电话莫涉密，泄密就在一瞬间；
涉密载体要管好，丢失泄密不得了；
发现间谍早报告，举报电话须记牢。[②]

（二）大使馆安保

1. 重要问题

（1）美国经验

①美国使领馆建筑的安保标准。长期以来，美国驻外使领馆被袭击的事件屡有发生。1999年的《使馆建筑与反恐安全法案》（Secure Embassy Construction and Counterterrorism Act）就大使馆的建筑规格规定了五项安保

[①] 新华网，2018年3月31日，《真实案例揭秘：境外间谍常用的策反伎俩有哪些？》，http://www.xinhuanet.com/politics/2017-04/15/c_1120814364.htm.

[②] 新华网，2018年3月31日，《小心！间谍可能就在你我身边 这些人易被策反利用》，http://www.xinhuanet.com/legal/2016-04/15/c_128898523_3.htm.

标准[1]：

● 建筑物须距离街道和任何无法控制的区域100英尺，以防止建筑物遭受爆炸袭击；

● 须设置难以攀爬的外围高墙或防护栏，以制止步行攻击者袭击使领馆；

● 须设置防冲撞障碍物以防止任何交通工具损害设施外墙，靠近建筑并引爆炸弹；

● 须备有建筑的防爆方法和物资，包括强化钢铁水泥建筑和防爆窗户；

● 使领馆内须控制人员进入外围人行道和交通工具。

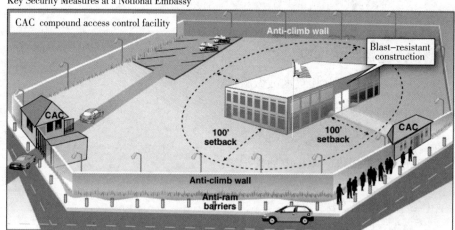

图 2-6-2　美国驻外使馆的主要安保措施

资料来源：《使馆安保：安保升级强化使馆安保，但各地实际条件所限未能全面贯彻安保标准》（Embassy Security: Upgrades Have Enhanced Security, but Site Conditions Prevent Full Adherence to Standards），美国政府问责局（Government Accountability Office），第2页。

---

[1]《使馆安保：安保升级强化使馆安保，但各地实际条件所限未能全面贯彻安保标准》（Embassy Security: Upgrades Have Enhanced Security, but Site Conditions Prevent Full Adherence to Standards），美国政府问责局（Government Accountability Office），第2页。

②美国使领馆的安保力量组成。美国驻外使馆的安保力量包括：

（1）美国外交安全指挥中心（全天候 24 小时监视并汇报危害美国使团、美国国务院及美国海外公民的威胁信息）；

（2）美国海军陆战队（为指定的美国外交与领事设施提供内部安全保障，以防止对于美国国家安全至关重要的涉密材料的安全遭到损害）；

（3）美国海军陆战队舰艇反恐安全部队（不属于使馆的常规安保力量。如威胁发生在美国武装力量的周边，则该部队会被派出）；

（4）外交安全官员（特殊的安全官，与当地政府合作以为使领馆提供安全保障）；

（5）私人安保公司的雇员。

当然，驻在国政府提供的军警也是保障使领馆安全的重要力量。

③美国使领馆的安保程序。根据美国国会研究处（US Congressional Research Service）报告《使馆安保：背景、资金与预算》（Embassy Security: Background, Funding, and the Budget, US Congressional Research Service reports），一位国务院官员在采访中介绍：

世上并没有一套能够应付所有威胁美国海外设施与人员的方案。美国的应对方式是因地制宜的。根据不同国家的实际情况、不同种类设施的情况（包括使馆、领馆或居住区）以及根据威胁来源是由外而来的物理威胁或是来自线上的威胁而做出不同的应对。

总体而言，第一步是各个设施的常驻的安全官与区域安全官会与华盛顿的官员确认威胁的真实性。这样的沟通包括决定当地安保力量能否应对该威胁，还是需要更大规模的安保力量的投入。一般而言，区域安全官会向当地警察寻求信息以帮助确认威胁的真实性和实际情况。美国情报部门也会帮助确认威胁的严重性。使团团长能够采取的应对措施包括：在当地警察的帮助下封锁周边街道；建立水泥屏障，减少建筑物内的人员规模，以及从该区域或该国撤离所有工作人员。负责安全事务的华盛顿的美国国务院官员说，执行官员须首先咨询使团团长之后再采取相应措施，应对可见的真实威胁①。

（2）中国实践

2002年12月，经中央军委批准，武警部队组建了一支机动防暴部队，对外称中国武警特勤大队；2007年6月24日，它被命名为中国武警"雪豹突击队"。

"雪豹突击队"拥有400余名官兵，队员年龄在18~30岁，都是从现役武警官兵中挑选出来的。经严格综合测试被挑选的队员，还要经受体能、射击、攀登、格斗、战术、驾驶等为主要内容的8个月预备期训练，然后实行全程淘汰制，最终只有近1/3的参训者成为真正的反恐队员。这支队伍在2004年派出人员随中国外交人员进入伊拉克，协助大使馆的复馆并负责此后的安全保卫工作。此后，在阿富汗、索马里、叙利亚等地，都能见到中国军人的身影。

一般每个使馆会配备一个班组的武警，带队指挥官为该部党委常委级别的团级干部，还有一名营连级干部作为副手，另外配有10名士官组成的战斗班组。配备的武器包括自动步枪、狙击步枪、手枪和班用机枪等轻武器，同时要为大使馆配备一定数量的防弹车辆和武装防雷车，以应对外交人员出行时的安全保障。此外，还配备了各种安全检查器材，如金属探测器、爆炸物探测仪和安检门等，对进出使馆的车辆和人员进行安检，以免夹带武器和爆炸物。②

2. 典型案例

近年来，随着中国政府、企业与民间组织在海外活动日益活跃，中国驻外机构与人员的安全问题也日益凸显。

---

① Embassy Security: Background, Funding, and the Budget, US Congressional Research Service Report, US Congressional Research Service, Page 4.
② 新华网. 2018-03-31.《外交官也是人，谁来保护他们的安全？》. http://www.xinhuanet.com/world/2016-12/21/c_129413954_2.htm.

（1）炮弹袭击中国驻叙利亚使馆

中国驻叙利亚使馆2013年9月30日证实，当天上午一枚从大马士革郊区发射的迫击炮弹落在使馆院内，使馆办公楼外墙及部分门窗受损。事发后，使馆工作人员清理在现场残存的炮弹尾翼和一些碎片，使馆办公楼部分墙体基座脱落，周边门窗不同程度受损。

据使馆工作人员透露，事发时，那名受伤的叙利亚籍雇员正在靠近袭击地点的办公室内进行清洁工作，现已送往附近医院接受救治。目前使馆秩序正常。叙利亚官方通讯社9月30日说，首都大马士革当天遭到3枚迫击炮弹袭击。

中国外交部发言人洪磊9月30日表示，中方对迫击炮弹落入中国驻叙利亚使馆感到震惊，予以强烈谴责。中方强烈敦促叙利亚有关各方严格遵守《维也纳外交关系公约》，切实保障中国和各国驻叙利亚外交机构和人员安全。

发言人洪磊还表示，中方已经决定派专家参与叙化武核查和销毁工作，并为此提供资助。①

（2）汽车炸弹袭击中国驻吉尔吉斯大使馆

据俄罗斯卫星网2016年8月30日报道，有目击者称，中国驻吉尔吉斯首都比什凯克使馆附近发生爆炸。吉尔吉斯斯坦卫生部表示，中国驻比什凯克使馆区爆炸现场发现一名遇难者遗体。俄罗斯塔斯社报道称，爆炸造成1死2伤。

中国外交部发言人华春莹在30日举行的外交部例行记者发布会上表示，中国驻吉尔吉斯斯坦使馆当地时间今天上午遭到汽车炸弹袭击，中方对此深感震惊并严厉谴责这一极端暴力行径。②

---

① 中国政府网. 2018-03-31. 中国驻叙利亚使馆30日遭迫击炮袭击 一人受伤. http://www.gov.cn/jrzg/2013-09/30/content_2498849.htm.
② 澎湃新闻. 2018-03-31. 中国驻吉尔吉斯斯坦大使馆遭汽车炸弹袭击，已致1死3伤. http://m.thepaper.cn/newsDetail_forward_1521469

3. 应对举措

美国兰德公司资深政策分析专家威廉·杨（William Young）的政策观察文章《使馆安保：由外而内》（Embassy Security: From the Outside In）介绍，使领馆的安保应当注意以下几点：

取得驻在国当地政府的协助，包括使领馆外可见的军事人员和设施的存在以威慑任何潜在的袭击；在使领馆周边设置路障、封闭道路或限制通行；驻在国政府应当愿意提供警务协助、情报分享等服务。

积极获取使领馆驻地尤其是周边社区的资讯。周边社区的日常生活往往都有固定的模式，一旦发现这种日常模式被突然打破，那很可能意味着已经有非常规事件在酝酿。使领馆应当对此建立信息收集及分享机制，保持使领馆人员的警惕。

注意使领馆自身建筑的结构和布局设置。对于一些临时性的馆舍或一些设施不健全的小规模馆舍，应当积极与驻在国当地政府保持联络，建立合作机制，建立预案，确保紧急情况下能够获得安全保障或撤离。①

拓展材料

文章书籍

[1]凤凰网. 如何分辨外交官和间谍？http://wemedia.ifeng.com/54389953/wemedia.shtml

[2]迈克尔·莫雷尔（Michael Morell），比尔·哈洛（Bill Harlow）. 2018. 不完美风暴（The Great War of Our Time: The CIA's Fight Against Terrorism）. 北京：中信出版集团.

[3] Significant Attacks against U.S. Diplomatic Facilities and Personnel, 1998—2012, Bureau of Diplomatic Security, United States Department of State Website, https://www.state.gov/documents/organization/225846.pdf

---

① William Y. Embassy Security: From the Outside In, Perspective, Rand Corporation, P1—3, https://www.rand.org/pubs/perspectives/PE103.html, 最后登录时间 2018 年 4 月 15 日.

[4] Golden Daniel, Spy Schools: How the CIA, FBI, and Foreign Intelligence. 2017. Secretly Exploit America's Universities, New York: Henry Holt and Company.

影像资料

策反

[1]《柏林》，베를린，韩国，2013. 朝鲜驻德国大使被策反.

[2]《剑桥风云》，Cambridge Spies，英国，2003. 冷战期间，英国剑桥大学三名精英学生被苏联策反成为间谍.

[3]《猎杀红色十月》，The Hunt for Red October，美国，1990. 苏联核潜艇艇长被美国策反.

使领馆安保

[1]《逃离德黑兰》，Argo，美国，2012. 美国驻伊朗大使馆遇袭.

[2]《危机13小时》，13 Hours: The Secret Soldiers of Benghazi，美国，2016. 美国驻利比亚班加西领事馆遇袭.

[3]《驻伯尔尼大使》，A berni követ，匈牙利，2014. 匈牙利驻瑞士大使馆遇袭.

[4]《最漫长的劫持》，北京卫视《档案》节目，2014. 赴日本驻秘鲁大使馆参与招待会的秘鲁国内政要与各国使节400余人遭劫持.

[5]《六天》，Six Days，英国/新西兰，2017. 1980年伊朗驻伦敦大使馆遭六名恐怖分子袭击.

参考文献

[1] 简·洛菲勒. 外交与建筑：美国海外使领馆建造实录. 北京：中国财政经济出版社，2010.

[2] Diplomatic and Consular Immunity: Guidance for Law Enforcement and Judicial Authorities, US Central Intelligence Agency Website, https://www.state.gov/documents/organization/150546.pdf, 最后登录时间2018年3月31日.

[3] Embassy Security: Background, Funding, and the Budget, US

Congressional Research Service reports, Homeland Security Digital Library, https://www.hsdl.org/?view&did=125, 最后登录时间2018年3月31日.

[4] William Y, Embassy Security: From the Outside In, Perspective, Rand Corporation, https://www.rand.org/pubs/perspectives/PE103.html, 最后登录时间2018年3月31日.

[5] Report of the Secretary of State's Advisory Panel on Overseas Security, US State Department Website, https://1997-2001.state.gov/www/publications/1985inman_report/inman3.html, 最后登录时间2018年3月31日.

[6] 中华人民共和国国家安全法, 中国政府网, http://www.gov.cn/xinwen/2015-07/01/content_2888316.htm, 最后登录时间2018年3月31日.

第二部分　驻外机构之驻外企业案例

第一章　《中国推销员》：海外企业安全

赵赟飞[①]

摘要：案例选取电影《中国推销员》为研究对象。该影片讲述了普通的中国推销员严键经历艰险，凭借智慧为公司获得北非某国电信订单的故事。案例旨在展示与分析中国推销员在海外战乱地区赢取订单的经历，为海外人员，尤其是海外企业、商务人士的经营活动提供参考与建议。

关键词：海外企业；政局动荡；风险评估；社会网络

一、案例正文

（一）影片概况

表 3-1-1　　　　　　　　影片《中国推销员》基本信息

影片名称	中国推销员
片长	105 分钟
上映时间	2017 年 6 月 16 日
影片类型	剧情
导演	檀冰
主演	李东学，安妮克·阿斯克渥德，史蒂文·西格尔，迈克·泰森，王自健

[①] 赵赟飞，女，四川外国语大学国际关系学院。

（二）主要人物

表 3-1-2　　　　　　　　影片《中国推销员》主要人物

人物名称	简介
严键	DH 公司 IT 人员，赴非洲一线从事推销工作
迈克尔	DH 公司竞争对手 MTM 公司的代表，同时暗中代表干预非洲的西方势力执行任务
卡巴	犹坦部落后裔，受迈克尔蛊惑参与阴谋
苏珊娜	国际电信联盟派往非洲的专家；负责北非某国的电信招标项目
欧玛尔	北非某国电信局局长
埃赛德	北非某国部落酋长

资料来源：笔者自制。

（三）剧情聚焦

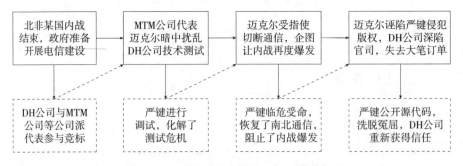

图 3-1-1　影片《中国推销员》剧情发展图

资料来源：笔者自制。

1. 内战结束，电信待兴

DH 电信公司一直希望进军非洲市场，北非某国潜在市场强大，是 DH 公司的重要目标。前几年，由于该国国内矛盾尖锐，战事正酣，政局动荡，DH 公司没有开拓业务的机会。谁料内战突然结束，该国政府随即将通信基础设施建设工程提上议程，公司发展电信业务前景陡然可期。为响应公司号召，原本从事技术工作的严键来到一线从事推销工作，决心要拿下该项目。

本次项目竞标事关重大，政府成立了招标委员会，并聘请了国际电信联盟派往非洲的法籍专家苏珊娜做招标主管。DH 公司的对手中，MTM 公司实力最为强劲。但其公司代表迈克尔动机不纯，他不仅是业务员，还代表着企图干涉该国内政的西方势力，他此行的目的不只是项目，还有其他更大的利益。为此，他蛊惑犹坦部落族人卡巴为自己做事。

2. 恶性竞争，暗中作梗

为了获得优势，严键编写增量程序，提高本公司设备的通信速度。然而，他的这一举动遭到了卡巴的监视，迈克尔深知无法与之匹敌，便在竞标当天，蓄意破坏其通信测试。严键觉察到了迈克尔的诡计，他镇定自若，利用专业知识调整测试频道，成功完成了测试。突然，卡巴率领武装分子闯入竞标现场，破坏了 DH 公司的电信设备，竞标被迫中断。

3. 恢复通信，化险为夷

谁料，总统府卫队长亦旋即带领一支武装队伍进入竞标现场，场面陷入混乱，在场者无不感到疑惑。原来，出身南方的副总统被迈克尔所代表的利益集团袭击身亡。不仅如此，利益集团还阻断了该国国内通信，致使南方人民无法得到副总统遇害的详细信息，误认为是北方政府筹划并杀害了副总统，南北矛盾激化，内战一触即发。为了解除误会，为了北非某国的和平，严键临危受命，在总统府卫队长和武装的保护下，与电信专家苏珊娜一同前往南北方交界处维修中继塔。前两座中继站整修顺利，但在前往第三座中继站途中，车队遭到了南方军的猛烈袭击。情急之下，严键拿出了中国国旗，终于使南方军停火。然而，第三座中继塔还是被卡巴彻底摧毁。深思熟虑后，严键想出了一个方案：利用沙尘暴造成的电离层扰动异常来弥补中继站之间的通信距离，"凭空"制造中继站。严键和苏珊娜乘坐联合国维和部队的飞机，在空中设置信号，恢复了通信。一切真相大白，南方军首领表达了和平的意愿，并表示要粉碎不法势力的阴谋。

4. 诚以经营，重获信任

严键本以为项目已是囊中之物，不料其在紧急情况下使用 MTM 公司设备主板一事却成了掣肘，DH 公司因涉嫌侵权被 MTM 公司告上法庭，其在世界其他地区的业务也因此受到了重大影响。为了弥补这一切，严键来到国际电信协会，拿走了公司的源代码并进行了公开，证明了清白。卡巴知悉本族酋长被迈克尔所杀的真相，知道自己遭到了欺骗，愤怒地杀死了迈克尔，自己也以死谢罪，而严键则因伪造提取源代码的文件被捕。当然，第二天，他就被无罪释放，之后他拒绝了升职，继续在第一线从事推销工作。

二、案例分析

（一）经营风险

1. 剧情回顾

北非某国是 DH 通信公司在非洲开发项目的重要目标。但几年来，该国持续内战，无法开展业务，公司设置在该国办事处的人员也由原先的三人减少至一人。内战突然结束，欧洲四大通信公司立刻注意到了这个亟待通信企业进驻的巨大市场，前来与 DH 公司竞争，参加该国通信建设项目竞标。

2. 理论要点

企业在经营过程中，通常需要对所在市场和环境展开详细的调查与评估，以判断与预测市场的前景与容量等。企业可利用 PEST（Politics, Economy, Society, Technology）模型，按照政治环境、经济政策、社会因素、技术条件顺序排列要素，宏观剖析海外企业经营的外部环境。① 同时使用传统的 SWOT（Strengths, Weaknesses, Opportunities, Threats）模型，具体深化对企业内部优势与劣势的剖析和外部机遇与挑战的思考，得出更完善的风险报告，为企业的内部调整提供参考数据。

3. 理论分析

海外环境对于"走出去"的企业来说更加陌生，潜在危机更多，因此，

---

① 沈梦涵，张建国. 基于 PEST 模型的德清休闲农业发展战略研究. 中国农业资源与区划，2017，38（10）：100.

评估经营风险至关重要。结合 PEST 与 SWOT 模型，能够从内外两个层次剖析出所处环境的优势与劣势，归纳出企业在海外经营的可行性。

表 3-1-3　影片《中国推销员》DH 公司面向北非某国的 PEST-SWOT 分析

要素		P	E	S	T
内部	S	国家与公司战略支持	在各地开设分部，实力雄厚	与当地政府友好往来	通信速度较其他公司更快
内部	W	推销缺乏人才推销制度成本高		对文化、民情情况掌握不足	旧的通信技术掌握不扎实
外部	O	南北矛盾趋于缓和	资源丰富，发展潜力巨大	人民淳朴，对中国有好感	渴望先进技术的引入
外部	T	战争隐患未消，政局不稳	总体经济基础薄弱	社会生活较原始	通信基建差，技术落后

资料来源：笔者自制。

影片中，北非某国前期内战持续良久，政局动荡。政治环境的不稳定使企业经营甚至工作人员正常生存的危险系数都大大提高。因而，在此时期，DH 公司在该国设立的办事处仅安排了寥寥几人，其他欧洲电信公司甚至没有在该国设立办事处。

然而，内战的突然结束却给海外通信企业们传达了新的信号，展现出另一片光景。政治局势趋于缓和，政治大背景趋于稳定；作为一个非洲国家，经济总体发展水平较低，基础设施建设差，难以实现自建，与此同时，政府抛出橄榄枝希望相关方面接下"通信建设"这一单；在社会整体期待改革、怀有革新愿望，却没有相应的通信技术支持的大背景下，企业可以分析得出北非某国的通信产业拥有强大的市场规模和经营空间。因此 DH 公司马上动员公司员工前往一线，从事电信推销工作，争取该项工程，而欧洲四大通信公司也盯上了这一块"肥肉"，竞相来到该国争取订单。在对企业内部因素展开分析的过程中，DH 公司深知在传统的通信技术掌握上不如来自欧洲的公司，若求稳定必然会造成较大的危险；但在最新技术的掌握上，DH 公司虽无绝对优势，却有与对手展开竞争的底气，由此业务员严键选择了利用新技术竞争的策略，以实现目标。

（二）社会网络

1. 剧情回顾

（1）北非某国内战期间，DH 公司在该国办事处的负责人一方面与当地电信局长欧玛尔维持密切关系，另一方面观察局势等待合作的机会；停战后不久，南北之间的通信被切断，造成了政治误会。总统希望相关通信公司能够伸出援手解决困难，严键挺身而出前去维修设备。后中继站遭到破坏，严键又利用沙尘暴使南北方完成了通信，阻止了内战的爆发，政府对严键的贡献表达了感激。

（2）苏珊娜与严键前往调试北非某国南北边界的中继站时，恰巧遇到当地部落族人为一名女孩施割礼。苏珊娜和严键误认为族人正在杀害女孩，激动地冲上前将孩子夺走。最终，部落酋长出面化解矛盾，告知族人们苏珊娜与严键误解了族人们的行为，"夺走女孩"只是为了挽救她的生命，族人们由此对这个中国小伙有了好感。

（3）由于迈克尔的陷害，DH 公司的诚信遭到了怀疑。严键为完成使命，从国际电信联盟获取源代码并进行了公开。严键的方案博得了合作方的信任，帮助公司力挽狂澜，赢得了北非某国的通信工程建设项目以及 LK 集团 30 亿欧元的合作项目。

2. 理论要点

社会网络（social network）是一个社会学概念，指一组行动者及连接他们的各种关系的集合。[①] 马克·格兰诺维特（Mark Granovetter）认为，经济行为嵌入社会结构，核心的社会结构就是人们生活中的社会网络[②]。企业作

[①] 张敏，童丽静，许浩然. 社会网络与企业风险承担——基于我国上市公司的经验证据. 管理世界，2015（11）：164.

[②] 李久鑫，郑绍濂. 管理的社会网络嵌入性视角，外国经济与管理，2002，24（6）：2.

为一种社会组织、集团，其所展开的活动嵌入社会结构中，与其他社会行为体产生互动、资源置换，由此产生了所谓的社会资本（social capital）。社会资本不附庸于特定的人或组织，它与物质资本、人力资本一样，可以为人或者组织的生产生活提供便利，[①] 可能使原本的社会网络结构产生变化。

3. 理论分析

本案例中呈现出跨国行为体——跨国公司及其境外经营活动，即是社会网络与社会资本构造与发挥作用的体现。

如影片所示，DH公司在北非某国的立足离不开社会网络与社会资源的创造与利用。DH公司首先投入了政府交往层面的"网络成本"。其他国家没有在非洲设立办事处的情况下，DH公司反其道而行，耗费了一定的时间与人力、情感资本，积极了解当地情况，与政府方面有着友好的往来，寻求当地需求与本公司利益的契合点，做长线工作，一方面为配置合适的产品做准备，另一方面提供相当的情感关怀。这样的长期铺垫，使得DH公司与政府之间形成一种默契，得以在该国内战结束的第一时间获取相关资源，从而提供东道国想要的产品服务。除了上述长期部署以外，DH公司同时投入"短期资本"——帮助该国解除政治风险，承担社会责任，支撑了企业的运营活动和合作行为。

除政府层面的交往外，DH公司也较好地完成了与当地人民的情感对接。从社会基本单位——个人角度出发，传送友善信号，实现情感交互，掌握包括风土人情、民俗文化等在内的特定人民层面要素，夯实基层销售基础，从而更好地扩散社会网络，创造可利用的社会资源。另外，不同企业、组织单位之间也可借互补之优势进行资源的交互，以实现共同进步与盈利。

[①] 邵安. 组织间社会资本——组织间学习与公共应急组织弹复力的关联机理研究. 杭州：浙江大学博士学位论文，2016.

三、现实应用

（一）环境评估，风险预防

1. 重要问题

毋庸置疑，中国企业走出国门、展开境外活动顺应时代潮流，能为企业合理利用资源、扩大市场、提高经营利润等带来积极作用。与此同时，"走出国门"背后巨大的风险也不能被忽视。企业只有做到科学评估，知己知彼，才能有效规避风险，扩大收益。

2. 典型案例

（1）中国加入 WTO 后，中外合作的势头高涨，但企业面临的风险也越来越大。2011 年利比亚战争使中国企业高达 188 亿美元的合同深陷危机。相关企业由于缺少专业顾问，工程投保率低，最终获得不足 7 亿美元的赔款。某公司总经理表示，游行示威、打砸抢烧等事件在某些国家特殊阶段发生频率大大提高。①

（2）2015 年 11 月，中铁建三名高管在马里丽笙酒店遭遇恐怖袭击，不幸罹难。这已不是恐怖组织"纳赛尔主义独立运动"在本年度的第一次活动。此前，该组织分别组织了一起针对西方人的袭击事件和一起自杀式爆炸袭击事件。业务风险中的政治风险曾被中国铁建列在招股说明书的第一位，但这并没有使悲剧得到避免。

3. 应对举措

政治风险在企业的外部环境要素中是最不可控的。稳定的政治环境是企业海外成功运营的重要条件，更是企业员工生命安全的重要保障。由于高端安全顾问以及风险评判标准的缺位，我国许多企业的风险评估能力较低，意识较差，体系不完整，企业的风险评估与预防工作总是眼高手低。

风险预估对企业海外经营安全的重要性不言而喻。在上述两个案例中，利

---

① 中国新闻网. 2018-03-18. 海外中资企业面临六大外源风险高端安保服务空白. http://www.chinanews.com/cj/2015/05-18/7283937.shtml

比亚内战的爆发并非毫无踪迹可循，可根据情况事先设置相关风险评估小组；马里在该年度的政治环境较差，企业人员前往时应该采取更多的防护措施。然而，事实是，风险评估的缺位或失误导致了公司对所处环境政治局势、经营环境的错误判断，最终造成了相关方面经济、人才上的重大损失。因此，驻外企业需要对目标国、市场的综合环境进行严谨的评估和评定。设置风险与投保比例的数据表，并严格按照数据分析结果购买保险、加强安保或者选择"低调"场所住宿与展开商务谈判等，当然，具体措施须视实际情况而定。

目前，在企业海外安全的评估问题上，我国对外承包工程商会提供了相关平台与资源，包括《境外中资企业机构和人员安全管理指南》《国别项目安全风险评估报告》、专门网站和微信公众号等，企业可根据实际情况选择参考资料和服务。

（二）构建网络，创造资源

1. 政府关系

（1）重要问题

政府是社会网络结构中不可缺少的一环。政府一方面是企业的监督者，另一方面也可能是企业的客户。企业在海外时身处陌生环境，更容易遭到误解和反对。因此，企业与外界政府维持良好的健康的关系非常有必要。

（2）典型案例

> ① 2012年，澳大利亚政府宣布禁止华为参加全国宽带项目投标，声称华为公司的军方背景会对国家信息安全造成威胁，为此，华为宣布对其公开技术源代码。该类事件并不是第一次发生。2010年，印度因信息安全问题对华为提出怀疑。当然，印度政府的担忧并不仅针对华为，而是指向所有外来同类公司。为表诚意，华为自愿接受"裸检"，公开源代码，获得了政府的信任，使印方解除了禁令。①

---

① 网易新闻. 2018-03-19. 华为谈澳洲项目遭禁：将公开设备源代码. http://news.163.com/12/0404/12/7U8EMI2P0001124J.html

② 2006年7月，以色列对黎巴嫩的军事打击不断升级，外交部讨论决定组织在黎中国公民、中资机构、使馆部分外交人员及其家属撤离，仅留下一个驻黎留守小组。17日清晨，车辆从贝鲁特出发，通过黎巴嫩的黎波里陆路口岸进入叙利亚。撤离人员的车辆顶部均悬挂中国国旗，避免以军误炸。经过两个多小时的跋涉，终于抵达阿布迪亚口岸。下午3时，撤离人员抵达了我国驻叙大使馆，使馆为大家安排好了住处及回国机票。①

（3）应对举措

信息安全和网络安全已成为现代国家安全中的重要环节。多国在进行海外公司的电信招标工作时的谨小慎微不无必要。源代码作为通信公司的商业机密，是公司的核心竞争力。面对他国政府的质疑，华为公司公开源代码的行为展现了自己并无不良企图，各国可通过源代码反向检查其硬件软件设备，最大限度地展现了诚意，最终获得了印度方的认可和接纳。

显然，电信竞标不仅仅是一个商业问题，更是一个"社会"问题。因此，企业应该秉持诚信经营的原则，与政府进行友好的交往，主动向政府提供必要信息。危机发生时，及时提供相关信息和服务，为企业的海外生存营造良好的环境，创造社会资源。除此以外，企业应珍视我国政府与他国政府友好合作创生的社会资源。政府作为社会的管理者，无论是平时还是危急时刻，可调动的资源要比企业丰富得多。企业应积极联系、配合政府行动，以维护生命与财产安全。另外，除了维系与他国政府的联系，也不要忘记有效使用本国政府构造的社会资本。政治动荡等危机时刻，我国政府致力于海外国人不卷入相关事件，与相关当事国政府进行协商促成了撤离行动。中企人员在这些情况下应听从指挥，以免错过逃生的黄金时期，浪费公共资源。

2. 走进民间

（1）重要问题

企业的海外经营离不开与当地人民的"亲密接触"。不管是雇佣当地人

---

① 新浪新闻中心. 2018-03-22. 五星红旗保护中方人员安全撤离. http://news.sina.com.cn/w/2006-07-22/04509533850s.shtml

员，还是购买、租用土地，都需要与当地人交流，以"渗透"社会网络最基本的层次单元，从而构建"亲民"形象，赢得更广阔的发展空间。

文化差异以及对外来组织存在的排斥情绪等是企业在相关东道国经营过程中面临的一大难题。要真正融入东道国，企业必须设身处地地站在东道国角度思考问题，否则就会像影片中的男女主角一样，误解当地的习俗，引发麻烦。

（2）典型案例

> ①白象电池是我国电池行业的"元老"，但其在美国、英国等国的销量并不尽如人意。原来，白象在英文中有昂贵但无用的意思，大多民众自然不愿购买。
>
> ②在巴西，比亚迪汽车几乎随车可见。比亚迪拉美区域销售总监唐琳表示，要真正走进他国需做到三点：首先，根据企业自身特征找到切入点；其次，兼容并包，正确对待特殊的风俗和法律，学会融入当地；最后，合理审视政府诉求，尊重他们的利益。①
>
> ③企业除了展开经济活动之外，更要承担社会责任，遵纪守法。拉美人民对我国友好亲切，汶川地震后，柳工机械集团展开募款活动，获得了巴西、阿根廷、智利、秘鲁等多国合作伙伴的支持，其中不乏还未有实质业务合作的他国代理商。2009年智利大地震，柳工机械亦立即捐出装载机和挖掘机支援抗震救灾行动。

（3）应对举措

显然，白象电池公司由于对英语国家的文化了解不足，导致了销售的败局；比亚迪公司从十几人的规模发展到今日——进军世界各地市场这一局面，离不开其正确的走进东道国民间的方针。公司迎合拉美国家民众的需求，主打物美价廉、节能环保，成功赢得了当地人民的青睐。由此，企业与当地民众的沟通与交流、了解不同文化差异的重要性可见一斑。因而，企业

---

① 网易新闻. 2018-03-19. 中国企业走进拉美机遇与挑战并存需克服水土不服. http://news.163.com/14/0226/15/9M171MM800014JB5.html

应当结合东道国的文化特性，考察调研当地人的文化禁忌，可设立海外风土民情调研小组，排解企业员工生产生活可能遇到的不必要的麻烦。

同样地，企业在海外应认清自己的身份，无论是作为当地生活、市场还是社会的一员，都应该积极承担社会责任，建立负责任的企业形象，而不仅仅是追求经济利益最大化，切不可有"事不关己，高高挂起"的想法。

3. 组织合作

（1）重要问题

企业之间会有竞争亦会有合作。在海外，企业会面临更加复杂的竞争情况，竞争对手们很可能来自世界各地，在不同技术层次、不同领域有各自的优势。这些潜在的矛盾和竞争给企业的海外经营带来了许多困难。

（2）典型案例

> 中信集团在香港上市后，进行了大刀阔斧的改革，2015年1月，引入了日本正大光明企业的资本。公司董事会办公室主任唐臻怡表示，合作是大势所趋，是各方共同的意愿。一方面，中信在东南亚一些国家的招标项目可由正大方面安排与相关政府协调；另一方面，也可借其强大的贸易能力，扩展铁矿砂等产品的销售渠道。

（3）应对举措

企业必须清楚地认识到，许多矛盾并不是对抗性矛盾，化敌为友可以避免恶性竞争与误伤，提高社会资源的利用效率，构建更合理的社会网络结构，减少不必要的经济和人员损失，最终实现双赢；正视自身的短板，并与其他海外企业展开合作，显然有利于资源共享与优势互补，开拓海外市场，减少竞争对手。

拓展阅读

书籍文章

[1] 祖国在你身后编委会. 祖国在你身后. 江苏：江苏人民出版社，2016.

[2] 中国领事工作编写组. 中国领事工作. 北京：世界知识出版社，2014.

[3] 姜民. 中国企业海外安全管理研究. 中国市场, 2017（26）：98—99.

[4] 赵可金, 李少杰. 探索中国海外安全治理市场化. 世界经济与政治, 2015（10）：133—155.

[5] 赵恩会, 苟中华, 李宏亮. 海外工程项目安保工作重要性研究. 中国安全生产科学技术, 2014（S2）：52—56.

参考文献

[1] 黄彩, 夏虹. 国内外企业社会责任研究回顾. 华东理工大学学报（社会科学版）, 2012（3）：233—237.

[2] 李安山. 论中国对非洲政策的调适与转变. 西亚非洲, 2006（8）：11—20.

[3] 梅新育. 中国对外直接投资政治性风险为何高涨. 现代国际关系, 2011（8）：4—6.

[4] 叶慧. 中央企业实施"走出去"战略：现状和思考. 国际经济合作, 2011（7）：4—8.

[5] 易纲. 中国企业走出去的机遇、风险与政策支持. 中国市场, 2012（37）：31—37.

[6] Harry G. Broadman. 2008. Africa's Silk Road: China and India's New Economic Frontier. World Bank Publications, 54：91—93.

[7] R Mullerat. 2010. International corporate social responsibility: the role of corporations in the economic order of the 21st century. Wolters Kluwer Law & Business, 16（2）：105—116.

第二章 《人类资金》：聚焦海外企业资产安全

苟青华[①]

摘要：案例选取电影《人类资金》为研究对象。该影像讲述了守护并妥善处理战后失踪巨额财产（"M"资金）的笹仓家族，在付出流血代价后重拾初衷的故事。案例旨在通过对影像反映的国际投资、国际贷款和金融诈骗等要点进行分析，为海外企业维护资产安全提供参考方案和建议。

关键词：海外金融企业；国际投资；国际贷款；金融诈骗；资产安全

一、案例正文

（一）影片概况

表 3-2-1　　　　　　　　《人类资金》基本资料

影片名称	人类资金
外文译名	Jinrui shikin，Human Trust
核心主题	国际金融诈骗
时长	140 分钟
上映时间	2013 年 10 月 19 日（日本）
导演	阪本顺治
出品公司	松竹映画
主演	佐藤浩市，香取慎吾等

[①] 苟青华，女，四川外国语大学国际关系学院。

（二）主要人物

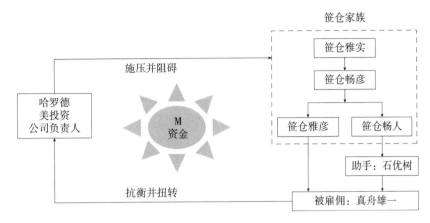

图 3-2-1　主要人物关系

资料来源：笔者自制。

（三）剧情聚焦

1. 开端：未雨绸缪，奠基人类福祉

1945 年，部分不满彻底投降的日本人准备保留资金以备日后国家所需，并与为拥有未来在日本投资优势的美国资本家合作。陆军大尉笹仓雅实将日本银行内六百吨金条（"M"资金）藏于大海，战后重建时期，"M"资金流通于多种行业，对日本建设产生不可磨灭的影响。

2. 发展：时过境迁，痛心迷失初衷

笹仓家族世代管理着"M"资金，伪装成投资顾问公司，不过其实权由美国纽约投资公司掌握。一些投机者将资金投入金融投资界，这让雅实的孙子们深感痛心，决定扭转这一局面。2014 年，以"M"资金为诱饵进行诈骗活动的真舟雄一被笹仓雅彦挖掘，畅人助手石优树找到真舟，告诉他雅彦的计划并开出 50 亿日元的报酬，真舟接受了。

3. 高潮：手足接力，跨越重重魔障

雅彦让真舟利用俄罗斯分公司的坏账威逼其负责人向"M"资金借贷，

最后惊险地获得 10 兆日元的"本钱"。不料，真舟的行为一直被美方所监控，笹仓畅彦被警告控制他的儿子，固执的雅彦选择自杀。随后雅彦的弟弟畅人接棒未完计划。助手石的祖国卡培拉共和国因被谣传其国民与恐怖分子有染，无法吸引国际投资，畅人在此投入大量的精力和财力，希望改变其现状。不幸的是，畅人被美方抓走，生死未卜。

4. 结局：扭转乾坤，重拾赤子之心

笹仓兄弟的善行使真舟备受鼓舞，真舟拿出所有资金与美投资公司负责人哈罗德抗衡，希望救出畅人，也帮助卡培拉走出阴霾。在畅彦的帮助下，真舟在国际证券投资市场战胜了哈罗德，成功救出畅人。石历尽艰难到达联合国大会，向世界传达真实的卡培拉，消除了国际社会的误解。

二、案例分析

（一）关键要点

笹仓家族管理的以"M"资金为依托的投资公司在多国有子公司，共同的资金链是母公司与子公司的纽带，"钱生钱"的运营方式促使各地投资公司汇聚成一个庞大的金融企业。

国际投资盈亏和资金安全与否是海外金融企业维护资产安全的重要因素。国际投资效益是企业利润的重要来源，而反金融诈骗是维护资金安全的有效手段。

（二）理论依据与分析

1. 金融企业

（1）剧情回顾

影片中笹仓家族把"M"资金伪装为在多国运营的投资公司，但真正负责"M"资金的是美国纽约一家投资公司。俄罗斯投资分公司就是这个金融企业在海外的一个分支，母公司对其出现的账目收支问题可进行管理。

（2）理论要点

投资公司广义上是指汇集众多资金并依据投资目标进行合理组合的一种企业组织，包括信托投资公司、财务公司、投资银行、基金公司、商业银行和保险公司的投资部门等金融机构。

金融企业是指执行业务需要取得金融监管部门授予的金融业务许可证的企业，包括执业需取得银行业务许可证的政策性银行、邮政储蓄银行、国有商业银行、股份制商业银行、信托投资公司、金融资产管理公司、金融租赁公司和部分财务公司等。

（3）理论分析

美国纽约投资公司通过发展代理人，在日本建立了以"M"资金为基础的跨国金融企业。被骗的世界各地的银行、投资公司也属于金融企业。俄罗斯分公司的账目出现了问题，母公司有责任和权力去核实、解决。

为了有效管理金融企业财务，规范金融企业财务行为，金融企业要受到金融监管部门的约束。金融企业应当建立健全内部财务管理制度，配备专业财务管理人员，反映经营状况，防范和化解财务风险，实现持续经营和价值最大化。[①]

2. 国际投资

（1）剧情回顾

真舟在引诱负责人的过程中，抛出投资俄罗斯远东建设的虚假高利润项目，向其建议向银行贷款投资该项目，用获得的高回报填补前期造成的账目亏空；外界批评卡培拉有恐怖分子重要据点，导致外国投资纷纷撤资；英国石油公司的股票浮动会引起世界股票市场关注。

（2）理论要点

国际投资（International Investment），又称对外投资（Foreign Investment）或海外投资（Overseas Investment），是指跨国公司等国际投资主体，将其拥

[①] 中华人民共和国财政部. 2017-07-01. 财政部令第42号《金融企业财务规则》. 第三条. http://www.mofcom.gov.cn/article/b/g/200701/20070104287132.shtml

有的货币资本或产业资本,通过跨国界流动和营运以实现价值增值的经济行为。国际投资可分为实物投资、资本投资和证券投资,其中实物投资和资本投资是以货币投入企业,通过生产经营活动取得一定利润,证券投资则是以货币购买企业发行的股票和公司债券,间接参与企业的利润分配。

(3)理论分析

投资主体实施对外投资的动因:一是追求高额利润,利用"钱生钱"的方式,较为轻松地获得可观收益;二是资源导向,利用特定的资源来实现经济发展;三是市场导向,利用市场的热点风向标,获得投资利润。

对于金融从业者来说,高风险高回报的投资是实现财富增值的手段。"被包装过"的境外投资国家建设项目对于急需资金回流填补亏损的俄罗斯负责人是极具吸引力的,但想要用国际投资只收获高回报收益的事情是不易实现的。

至于哈罗德和真舟左右英国石油公司的股票价值,是因为债务和权益之间存在这样的冲突:权益是在企业上的一个看涨期权和公司债券是有风险的思想下,提供了对债务持有者和利益持有者之间关系的洞见。因为权益持有者控制企业,债券持有者可能关系权益持有者会采取伤害他们的行动,或者采取的将帮助他们的行动失败。

3. 国际贷款

(1)剧情回顾

俄罗斯分公司负责人是采取贷款的方式向日本银行筹措资金。

(2)理论要点

国际贷款是指政府之间、国际金融机构之间以及政府、银行、企业在国际金融市场上的信贷活动,包括政府贷款、国际金融机构贷款、国际银行贷款等。其中,国际商业贷款是指境内机构以商业性条件在国际金融市场筹措,并以外国货币承担契约性偿还义务的资金。

(3)理论分析

俄罗斯分公司负责人通过自己管理的投资公司,如遇到运营困难、资金短缺等问题时可以向母公司提出申请贷款。因为"M"资金可用于日本社会或人类社会谋福祉的项目中,可作为其贷款担保,所以它也可以向其他金融机构和银行进行贷款。

4. 金融诈骗

(1) 剧情回顾

笹仓雅彦抓到了俄罗斯子公司负责人的把柄,便让真舟前往俄罗斯怂恿其负责人以"M"资金为担保向日本银行借贷 50 亿日元,并在其电脑里安装病毒,申请书一旦发出,邮件会自动发送给全球 200 家银行。

在真舟与美方哈罗德在英国石油公司股票对抗中,双方均动用私人资金来左右该公司的股票价值。

(2) 理论要点

金融诈骗是指以非法占有为目的,采用虚构事实或者隐瞒事实真相的方法,骗取公私财物或者金融机构信用,破坏金融管理秩序的行为。

操纵证券、期货交易价格:又称航行操纵、操纵市场等,是证券、期货欺诈行为的主要方式之一,通常是运用资金、持股、持仓或者信息优势,人为操纵某种(支)或者某种(支)证券、期货价格的涨落,使该证券、期货的价格走向背离实际的轨迹,避免损失。[①]

(3) 理论分析

雅彦筹集 10 兆日元的方法是利用分公司负责人向多个金融机构借贷,这是金融诈骗行为。同时,既是受害人又是犯罪者的俄罗斯公司负责人想利用贷款进行投资,尽快获得高利润,填补亏空,其向日本银行提出的贷款理由是虚假的,因此俄罗斯负责人的行为也是金融诈骗。

股票是证券的一种,真舟与美方负责人哈罗德就英国石油公司的股票涨跌对抗中,双方均动用私人大批资金引导其股票价值浮动。虽然经济学和投资学领域的复杂理论认为,静态平衡不是一个自然状态,偶然性与必然性共

---

① 黄华平. 2002. 操纵证券、期货交易价格罪. 见:李文燕主编:金融诈骗犯罪研究. 北京:中国人民公安大学出版社,504—506.

存,局部随机性与整体秩序相结合可以产生出相对于其环境更强健的过程,但是大批资金的短暂入市所造成的波动对于健康股市是不正常的。

三、现实应用

影片通过对雅彦"筹钱计划"(金融诈骗)的缘由、实施和善后过程的完整讲述,反映了现实中以金融企业为代表的各类海外企业的资产安全形势并不明朗,金融诈骗活动也层出不穷的现象。因此,本章有关企业投资安全与资金安全的现实应用将借鉴此类事件进行多角度剖析,为维护海外企业的资产安全提供参考;并利用金融诈骗的残酷案例,警示更广大的人群注意规避金融诈骗。

(一)海外企业资金活动安全

1. 重要问题

影片中英国石油公司投资卡培拉共和国后,遇到政治风波和恐怖袭击,后撤出,企业筹资、投资和资金营运等活动可称为企业的资金活动,海外企业的投资如何安全地实现资金增值是一个值得研究的问题。

2. 典型案例

中航油事件:中国航空油料新加坡公司(以下简称"中航油新加坡")于2001年年底上市后,从一个纯贸易型公司发展至工贸结合的实体企业,建立了以石油实业投资为龙头、国际石油贸易为增长点和进口航油采购为后盾的"三足鼎立"的发展战略。2002年3月,时任总裁陈久霖擅自扩大业务范围,从事石油衍生品期权交易。2004年中航油因从事石油衍生品交易发生亏损,总计亏损5.5亿美元。净资产不过1.45亿美元的中航油(新加坡)因严重资不抵债,向新加坡最高法院申请破产保护。2006年3月15日,陈久霖在新加坡法院就六条罪名认罪,包括2004年串谋诈欺德意志银行,并伪造财务文件、发表虚假或误导性的声明、从事内线交易、没有及时向新加坡交易所披露公司蒙受巨额亏损等。[①]

3. 应对措施

中航油集团核心业务包括负责全国100多个机场的供油设施的建设和加油设备的购置，为中、外100多家航空公司的飞机提供加油服务，堪称国内航空界的航油巨无霸。在陈久霖的管理下，中航油三大战略之一是石油实业投资，把公司做成一个拥有全产业链的石油企业，比较稳妥；英国石油公司对卡培拉的海外实地投资因政治风险受损，直接投资的不同收益其实体现了对外直接投资者的特点：（1）对外直接投资周期长、资本流动性差，一旦发生东道国政局不稳定或政策变化，投资者很可能收不回投资；（2）对外直接投资未来收益的不确定性使得投资者经常遇到汇率变动的风险，而又无法采取有效的避险措施；（3）投资者直接参加经营管理，便于管理控制，并且有利于改善出口商品结构。

美国著名交易员维克托·斯波朗迪的著作《专业投机原理》中用大数据科学地分析了近100年的市场资料，得出的结果是：股票市场是整个经济趋势精确预测指标。股票市场的起伏可以预先反映整个经济的起伏，其领先时间至少在一个月以上。总之，在可以比较的情形中，91.2%的情况下会领先整个经济。唯一可以影响股票市场预测精确度的因素是当权者的意外行为，这可能是战争，或者货币与财政政策的突然变化。[②]因此对外间接投资并不意味着风险，对外投资项目的资本机会成本应该受到市场风险的影响。

综上所述，核心实物业务能够维持企业的丰厚利润，海外投资目的地的政治风险需要尽量客观完整地调查。因此，面对市场上种种的投资工具时，企业需要根据它对于安全性、流动性、收益率等方面因素的考虑选择切实可行的投资产品。

"风险越高，收益越大"的理念可能会导致投资的非理性和非科学性。

[①] 杨晓光，颜至宏，史敏，等. 2005. 管理评论. 从中航油（新加坡）事件看国有海外企业的风险管理，2005（3）：30—40.

[②] [美]维克托·斯波朗迪. 专业投机原理. 余济群，译. 北京：工业机械出版社，2008：345—346.

一个企业在扩展业务，追求更高利润的时候，应该兼顾更高的风险，此外，金融投资市场上的投资主体不可能完全准确预测投资对象的变化趋势，当亏损出现时，应谨慎对待，尽快准备撤回资金，减少损失。

（二）海外企业财务安全

1. 重要问题

财务泛指财务活动和财务关系，指企业在生产过程中涉及资金的活动，表明财务的形式特征。对于笹仓家族的金融帝国来说，俄罗斯负责人等企业内部人员造成的资金流通不明，也容易导致企业在经营过程中资金出现问题。

2. 典型案例

跨国企业A有员工600多人，配备管理人员百余人。随着公司的发展壮大，在经营过程中出现了一些问题：该公司出纳员李某工作勤恳，受到领导的器重和信任。而事实上，李某在其工作的一年半期间，先后利用数十张现金支票编造各种理由提取现金百余万元。其具体手段如下：一是隐匿多笔结汇收入和会计开好的收汇转账单（记账联），将其提现的金额与其隐匿的收入相抵，使数十笔收支业务均未在银行存款日记账和银行余额调节表中反映；二是由于公司财务印鉴和行政印鉴合并，统一由行政人员保管，李某利用行政人员的疏忽，自行开具现金支票；三是伪造银行对账单，将提现的整数金额改成带尾数的金额，并将提现的银行代码改成托收代码。账务人员在清理逾期未收汇时曾发现有问题，但因人手较少未能进行清查。

3. 应对措施

对于一个大规模的跨国公司来说，外部因素和内部管理都是影响资产的重要因素。公司内部控制监督检查是企业财产安全的保障，企业应充分认识监督机制的重要性。财务安全工作是一项系统工程，需要对资金运行的全过程进行整体监管。部门管理的资金规模越大，就越可能给不法分子留下可乘之机。因此必须树立整体防范意识，在管理的各个层面、各个环节实施整体协防。

制定资金预算需保证企业生产经营活动中的资金收支全部纳入预算管理程序中。企业根据资金预算统一筹集、使用资金，并将资金预算分解下达，年度内各项收支严格控制在年度财务预算范围内，超预算项目应经过相关报批程序，未履行审批程序追加的项目及费用财务部不得办理资金支付。

（三）反金融诈骗

2018年1月，全国性警民联动的网络诈骗信息举报平台——猎网平台发布《2017年网络诈骗趋势研究报告》。该报告数据显示，2017年猎网平台共收到全国用户提交的有效网络诈骗举报24260例，举报总金额3.50亿余元，举报人人均损失14413.4元。与2016年相比，网络诈骗的举报数量增长了17.6%，人均损失却增长了52.2%。这些增长的数字警示投资者要时刻警惕金融诈骗行为。[①]

1. 勿信厥词，避免上当受骗

（1）重要问题

当真舟未听懂一个金融领域的专业术语时，俄罗斯负责人知道真舟在骗人。金融罪犯为了达到自己的目的往往都口若悬河。

（2）典型案例

> 据新华网2009年2月22日报道，美国证券交易委员会已起诉艾伦·斯坦福及其名下的三家公司——斯坦福国际银行、斯坦福集团公司以及斯坦福资本管理公司涉嫌金融诈骗。他们向投资者出售总额高达80亿美元的回报率是银行利率的两倍多的大额可转让定期存单。"老虎"伍兹以及多名棒球明星均被这样极具诱惑的条件所吸引，结果导致其个人资产受损严重。

---

① 新华网. 2017-01-31.《2017年网络诈骗趋势研究报告》出炉. http://www.tj.xinhuanet.com/fzpd/2018-01/31/c_1122344861.htm

据中国领事服务网 2017 年 7 月 31 日消息，近期连续发生多起中国公民在加拿大遭受电话诈骗胁迫案件。来电人自称中国国际刑警驻加拿大联络处警官或者中国驻加拿大使领馆工作人员，告知受害人名下有寄回中国的快递包裹被中国海关查扣，或受害人涉及国际金融诈骗和洗钱案，或称受害人护照等身份证件出现问题，已被限制入境中国，要求配合调查。诈骗分子采用技术手段将呼出电话号码伪装成驻加使领馆值班电话号码，欺骗性较强。

（3）应对措施

首先，投资者应摒弃"低风险高回报"的思想。长期基础利率和通货膨胀是影响利率水平的因素，到期时间、违约风险、税收、流通性及隐含期权是五种影响利率构成的因素，证券发行者（借贷者）违约（信用）风险的衡量方法及其对利率的影响，违约风险越高的证券评级越低，低评级的证券违约的风险大，因此要求更高的利率。部分金融机构从利益角度出发刻意隐瞒与欺骗，投放极具诱惑力的广告，宣称利息高出银行数倍，投资周期短且灵活，甚至承诺只赚不赔，专门利用投资者赚钱心切的心理以低成本高收益诱惑投资者投钱。

其次，对于非金融市场上的金融诈骗，公民要注意辨别信息真假。经驻加使领馆查实，不存在中国国际刑警驻加拿大联络处这一机构。驻加使领馆亦从未直接处理过包裹被海关扣留等个案。旅居海外的中国公民如在中国涉案，我驻外外交机构不会通过电话核实个人信息，尤其是个人银行账户信息。这则提醒也为海外公民应对此类事件提供了很好的鉴别方向：先要查明信息来源地是否存在或是否合法，其次要明确官方机构不会通过电话来查实私人信息，最后要确认自己是否有不良行为，如没有，请自信面对莫名其妙的威胁。

2. 提高警惕，避免加大损失

（1）重要问题

俄罗斯负责人在识破真舟的谎言后，还是被雅彦的表演所迷惑。受骗者会乐观地暗示自己，以至于很难自觉脱离骗局。

（2）典型案例

> IGOFX外汇交易平台于2012年成立，总部设在太平洋岛国努瓦阿图。其打着"躺着赚美元"（投资100美元起步，不设上限）的口号，加上每周派息及"人拉人，获奖励"的金字塔系统，IGOFX在进入中国半年左右，就已发展下线40余万人。2017年7月，突然宣布崩盘，受害人总计被骗金额高达50亿美元，合人民币300多亿元。

（3）应对措施

一直以来，以境外理财投资为核心、用虚假交易实施非法集资诈骗的活动异常猖獗。其操作手法为：境外机构首先申请简单、监管宽松的国家的牌照，然后在某一地区委托代理人，并以其名义开设金融投资咨询公司或代理公司。他们以帮助投资人在境外从事期货、外汇、股票等金融投资活动为名，通过招聘经纪人发展"下线"等方式招揽客户。在与客户签订合同后，代理公司要求客户尽快将资金汇入境外指定账户。同时，他们以交易提成为诱饵鼓励经纪人尽可能多地"交易"，而这些频繁交易实际上都是境外机构自己坐庄并根据市场公开信息进行的虚假交易。如发现客户有疑问或可能遭受调查，境外机构就会与经纪人合伙瓜分投资人资金，然后关门停业，逃之夭夭。鉴于此，个人在购买投资理财产品时应基于自身现在和未来的经济状况，而非周围人的影响和自己掌握的知识，到正规资质的平台购买，尽量不要接受所谓名人和专家推荐的投资。

拓展材料

拓展材料以企业资产安全和金融诈骗为基点，推荐以下资料以供读者参考学习。

书籍

[1] 葛培健. 企业资产证券化操作实务. 上海：复旦大学出版社，2011.

[2] 何颺. 金融诈骗案例. 北京：经济日报出版社，2002.

[3] [美]哈里·马科波洛斯. 仇翠文，译. 金融诈骗拍案惊奇. 北京：中国金融出版社，2011.

[4] 孙雷. 现代企业资产的安全与控制. 天津：天津大学出版社，2003.

影像

[1] 金融决战 마스터（2016）

[2] 酸葡萄 *Sour Grapes*（2016）

[3] 新·难波帝王：废纸买卖 新·ミナミの帝王 紙クズ商売（2013）

[4] 诈骗：麦道夫与美国骗局 *Ripped Off: Madoff and the Scamming of America*（2009）

[5] 银行经理 *Owning Mahowny*（2003）

[6] 一条龙 원라인（2017）

参考文献

[1] 黄华平. 操纵证券、期货交易价格罪. 见：李文燕主编：金融诈骗犯罪研究. 北京：中国人民公安大学出版社，2002：504—506.

[2] 刘建民. 外商投资税收激励与政策调整. 北京：人民出版社，2007：14—23.

[3] [美]埃德加·E.彼得斯. 资本市场的混沌与秩序. 王小东译. 北京：经济科学出版社，1999：26—32.

[4] [美]埃德加·E.彼得斯. 复杂性、风险与金融市场. 宋学锋，等，译. 北京：中国人民大学出版社，2004：142—145.

[5] [美]大卫·W.布莱克威尔，马克·D.格里菲斯，德鲁·B.温特斯. 现代金融市场价格、收益及风险分析. 蔡庆丰，等，译. 北京：机械工业出版社，2009：25—36.

[6] [美]弗雷德里克·米什金，斯坦利·埃金斯. 金融市场与金融机构（第四版）. 王青松，等，译. 北京：北京大学出版社，2006：75—79.

[7] [美]理查德·A.布雷利，斯图尔特·C.迈尔斯. 资本投资与估值.

赵英军,译. 北京:中国人民大学出版社,2012:213—215.

[8] [美]乔治·C.查科,文森特·德桑,等. 金融工具与市场案例. 丁志杰,等,译. 北京:机械工业出版社,2008:41—47.

[9] [美]维克托·斯波朗迪. 专业投机原理. 余济群,译. 北京:工业机械出版社,2008:345—346.

[10] 曲新久. 金融与金融犯罪. 北京:中信出版社,2003:288—294.

[11] 杨晓光,颜至宏,史敏. 从中航油(新加坡)事件看国有海外企业的风险管理. 管理评论,2005(3):30—40.

[12] Jonathan G, McDougal. 2011. *Financial crimes*. New York: Nova Science Publishers. 140—149.

[13] European Commission. 2006. *Protection of the financial interests of the Communities*.Luxembourg: Office for Official Publications of the European Communities, 7—12.

[14] 新华网. 2017-01-31. 《2017年网络诈骗趋势研究报告》出炉. http://www.tj.xinhuanet.com/fzpd/2018-01/31/c_1122344861.htm

[15] 央视网. 2017-07-31. 在加中国公民遭电话诈骗胁迫案频发 使领馆呼吁防范. http://news.cctv.com/2017/07/31/ARTIvpLgeRNxY1ocAAQKhCkO170731.shtml

[16] 央视网. 2012-04-12. 浑水:有交易员安排报告沽空香港上市民企. http://jingji.cntv.cn/20120412/107809.shtml

[17] 中华人民共和国财政部. 2017-07-01. 财政部令第42号《金融企业财务规则》. 第三条. http://www.mofcom.gov.cn/article/b/g/200701/20070104287132.shtml

第三章 《俄罗斯之家》：关注海外企业信息安全

苟青华[①]

摘要：案例选取电影《俄罗斯之家》为研究对象。该影片讲述了苏联科学家将苏联核能情况写成书稿，企图通过英国出版商透露给西方，进而引发英美苏三国情报机构围绕书商巴利进行活动的故事。案例旨在通过对影像中各群体对国家安全情报不同处理过程所反映的间谍、叛国以及商业信息等要点进行分析，为海外企业维护信息安全提供参考方案和建议。

关键词：国家安全；商业信息；间谍；叛国者；信息安全

一、案例正文

（一）影片概况

表 3-3-1　　　　　　　　《俄罗斯之家》基本信息

中文片名	俄罗斯之家
外文译名	The Russia House
核心主题	间谍
时长	122 分钟
上映时间	1990 年 12 月 19 日（美国）
导演	弗雷德·谢皮西
出品公司	Pathé Entertainment（美国）
主演	米歇尔·菲佛、肖恩·康纳利

[①] 苟青华，女，四川外国语大学国际关系学院。

（二）主要人物

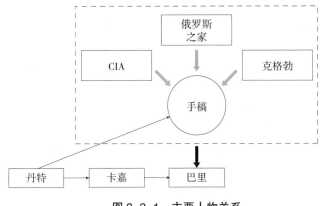

图 3-3-1　主要人物关系

资料来源：笔者自制。

（三）剧情聚焦

1. 起因：手稿的出现

在莫斯科一次书市活动上，苏联美女记者卡嘉托推销员尼基把一份神秘手稿交给伦敦出版商巴里。尼基却把手稿交给了英国情报部门"俄罗斯之家"。"俄罗斯之家"发现这是一份关于苏联核能的分析材料，于是派间谍内德和拉塞尔负责调查此事。

2. 发展：作者的找寻

"俄罗斯之家"与美国情报机构合作，照卡嘉的要求把手稿转给了巴里。在循序渐进的询问中，巴里猜测这份手稿是一位名叫"丹特"的苏联科学家写的，两人曾在西伯利亚的科学村有过短暂交往。内德说服巴里以作家代理人的身份去苏联，设法核实手稿的内容。巴里到达苏联后与卡嘉取得了联系，并爱上了她。他通过卡嘉得知丹特是一个苏联物理学家。在卡嘉的协助下，巴里与丹特见了面。

3. 高潮：情爱的选择

内德批示巴里向丹特提出一份"购物单"，然后确定他对西方是否有价值。巴里了解到，在达到目的之后他们就会牺牲卡嘉，更糟糕的是巴里发现丹特已经死了。为了卡嘉的安全，他联系了苏联情报机关，答应把"购物单"交给他们，苏联方面也保证卡嘉和她家人的安全。

4. 结尾：爱人的团聚

内德在最后关头发觉巴里的背叛，但为时已晚。巴里向苏联交出了"购物单"，救下了卡嘉和她的家人。

（四）附录

中华人民共和国反间谍法实施细则[①]（节选）

第一章 总 则

第四条 《反间谍法》所称"间谍组织代理人"，是指受间谍组织或者其成员的指使、委托、资助，进行或者授意、指使他人进行危害中华人民共和国国家安全活动的人。

第七条 《反间谍法》所称"勾结"实施危害中华人民共和国国家安全的间谍行为，是指境内外组织、个人的下列行为：

（一）与境外机构、组织、个人共同策划或者进行危害国家安全的间谍活动的；

（二）接受境外机构、组织、个人的资助或者指使，进行危害国家安全的间谍活动的；

（三）与境外机构、组织、个人建立联系，取得支持、帮助，进行危害国家安全的间谍活动的。

第三章 公民和组织维护国家安全的义务和权利

第十七条 《反间谍法》第二十四条所称"非法持有属于国家秘密的文件、资料和其他物品"是指：

（一）不应知悉某项国家秘密的人员携带、存放属于该项国家秘密的文

[①] 中华人民共和国中央人民政府. 2017-12-06. 中华人民共和国反间谍法实施细则. http://www.gov.cn/zhengce/content/2017-12/06/content_5244819.htm

件、资料和其他物品的;

(二)可以知悉某项国家秘密的人员,未经办理手续,私自携带、留存属于该项国家秘密的文件、资料和其他物品的。

第四章　法律责任

第十九条　实施危害国家安全的行为,由有关部门依法予以处分,国家安全机关也可以予以警告;构成犯罪的,依法追究刑事责任。

第二十三条　故意阻碍国家安全机关依法执行反间谍工作任务,造成国家安全机关工作人员人身伤害或者财物损失的,应当依法承担赔偿责任,并由司法机关或者国家安全机关依照《反间谍法》第三十条的规定予以处罚。

二、案例分析

(一)关键要点

美英苏三国为了维护国家安全,围绕苏联科学家的手稿展开了一系列谍报活动,英国出版商被动卷入其中。

当前我国面临的国家安全形势不容乐观,国际与国内安全问题、传统与非传统安全问题交织。在国家安全形势日益严峻之际,影片中塑造的叛国者、商人间谍等形象与之相得益彰,通过分析科学家、海外商人等违法者行为的严重影响,为每一位普通公民树立自觉维护国家安全的意识。

突然出现的书稿以商业资料的形式进入巴里负责的英国出版公司,从此后巴里的经历并结合当前跨国企业的现实来看,维护企业的商业信息安全是一个不得不面对并解决的难题。

(二)理论依据与分析

1. 国家安全

(1)剧情回顾

苏联科学家丹特将苏联核能情况编撰成书出卖给西方,在冷战的格局下，此举无疑将严重威胁苏联的安全；被动卷入三国谍战的英国出版商巴里为了心上人选择出卖英国，私下与苏联合作，此举增大了以英美为代表的西方资本主义国家的安全风险。

（2）理论要点

《中华人民共和国国家安全法》[①]在总体国家安全观的指导下，准确把握了国家安全形势的变化与国家安全观念的变迁，给"国家安全"做出如下科学定义："国家安全是指国家政权、主权、统一和领土完整、人民福祉、经济社会可持续发展和国家其他重大利益相对处于没有危险和不受内外威胁的状态，以及保障持续安全状态的能力。"

（3）理论分析

国家安全关乎一个国家的核心利益，其内涵的日益丰富，也意味着越来越多的领域、越来越多的人牵涉其中。《国家安全法》第八条第二款规定："国家安全工作应当统筹内部安全和外部安全、国土安全和国民安全、传统安全和非传统安全、自身安全和共同安全。"第十一条规定："中华人民共和国公民、一切国家机关和武装力量、各政党和各人民团体、企业事业组织和其他社会组织，都有维护国家安全的责任和义务。"可见，国家安全是一项全社会的事业。

2. 商业信息

（1）剧情回顾

英国出版公司在海外活动的时候，接收到会强烈影响其的商业危险信息。

（2）理论要点

商业信息是指一切与生产活动、经营活动有关的信息。信息安全是指信息系统（包括硬件、软件、数据、人、物理环境及其基础设施）受到保护，不受偶然的或恶意的原因而遭到破坏、更改、泄露，系统连续可靠正常地运行，信息服务不中断，最终实现业务连续性。

[①] 中华人民共和国国防部. 2015-07-01. 中华人民共和国国家安全法. http://news.mod.gov.cn/headlines/2015-07/01/content_4592594.htm

（3）理论分析

信息与物质、能源构成现代社会经济与技术发展的三大支柱性资源，信息资源日益成为人们争夺的重点，因为在商业竞争中商业信息可以带来竞争优势，将它用于生产经营可以转化为生产力，产生可观的经济效益，所以如今占有、开发和利用商业信息已经成为企业的重要活动之一。

3. 间谍

（1）剧情回顾

英美苏三国情报机关派出调查书稿情况的人，包括情报机构的工作人员，也包括被卷入其中的书商巴里。

（2）理论要点

间谍既指被间谍情报机构秘密派遣到对象国（地区）从事以窃密为主的各种非法谍报活动的特工人员，又指被对方间谍情报机构暗地招募而为其服务的本国公民。广义来说，间谍是指从事秘密侦探工作的人，从敌对方或竞争对手那里刺探机密情报或是进行破坏活动，以此来使其所效力的一方有利。其中，间谍情报机构派出人员对对象国或地区的人暗中勾引与之联络的行径被称为勾连。

（3）理论分析

情报工作是国家安全工作中重要的一环，间谍则是这个系统中具体实施情报侦察与收集的人。根据间谍的定义，此群体不局限于受过专业训练的国家间谍机构的情报人员，也包括按实际情况加入协助的一般参与者。间谍是一个危险又重要的行业，其肩负着派出国的使命，必须有坚定的政治立场，情报工作中的成果很大程度上影响着一国在多领域的具体施政方针。

4. 叛国

（1）剧情回顾

写书透露苏联核机密情报的苏联科学家丹特，暗通苏联背叛英国的巴里。

（2）理论要点

叛国指该人对其所属的国家不忠诚；违背其效忠宣言或诚心与其国家的

敌人合作的人被称为叛徒。

（3）理论分析

丹特作为一个掌握苏联核心防御威慑力量等绝密信息的科学家，因不满苏联的社会形态，出卖机密给西方。如果西方核实这些信息，打破冷战中两极格局的恐怖平衡，千万苏联同胞的生活将摇摇欲坠；对于巴里，因为执行任务中爱上了苏联女孩，无视任务初衷，与本国的敌对国家私下勾结交易，严重危害了英国国家利益。这些叛国者表面看是有理有据，但实则为自私，他们忽视了国家安全。

国家的形成标志着其中的每一个公民都自愿放弃一部分权利，以汇聚成公共权利。国家的利益与个人的利益是基本一致的，因此为了个人的利益和安全，个体也要自觉维护国家的利益与安全。在一个公民的身份下，个人的私欲是渺小的。

三、现实应用

英美苏三国在谍报战之间的冲突与碰撞体现了维护国家安全的任重道远，叛国的主体是多样的，本章将用精英群体、情报人员及普通人群三类叛国者的穷途末路来展示叛国的高昂成本；同时，也会用真实案例来佐证"国家安全，全社会共同维护"的事实，鼓励每一位公民留心身边异样，自觉抵制破坏国家安全的危险。

与此同时，对于被动牵涉其中的英国出版公司，企业的信息安全管理无疑值得重点关注。

（一）国家安全

"国家安全"概念是一个社会历史范畴，其内涵深受时代格局的影响。能够接触到国家机密信息的人并不只有政府各部门的高管负责人，也可能包括各行各业的精英，正如丹特、巴利，每一个参与国家机密的人都是能左右国家安全的人。尤其是"冷战"结束后，各国面临的国家安全问题和国家安全威胁逐渐增多并趋于复杂化，传统的以国家为核心、以军事安全为主要内容的国家安全观念不再能完全概括复杂局势。2014年4月15日，习近平在中央国家安全委员会第一次会议上首次提出总体国家安全观，"当前我国国家安全内涵和外延比历史上任何时候都要丰富，时空领域比历史上任何时候都要宽广，内外因素比历史上任何时候都要复杂"，基于此，覆盖社会各重要领域的总体国家安全观可以归结为政治安全、国土安全、军事安全、经济安全、文化安全、社会安全、科技安全、网络安全、生态安全、资源安全、核安全"十一个重要领域"，[①]国家安全观是对国家安全及国家安全相关问题的历史、现状、发展、规律、本质的认知、评价和预期，客观反映国家安全状态。其丰富的内涵和结构暗示着维护国家安全的难度加大。2015年7月1日，第十二届全国人大常委会第十五次会议通过了《中华人民共和国国家安全法》，国家主席习近平签署第29号主席令予以公布并规定自2015年7月1日起施行。国家安全法规定，每年4月15日为全民国家安全教育日，这赋予我国公民、组织自觉维护国家安全、与危害国家安全之行为做斗争的义务。

1. 叛国者

（1）重要问题

首先是不满苏联社会制度的科学家，为了自己心中的理想，出卖国家机密的核能力情况给西方世界；其次是英国派出的间谍巴里在执行任务中倒戈苏联，与苏联情报员私下交易，背叛英国；此外，卡嘉为丹特提供必要的协助。现实生活中，叛国不是政府人员的专属，它存在于整个社会。

（2）典型案例

> 2000年，莫斯科法院以叛国罪判处俄前外交官普拉东·奥布霍夫11年徒刑。因无法经受英国情报机构的巨大利益诱惑，出卖了大量有关苏联的国防情报。

[①] 张然，许苏明. 习近平总体国家安全观战略思想探析. 思想理论教育导刊, 2017（1）: 54—55.

奥布霍夫出生于外交世家，其父阿列克谢曾在苏联时期担任外交部副部长，并且是1998年美苏中导条约谈判苏方的主要谈判代表。1996年，年仅28岁的奥布霍夫东窗事发，在俄外交部北美处工作。他曾是个有为青年，但在英国情报人员的金钱诱惑下，最终沦为间谍，向英国军情六处提供了大量有关俄罗斯"国防和战略防御"的情报。

> 俄罗斯前间谍在英国中毒案：2018年3月，俄总参情报总局前上校谢尔盖·斯克里帕尔，被俄方判定"叛国"。2010年俄美互换情报人员，他获释后在英国取得庇护。3月4日，66岁的斯克里帕尔与其33岁的女儿尤利娅在英国威尔特郡萨利斯伯里市一超市附近长椅上出现不适并陷入昏迷。

斯克里帕尔曾为俄罗斯军事情报官员，2006年因向英国秘密情报局军情六处传递情报，在俄罗斯被监禁了13年。2010年7月，他为俄罗斯释放的四名囚犯之一，以交换被美国联邦调查局逮捕的10名俄罗斯间谍。据警方调查，斯克里帕尔父女的车上、就餐餐厅和酒吧中都发现了"诺维乔克"神经毒剂（苏联于20世纪80年代中期研制）的痕迹。虽然目前尚未确认真正凶手是谁，但"双面间谍"会理所当然地在政治斗争中首当其冲。

> 据2017年12月25日伊朗媒体报道，因被确认向以色列提供伊朗重要国防信息，伊朗最高法院已批准被指控为以色列"间谍"的伊朗人贾拉利的死刑判决。

据调查，贾拉利曾向摩萨德提供关于伊朗国防部和伊朗原子能组织相关项目的情报，涉及伊朗核设施、国防计划和重要国防设施，以及伊朗原子能组织和国防部高层人士的姓名、信息等。作为报酬，贾拉利不仅获得了巨额钱财，他和家人还获得了瑞典居民身份。然而在被贾拉利泄露信息的伊朗军方和伊朗原子能组织人员中，有两人在2010年被暗杀。

（3）应对措施

随着人类文明的进步，人们对自己的生存环境有了更高要求，对生活质量有了更多期待，这具有现实合理性。但人既有个性也有社会性，作为个体的人应该合理地造福自我，同时又具有与其他个体友好交往并结合成有序社会的天然倾向。因此，"人的生活"不是孤立的，与国家安全、国际安全乃至全球安全都有着千丝万缕的联系，个人决不能用牺牲国家或公众的群体利益的方式，为自己谋利。从以上三类群体叛国的现实案例来看，叛国者的行为不仅害人害己，也严重威胁国家安全。只有当公民能够自觉守法，由衷明白叛国的结局，不抱侥幸心理，才能不受蛊惑。

2. 人民群众

（1）重要问题

影片中丹特的朋友卡嘉及其家人是涉及国家安全的普通群众的典型代表。随着我国经济社会的全面发展，域外多国对我国实施了大规模情报侦查工作。境外间谍机构利用高新技术或钱财利益威逼利诱，对我国公民进行反动思想渗透，并招募人员进行反动的活动。

（2）典型案例

> 据新华社 2015 年 8 月 25 日报道，经国家安全部门同有关技术权威部门鉴定，海南渔民在海上作业时捕捞到的可疑电子装置不由我国制造，确认是一枚具有水下照相和光纤传输、卫星通信等功能的无人潜航器，既能搜集我国重要海域内各类环境数据，又能探测获取我海军舰队活动动向，实现近距离侦查和情报收集任务和使用。
>
> 境外机构对我国大学生的渗透：①资助科研项目经费。哈尔滨某大学硕士生常某以研究项目名义被指使为境外人员搜集秘密技术资料；②资助家庭困难大学生。广东省某重点大学学生徐某，通过 QQ 群发布寻求学费资助信息，之后被境外间谍组织通过金钱资助策反；③为毕业生提供应聘岗位，浙江某重点大学毕业生宋某在招聘网站应聘，被境外某公司录用而为其收集中央政策研究资料。[①]

---

① 李丰. 大学生间谍案引发的高校思想政治教育工作思考. 山西高等学校社会科学学报，2017（2）：70—72

(3) 应对措施

我国沿海海域一直是境外谍报机构光顾的重灾区，渔民一旦发现这些神秘物品，应当立即上报国家安全部门。此外，近年来，我国大学生被策反的数量急剧上升。境外间谍机构对涉世未深的大学生，有多种"投其所好"的手段，让人防不胜防。通常，前期以布置简单任务或直接资助的方式让学生得到好处，后期用威胁等手段迫使大学生继续为其服务。

广大的人民群众是维护国家安全的中坚力量，维护国家安全是每个公民的神圣职责和光荣义务，公民应知法守法，知错就改。公民一旦发现危害国家安全的行为，可拨打国家安全机关设立的举报电话"12339"，对提供重要情况或线索的举报人国家将给予表彰奖励。在意识到自己危害国家安全后，应主动自首，揭发反动组织，为国家提供有价值信息。国家相关部门也应该对主动自首的人，根据相关法律法规实施宽大处理，减轻量刑，避免涉案者被反动组织胁迫后变成"破罐子破摔者"，导致更深一步的犯罪。

（二）企业信息安全

商业信息的保护一直是企业内部管理的薄弱环节，企业是信息安全泄密事件的高发群体，受到商业秘密侵权的损害也最大。因此，有必要对企业信息的开发与维护进行深入探究。

1. 信息收集

（1）重要问题

尼基将书稿透露给英国情报机构，情报人员立即叫来巴里配合相关工作，可见企业的信息来源并不绝对受控或安全。

（2）典型案例

> 2000年，苹果市值160亿美元，微软市值5560亿美元。10年后，苹果市值为2221亿美元，而微软市值为2190亿美元，苹果超越微软成为美国也是全球市值最高的科技公司。2010年，苹果研发费用18亿美元，占销售收入的3%，占毛利润的7%；微软研发费用87亿美元，占销售收入的

14%，占毛利润的17%。

（3）应对措施

商业信息是当前社会生产、交换、消费等经济活动必不可少的。通过上面的数据信息，不难发现企业的生命力来源于不断与时俱进，甚至引领潮流的信息更新。商业信息的开发利用程度是衡量一个企业安全程度的重要指标，只有企业自身能够掌握信息的开发，有效利用信息资源，才能减少错误、虚假信息对企业内部的消耗。

信息不仅是现代管理的基本要素和重要手段，也是生产力的关键因素和企业发展的战略资源。因此，维护企业信息安全的首先任务就是确定信息的来源安全与正确。

2. 信息维护

（1）重要问题

接收到丹特的书稿后，因涉及敏感政治因素，英国出版公司不得不对其进行解决，可见对信息的维护和利用也是确保企业信息安全的重要环节。就企业来说，在从外界取得商业信息或完成智力成果后，最重要的是如何维护该信息，以取得满意收益。

（2）典型案例

"Facebook"泄密门：2018年3月，全球社交最知名的平台——Facebook爆发数据泄露事件。多家媒体报道称自2014年6月起，剑桥学者以心理学研究为名获取、收集脸书用户数据。随后，多达5000万用户的数据被转交到政治咨询机构剑桥分析手中，而后者又被指出曾受雇于美国总统特朗普的竞选团队和推动英国脱欧的"脱欧派"乃至多国政党的竞选团队。

（3）应对措施

一般来说，企业对信息有以下几种处置方法：一是无偿地公之于众，使之成为社会公有的财富，造福于社会；二是作为商业秘密加以保密；三是申请专利权等知识产权；四是将其中一般内容申请专利等知识产权，而将关键内容作为商业秘密加以保留。而对于脸书这样的企业，用户的信息资料也是其公司安全信息的一部分，用户的信任正源于 Facebook 对这些信息的保护。因此当泄密丑闻曝光后，脸书创始人扎克伯格在包括《泰晤士报》《纽约时报》和《华尔街日报》等在内的英美主要媒体上刊登了"致歉信"。

西方企业界流行这样一种观点，即"控制信息就是控制企业的命运，失去信息就失去一切。"这充分说明了信息对企业的重要性。通过企业泄密的案例，较以往管理模式，以合作、合同为核心的契约式的经营战略对海外企业或者有海外业务的企业具有较强的风险抵御能力。其中，许可证转让、专有权转让和分包合同是最基本的形式。

拓展材料

国家安全是公民安居乐业的基石，企业的信息安全是企业生命周期的伊始，拓展材料将对国家安全和企业信息安全进行基础但重要的延伸，以供读者参考和学习。

书籍

[1] 海因斯. 2004. 维诺那计划：前苏联间谍揭秘. 北京：群众出版社.

[2] 马小明，田震. 2007. 企业安全管理. 北京：国防工业出版社.

[3] [英]迈克尔·道布斯. 2015. 老牌政敌（3）：叛国者. 南昌：百花洲文艺出版社.

[4] [英]约翰·勒卡雷. 2009. 董乐山译. 锅匠，裁缝，士兵，间谍. 上海：上海人民出版社.

影像

[1] 44号孩子 Child 44（2015）

[2] 公司职员 회사원（2012）

[3] 间谍 간첩（2012）

[4] 叛国少年 The Falcon and the Snowman（1985）

[5] 叛国者 Traitor（2008）

参考文献

[1] 黄小川，赵良法. 商业信息的开发与利用. 现代情报，2016（2）：47—50.

[2] 韩高. 间谍档案（十二）——叛国者的穷途末路（上）. 国家安全通讯，2002（2）：32—33.

[3] 理查德·普里斯，尼娜·坦嫩瓦尔德. 规范和威慑：核武器和化学武器使用禁令. 见：[美]彼得·卡赞斯坦. 国家安全的文化：世界政治中的规范与认同. 北京：北京大学出版社，127—131.

[4] 李丰. 大学生间谍案引发的高校思想政治教育工作思考. 山西高等学校社会科学学报，2017（2）：70—72.

[5] 洛华. 奥布霍夫：叛国罪背后的俄英间谍战. 科技潮，2000（9）：78—80.

[6] 邱进. 以总体国家安全观为指导学习贯彻反间谍法. 人民日报，2015，第014版.

[7] 山东省高级人民法院民三庭、烟台市中级人民法院课题组. 加强商业秘密保护维护市场竞争秩序——以保障商业信息安全与人才合理流动为视角. 2012（2）：18—22.

[8] 石斌. "人的安全"与国家安全——国际政治视角的伦理论辩与政策选择. 世界经济与政治，2014（2）：90—93.

[9] 张然，许苏明. 习近平总体国家安全观战略思想探析. 思想理论教育导刊，2017（1）：54—55.

[10] 周叶中，庞远福. 论国家安全法：模式、体系与原则. 四川师范大学学报（社会科学版），2013（3）：87—88.

[11] Merrill Warkentin, Rayford Vaughn. 2006. *Enterprise information systems assurance and system security*. Hershey: Idea Group Pub. 221—226.

[12] Warren Axelrod, Jennifer L. Bayuk, Daniel Schutzer, et al. 2009. *Enterprise information security and privacy*. Boston: Artech House. 145—153.

[13] 央视网. 2017-12-26. 死刑！一伊朗公民被控为间谍 向摩萨德提供重要情报. http://news.cctv.com/2017/12/26/ARTIYDP9jTN9RjgavRVf2UUG171226.shtml

[14] 中华人民共和国中央人民政府. 2017-12-06. 中华人民共和国反间谍法实施细则. http://www.gov.cn/zhengce/content/2017/12/06/content_5244819.htm

第四章 《无处可逃》：跨国企业海外安全

庞 涵[①]

摘要：案例选取电影《无处可逃》为研究对象。该影片讲述了美国工程师杰克，因为公司外派，带着妻子女儿前往某东南亚国家参与项目却不幸遇上当地政变，杰克一家被迫踏上逃亡之旅，在长居东南亚哈德蒙的帮助下，最终成功脱险的故事。案例旨在通过对影片内容所体现的跨国公司领导层和外派人员的海外安全问题进行深度分析，并对此问题提出建设性的预防建议。

关键词：跨国公司；外派人员；海外安全

一、案例正文

（一）影片概况

表 3-4-1　　　　　　　影片《无处可逃》基本信息

电影名称	No Escape
中文译名	无处可逃
影片类型	动作，惊悚
影片时长	103 分钟
首映时间	2015 年 8 月 26 日（美国、印度）
制片地区	美国
主要演员	欧文·威尔逊，蕾克·贝尔，斯特林·杰里斯，皮尔斯·布鲁斯南

[①] 庞涵，女，四川外国语大学国际关系学院。

(二) 主要人物

表 3-4-2　　　　　　　　　影片《无处可逃》主要人物

人物名称	简介
杰克·德怀尔	美国工程师，被公司外派，携妻女长驻当地参与项目发展。岂料愤怒的当地居民却因政府借基建为名中饱私囊而爆发暴力骚乱。政府警察、军队节节败退，地区陷入无政府状态，民怨矛头迅即转向杰克等无辜的外国侨民。
哈蒙德	长居东南亚几十年，杰克的美国朋友。努力帮助他，试图从见"外国人必杀"的可怕环境中逃命

资料来源：笔者自制。

(三) 剧情聚焦

1. 外派开始，国王遇害

杰克因被卡迪夫公司外派，携同妻女长驻当地参与项目发展。在他到达目的地的 17 小时前，公司总裁在与国王结束项目合作谈判后不久，国王遭到暗杀。

在飞机上，哈德蒙捡到杰克女儿掉落的玩偶，在与杰克女儿进行交谈的过程中，被女儿的母亲打断。这是杰克与哈德蒙首次的相遇。

2. 安全到达，幻想破灭

到达目的地后，杰克的手机无法联系到接应人员，就随处询问周围的人，这时哈德蒙提醒杰克周围的人都不可信，并向杰克提议说外面有辆出租车，如果不嫌弃的话，可以带他们一程。杰克同意了他的提议，乘车到达了帝国莲花酒店。

在酒店里，杰克一家发现酒店的条件与想象中相差甚远，随后杰克向前台询问公司是否打电话找过他，在前台不远处的小酒吧，杰克偶然碰见了哈德蒙，两次进行了愉快的交谈。

第二天早上，杰克再次向前台询问是否有卡迪夫公司找过自己，但是前台的服务员仍旧告诉杰克没有任何消息。杰克向服务员要报纸无果后，前往南东区购买报纸。返程的途中，杰克目睹因政府借基建为名中饱私囊而愤怒的当地居民和政府警察发生激烈的冲突，暴乱一触即发。

3. 偶遇暴乱，被迫逃亡

杰克在发现情况不对的时候，立马赶回酒店，带着家人逃跑。在政府警察、军队节节败退的情况下，地区陷入无政府状态，民怨矛头迅即转向杰克等一班无辜的外国侨民，血腥的排外屠杀拉开序幕。

在逃亡的途中，哈蒙德帮他们脱险，并指给他们逃生路线；但他却在帮助杰克的过程中，身受重伤。最终杰克一家成功脱险。

二、案例分析

影片《无处可逃》反映了跨国公司外派人员和领导层人员，由于当地政府借基建为名，从中得利，引起当地政变，使得高层人员被暗杀和外派人员被追杀。本部分内容意在为现实中跨国企业在海外的安全提供建议。

（一）跨国公司

1. 剧情回顾

卡迪夫公司总裁与当地国王进行谈判，当地国王表示希望他们的第一次合作能够成功，并相互给出自己的报价，在双方都表示对合作成功的期望和能够达成合作的荣幸后，卡迪夫公司总裁和国王道别，在保镖的护送下离开。正在这时谈判室内，发生枪击事件，国王被杀死。

2. 理论要点

跨国公司是在两国或两个以上国家（地区）拥有矿山、工厂、销售机构和其他资产，在母公司统一决策体系下从事国际性生产经营活动的企业。它可以由单个国家的企业独立创办，也可以是两个或多个国家企业合资或合作经营，跨国公司是通过输出企业资本，在许多国家设立分公司，或控制当地的企业成为他的子公司，从事生产、销售及其他经营的国际性资本主义垄断组织。它是垄断财团通过直接投资，在海外设立分支机构，形成一个由国内

到国外，从生产至销售的一个超国家的垄断体系

3. 理论分析

自联合国于 1974 年作出决议，决定联合国统一采用"跨国公司"这一名称。主要是指发达资本主义国家的垄断企业，以本国为基地，通过对外直接投资，在世界各地设立分支机构或子公司，从事国际化生产和经营活动的垄断企业。影片中的卡迪夫公司是一个美国的公司，它为当地提供贷款，为当地修水电站、高速公路，其真正意图在等到当地还不起贷款的时候，吞并当地，获得暴利。叛乱者头目一致认为该公司在利用水利水电奴役他们，这种心理被暴民利用引起了暴动。暴民们更是把自己的愤怒转移到国王身上，所以暗杀国王。

（二）外派人员

1. 剧情回顾

杰克带着妻子和女儿背井离乡，来到某东南亚的项目合作所在地，负责水利工程的维护。杰克本以为能开启惬意的新生活，但是当地差强人意的条件，让杰克一家有所失望。第二天在去买报纸的路上，碰上了暴民与政府警察的流血事件，暴民更是把自己的不满转移到外国人身上，杰克与家人就此踏上逃亡之路，最终在哈蒙德的帮助下，过渡河，得到庇护，成功脱险。

2. 理论要点

外派工作人员也叫外包人员，又称人力派遣、人才租赁、劳动派遣、劳动力租赁、雇员租赁，是指由劳务派遣机构与派遣劳工订立劳动合同，并支付报酬，把劳动者派向其他用工单位，再由其用工单位向派遣机构支付一笔服务费用的一种用工形式。劳动力给付的事实发生于派遣劳工与要派企业（实际用工单位）之间，要派企业向劳务派遣机构支付服务费，劳务派遣机构向劳动者支付劳动报酬。劳务派遣业务是近年我国人才市场运用的一种新的用人方式，可跨地区、跨行业进行。

3. 理论分析

杰克作为外派人员到某东南亚的项目合作地对当地的水利工程进行指导，是属于公司与当地的劳动力租赁，在一定程度上杰克属于自己所在公司的一部分。加上该公司的项目引起当地群众的强烈反对，损害了当地的民众的根本利益，所以暴民更是将对该公司与当地合作项目的不满，迁移到杰克身上，才最终造成杰克一家被追杀的后果。

三、现实应用

（一）跨国企业安全问题

1. 重要问题

在卡迪夫公司总裁与某东南亚国王进行项目合作谈判的时候，当服务员送酒进去的时候，门外的保镖特意测试了酒里是否有毒，在确认安全的情况下，才让服务员把酒端进去。在谈判的整个过程中，保镖都时时刻刻在门外守护。在结束谈判后，护送卡迪夫总裁离开。

本案例主要讲述了美国工程师杰克在遇上某东南亚国家政变，开始逃亡最终脱险的事情，但是引起此次政变的原因正是杰克所在跨国公司与当地进行的项目，在一定程度上损害了当地人民利益。跨国企业最主要的目的在于牟取利益的最大化，在追求利益最大化的过程中，会忽视对当地的不利影响。

根据联合国发布的《2017年世界投资报告》显示：全球跨国企业海外分公司的国际生产活动仍在扩张，但近年来放慢了速度。值得一提的是，国有跨国企业在全球经济中的作用不断扩大。全球大约有1500家国有跨国企业，仅占全球跨国企业的1.5%，但它们拥有86000多家海外分公司，相当于全球总数的10%。国有跨国企业公布的绿地投资在2016年占全球总数的11%，高于2010年的8%。它们的总部分布广泛，半数以上在发展中经济体，近

1/3 在欧盟。中国拥有的国有跨国企业数量最多,占全球的 18%。① 所以为了避免跨国企业入驻时,引起当地人的不满,造成混乱及暴乱,应提前做好应对准备工作。

2. 典型案例

《福布斯》杂志网站日前发表中欧国际工商学院副主席、新兴市场研究中心主任 Klaus E. Meyer 的分析文章称,中国的跨国公司正在为自己的境外投资计划遭所在国反对而呼吁。在美国,中海油收购优尼科受阻;三一重工收购风电场遭拒。澳大利亚也反对中铝收购力拓。加拿大当局尽管批准了中海油收购尼克森的计划,但已经明确表示今后将不再批准类似收购。

3. 应对措施

(1)在进行投资或者项目合作前期,考虑对当地的具体影响。不能只着眼于自己的经济利益,应该考虑到进行投资或者项目投资,会给当地带来什么改变,力争做到双方双赢。更可以在开始投资合作前,利用媒体宣传的作用,使项目的好处深入人心,克服当地民众的不信任心理。

(2)在合作期间,调整交易结构,协同操作。在进行投资合作的时候,在一定程度上做出让步,让当地看到真切的利益好处,为之后的深入合作打下良好的基础,并和当地人民一起合作完成项目,为当地提供就业机会,解决当地的就业问题,使民众看到好处,削弱不满情绪。

(3)设立在投资当地的联络监督团队。一方面与当地进行密切调查,与当地政府友好协商,落实好跨国公司的合法性,给项目打上双保险。另一方面在确保项目有效进行的同时,落实对当地的承诺和好处,赢得当地的尊重和信任。

(4)做好风险预防措施备案。在海外,很多意外情况都有可能发生,如有遇到战争、暴乱、兵变的不可抵挡的因素,事先做好备案,能使企业在遇

---

① 2017 年世界投资报告. 2017-12-30. http://ftp.shujuju.cn/platform/file/2017—06—08/431502df3cfc465291842aeaee2a54f1.pd

到此类事件时，有条不紊地应对，减少人员伤亡，实现利益损失最小化。

（二）跨国企业外派人员安全问题

1. 重要问题

2017年中国对外直接投资1246亿美元，位居世界前列，从劳动密集型产业为主转为与技术资本密集型产业并重，从中小企业为主转为与大企业并重，从发展中国家为主转为与发达国家并重。2017年，中资企业上缴东道国税费超过300亿美元，为当地创造就业岗位135万个。中国商务部部长钟山表示，下一步将以"一带一路"建设为重点，从打造合作平台、深化产能合作、壮大投资主体、规范经营行为等方面努力。其中，在规范经营方面，加强真实性、合规性审查，继续控制非理性投资，要求中国对外投资企业遵守东道国的法律法规，履行社会责任。① 按照现有的趋势，跨国企业数量不断上升的趋势依旧会不断加深，外派人员也会越来越多，但是在2017年，我国劳务人员在海外因工伤身亡达102人。事发地集中在周边的新加坡、印度尼西亚以及中资企业承建项目较多的中亚、西亚、北非等地，如阿尔及利亚、以色列等。但是由于各国工作环境和医疗条件的差异，近年来我国劳务人员在外务工期间发生工伤的案件较多，如未受到及时有效的救治，就可能面临生命危险。所以外派人员的安全更不容忽视。

2. 典型案例

（1）2015年11月20日7时左右，马里首都巴马科丽笙酒店遭武装分子袭击，歹徒将酒店内170名房客和酒店人员扣为人质，其中有7名临时来马出差的中国公民。当晚，马里总统凯塔发表电视讲话宣布，一共有21人在人质劫持事件中死亡，在遇袭的中国公民中4人获救，3人不幸遇难。此外，中国铁建确认，遇难的三名中国公民系公司员工，分别是中国铁建国际集团总经理周天想，中国铁建国际集团副总经理王选尚，中国铁

---

① 新京报. 2018-03-11. 2018全国两会，商务部部长钟山：去年对外投资下降主要是非理性投资得到遏制. http://www.bjnews.com.cn/news/2018/03/11/478543.html

建国际集团西非公司总经理常学辉。

（2）中国水电十五局位于马里中部距离首都巴马科 700 千米处的项目工地现场及营地遭遇大约 25~30 名不明身份武装人员袭击。吊车、皮卡车、发电机等施工设备和物资均被烧毁；中方人员安全无伤亡，但随身手机、电脑等物品全部被抢。该项目组正在封闭工地并开始撤离。①

2017 年 9 月 25 日中国外交部发言人陆慷证实，当地时间 22 日凌晨，巴布亚新几内亚马努斯省省会马努斯市一家由中国公民经营的超市发生大火，超市 10 名中国员工下落不明。截至目前，在现场发现 4 具尸体遗骸。

3. 应对措施

对于第一个案例的高层人员安保问题，可以采取以下措施。

（1）加强当地安保强度。企业的高层人员通常都担任重要职务，掌握企业的重要信息，可谓是一个跨国企业的核心，其重要性更是让他们易成为袭击的目标。所以在安保程度上应该十分重视。不仅要完善安保体系，更要投入大量的安保资金，尤其是寻求和当地的合作，因为当地方面对自己的环境相对熟悉，在意外发生时，能够更加及时有效的处理，降低危险的严重性。

（2）提高自己的安全意识。在海外的任何时候，都不能掉以轻心，必须随时保持警惕。因为不是随时随地安保人员都能跟随着你，不法分子更是可以在空档时间，进行袭击，所以就要求自己时刻注意周围是否有可疑的人员？安全通道在哪？最佳的逃生路线是什么？如果自己的安全意识没能提高，再强的安保措施也无济于事。

除了高层人员的安全值得我们去关注重视，普通外派人员的安全也不能忽视，因为他们深入当地，面临危险的可能性更大。所以可以采取以下措施：

首先，进行安保自救的培训。外派人员除了常规的培训之外，应该加强对自救方法的培训。在海外工作，遇到困难的时候，救援人员不会立即赶到，在此时间差中，外派人员自己必须利用救助的黄金期，靠着自己的能力

---

① 凤凰网. 2018-03-09. 中国公司马里项目工地遭武装袭击. http://news.ifeng.com/a/20180309/56608546_0.shtml

脱险，否则损失无法估量。

其次，随时关注驻在地的时局走向。因为跨国企业为了寻求利益最大化、成本最低化，大都偏向于在偏远贫穷的地区进行投资，驻在地时常动荡不安，直接给外派人员的人身安全带来挑战。在外出工作时，外派人员应提前了解当时的局势，不去正在发生动荡的地方或者发生动荡的地区附近。如局势严峻，可提出向申请项目进度暂缓的请求，尽量减少出门的次数，以谋求自身的安全。

再次，随时携带应急包。应急包本是在预防地震、海啸、泥石流、台风等自然灾害发生时以及灾害发生后，提供用于维持生命的食品、水、急救用品及简单的生活和自救互救必需品的应急包。外派人员可以根据自己的需要进行准备，以免意外事件发生，陷入极度恐慌、不知怎样自救的境地。

最后，寻求大使馆的帮助。大使馆就是一国在建交国首都驻派的常设外交代表机关，会在所在或发生重大突发事件时，为撤离危险地区提供咨询和必要的协助。所以在遇上暴乱、战争、恐袭等事件，外派人员要及时与大使馆取得联系，并得到他们及时的帮助，如不得已踏上逃亡的征途，在逃亡的过程中要保护好自己，比如进行伪装，尽量躲过袭击。

拓展材料

[1] 中国人大网：《中华人民共和国安全生产法》http://www.npc.gov.cn/wxzl/gongbao/2014-11/13/content_1892156.htm

[2] World Investment Report 2017 - Investment and the Digital Economy http://investmentpolicyhub.unctad.org/Publications/Details/174

[3] 中国领事服务网.《中国企业海外安全风险防范指南（新）》. http://cs.mfa.gov.cn/zggmzhw/lsbh/lbsc_660514/t877276.shtml

参考文献

[1] 邬金涛，邵丹. 营销全球化与本土化. 经济管理，2003（24）：59—64.

[2] 罗云，黄毅. 中国安全生产发展战略. 北京：化学工业出版社，2005：123—130.

[3] 张春琳. 跨国公司在华本土化战略方式分析. 中国商贸，2012（35）：194—195.

[4] 陈大为，佟瑞鹏. 企业安全生产发展战略策划及编制技术的研究[J]. 中国安全科学学报，2007（4）：73—79，177.

[5] 高树勋. 中国企业海外安全保障的几点建议[N]. 中国黄金报，2015-11-27（004）.

[6] Phan, Raphael C-W. Review of Security Engineering: A Guide to Building Dependable Distributed Systems, 2nd Edition by Ross J. Anderson[J]. Cryptologia, 2009：33.

第三部分 驻外人员之海外社会政治遇险案例

第一章 《最后一张签证》：透析签证制度

苟青华[①]

摘要：案例选取了电视连续剧《最后一张签证》作为研究对象。该剧主要讲述了德国占领奥地利后，中国大使馆在内外交困下仍坚持为受迫害的犹太人发放签证的故事。案例旨在通过对影像中所反映的战争、签证等要点进行分析，延伸签证制度的现实意义，并挖掘外交人员在签证实务工作中的潜能，为该群体的紧急避险提供参考方案和建议。

关键词：纳粹屠犹；战争；外交官；签证制度；实务工作

一、案例正文

（一）影片概述

表 4-1-1　　　　　　　《最后一张签证》基本信息

电视剧名称	最后一张签证
外文译名	The Last Visa
核心主题	外交工作
集数	46集
播映时间	2017年1月1日
导演	花菁、牛牛
制片地区	中国大陆
主演	王雷、陈宝国、张静静等

[①] 苟青华，女，四川外国语大学国际关系学院。

（二）主要人物

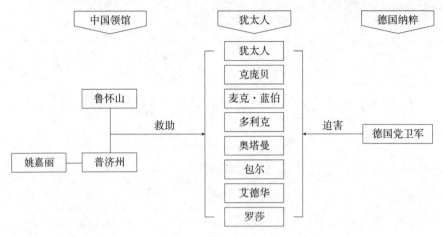

图 4-1-1　主要人物关系

资料来源：笔者自制。

（三）剧情聚焦

1. 起因：黑云压城，赶尽杀绝

1938年，上海沦为战场，普济州丢下新娘姚嘉丽，孤身前往中国驻奥地利领事馆就职。与此同时，德国入侵奥地利，德党卫军在当地横行霸道。普济州碰巧结识小提琴演奏家海伦，并对其产生好感。

副馆长鲁怀山和普济州晚上去欣赏海伦的音乐会，长相酷似海伦的小提琴手罗莎也来观看。演奏会上，鲁普二人目睹海伦被德国纳粹党卫军带走，后被迫害致死。德国纳粹的强权政治使得中国驻奥领事馆被迫降级为驻维也纳领事馆，希特勒宣布："凡是获得国外签证的犹太人，获准离开。"

2. 发展：真假美人，绝处求生

严峻局势下，罗莎的男友大卫了解到中国领事馆还在发放签证，就让已有身孕的罗莎假扮海伦以接触普济州。不久后，来自德国和我国外交部的双重压力，领事馆也暂停发放签证。在普济州的劝说下，鲁怀山决定在没有接到明确的停发签证训令前，继续发放签证。

可此时，驻德大使馆找鲁怀山谈话，最终同意发放有限名额，尽快偃旗息鼓。鲁怀山在领事馆召开会议，决定将实施"七人计划"，签证名额优先发给科学家。

3. 高潮：内外交困，荆棘满途

几经周折，终于找到并送走建筑学家史迪尔、道桥学家约克庞贝，不过也加速了秘密警察针对犹太科学家的报复行动。姚嘉丽来到维也纳，偶然搭救了人脉广泛的犹太数学家包尔。通过包尔，外交官们先后找到了科学家麦可·蓝伯和威廉·艾塔曼。然而第二天，两人都惨遭枪杀，接连挫败使普济州心生疑惑。在包尔的帮助下，又找到了医学家多利克，普明白了包尔是走漏消息的源头。然而，包尔就是下一个获签证的人，但自责让其选择自杀。之后鲁怀山将最后一张签证给予物理学家艾德华，不过病重的艾德华在离开前去世。

为送走"海伦"，姚嘉丽非法获得一张签证。罗莎被海关扣下，汉斯发现了签证的破绽。罗莎不得不折返，向普说明了真实情况，之后普又向副总领事坦白。

4. 结局：栉风沐雨，二情依依

鲁怀山把假签证的罪责揽到领事馆头上，救出了姚嘉丽。普济州与姚嘉丽、鲁怀山带着最后一张签证来到罗莎母子的藏身之处，并让罗莎赶在最后一刻通过检查登上了火车。1945年5月7日，德国宣布投降。同年8月15日，日本也宣布投降。罗莎和她的孩子与普济州、姚嘉丽幸福生活在一起。

（四）附录

1. 2001年1月23日，何凤山被以色列政府授予"国际正义人士"称号。何凤山的名字被刻入犹太人纪念馆的"国际义人园里"。欧洲历史学家指出，何凤山是解救犹太人最多的"义人"。

2. 2001年，以色列政府在耶路撒冷举行了隆重的"国际正义人士——何凤山先生纪念碑"揭碑仪式，石碑上刻着"永远不能忘记的中国人"。

3. 2005年，何凤山被联合国正式誉为"中国的辛德勒"。

4. 1938年，何凤山对犹太人伸出援手，体现了中华民族仁义好施的文化特质。这段"为犹太人的黑夜点亮光明"的历史成了如今中华民族与以色列或其他国家友好交往的佳话。

二、案例分析

（一）关键要点

外交机构在驻在国代表国家行使相应的职能，而外交官则是一切职能的具体实施者，签证的含义和意义是该剧的核心要素。

结合现有的文献资料和新闻报道，发掘"外交实务工作"和"签证"在实践生活中存在的问题，深刻探寻"签证"的现实应用并挖掘外交官在外交实务工作中的潜能。

（二）理论依据与分析

1. 战争

（1）剧情回顾

中国外交官们对犹太人的救助是在战争的大背景下发生的：德国占领奥地利，迫害当地犹太人。

（2）理论要点

战争是由超过一个团体或组织展开的解决纠纷的最暴力的活动，其以暴力活动为开端，以一方或几方的主动或被动丧失暴力能力结束，在这一活动中精神活动以及物质的消耗或生产共同存在。

（3）理论分析

希特勒的法西斯主义思想深刻影响了德国纳粹的行为，其对奥地利的占领和对当地犹太人的迫害是德奥战争中的具体表现形式。占领奥地利期间，希特勒虽然颁布"只有要签证就可以离开"的命令，但绝大部分外国使领馆都不敢再发放签证。此外，还借着编造的理由，建立集中营奴役犹太人，向所有犹太人尤其是精英群体大开杀戒，战争的非正义与残酷体现得淋漓尽致。

2. 外交官

（1）剧情回顾

影片中故事绝大部分在中国驻维也纳的领事馆上演，其内的工作人员都是外交官。

（2）理论要点

外交官指办理外交事务的官员。通常分为两类：①国内外交部的官员，如外交部部长以下的各种官员，掌管一国对外关系方面的各种事务。②本国派驻外国的外交人员，如大使、公使、代办、参赞、秘书以及武官、商务代表等。有时外交官单指后者。外交官驻在国享有外交特权和优遇，其中领事官员享有部分外交特权与豁免。

据《维也纳领事关系公约》[①]第二章之关于"领馆职业领事官员及其他领馆人员之便利、特权与豁免"的相关内容：第二十八条，接受过应给予领馆执行职务之充分便利；第三十一条，领馆馆舍不得侵犯。

（3）理论分析

利用欧洲普遍反犹的宗教心理，"屠犹"也成了纳粹德国凝聚民心的手段之一。此后盖世太保毫无理由抓了大量的犹太人，还建立了集中营用以关押大量犹太"犯人"。1938年的中国还遭受日本的踩躏和践踏，中国人与犹太人的遭遇大为相似，几千年来中国人身处儒家文化的熏陶，让中国领事官员起了恻隐之心，军人出身的鲁怀山"推己及人"，带领中国驻维也纳领事馆继续为犹太人发放签证，成为德国占领下唯一一个还活跃着的领事馆。

领事馆官员实践在第一线，其所作所为有国家、国际法律约束，但是在实践过程中，外交官可能会在不触犯法律、恪尽职守的前提下，融入领事官员本人的情感偏好。纵观中国领事馆扛着压力坚持发放签证的全过程，不难

---

① 国务院侨务办公室. 1979-08-01. 维也纳领事关系公约. http://www.gqb.gov.cn/node2/node3/node5/node9/node111/userobject7ai1419.html

发现领事官员本身的素质、情感对外交工作有着极大的影响。虽然鲁怀山等人没有责任和义务冒着恶化国家关系的危险去营救犹太人，但是他们在合理合法的范围内还是去做了，这充分表明了外交工作中的"事在人为"的特征。

3. 签证

（1）剧情回顾

受迫害的犹太人只有得到其他国家的签证，才能离开奥地利，逃出希特勒的魔爪。

（2）理论要点

①签证定义。签证是国家间人员交往的产物。国家为了本国安全和利益，在边境设置关卡查控过往人员的做法自古有之。根据各国的实践，签证是一国政府发给外国人，供其入、出或者过境本国的许可证明。持有签证并不意味着具有进入该国的权利，国家出入境边防检查机关仍然可以拒绝不符合入境要求的外国人入境。根据国家主权原则，国家有权自主决定为外国人签发签证、拒绝签发签证或宣布已经签发的签证作废。

②签证机关。根据有关部门的职能分工，外交部为中国签证工作主管机关之一，负责制定外国人来中国签证政策、指导中国驻外使领馆或者外交部委托的其他驻外机构等做好签证工作，具体签证签发工作通常由各签证机关完成。

③签证使用。签证的办理需要提交本人的真实信息，签证的使用条件和范围需要严格遵循签证上的规定和要求。

（3）理论分析

剧中故事围绕"签证"发展。纳粹德国占领奥地利后，希特勒宣布，只要在奥犹太人有外国签证，就可以离开奥地利，获得自由。当时的"中华民国"国力弱，国际地位低，其实中国上海作为一个国际港口不需要签证就能去，但是犹太人想要出奥地利必须要签证，所以签证的意义在于赋予个人可以入境别国的权利。

姚嘉丽为了让情敌罗莎早日离开她和济州的生活，便制造了假签证。虽然假签证来自中国领事馆，但是罗莎毕竟不是海伦本人，所以汉斯还是有理由阻止罗莎离开奥地利。在实施"七人计划"的时候，普济州就多次叮嘱提醒得到签证的犹太人要按时并尽快去海关，就因为签证的有效期是有限制的，一旦超过有效期即为作废。

三、现实应用

跨国的人口交往过程往往涉及社会各界与政府部门的协同合作，而其中作为政府行动的真正实施者的外交机构、外交人员，他们的参与对整个过程的顺利和成功有着举足轻重的意义。所以有必要基于对影像《最后一张签证》的分析，去挖掘探究这部剧的现实意义，加深我国公民对签证制度的认识，并为我国驻外人员的实务工作提出建设性意见。

（一）签证制度

1. 重要问题

随着全球化的发展，越来越多的人走出国门。而因现实原因，与西方国家相比，我国公民入境可以免签的国家数量较少，所以了解签证制度是基本但却十分重要的。本节将重点介绍签证制度的基本常识和现实应用，包括申办要求、申办流程及部分热门目的地的特殊免签情况等与公民出入境活动息息相关的项目。

2. 典型案例

> 一名中国女孩在某网络平台上办了一张假澳洲签证。女孩表示她在香港机场过关时被告知没有签证记录，无法换登机牌。之后联系澳洲移民局，结果对方也说没有查到她的签证记录。该假签证是她 2015 年 2 月在大型购物平台办的，现在因为这张签证，即使一切打点好以后仍然无法入境澳大利亚。

此案例绝非偶然。随着出入境市场的扩大，国内购物网站上公开出售各国签证的业务应运而生。对于一些热门的出境目的地，如泰国、欧洲、美国、韩国、日本等国会出现超过百家的代办机构供消费者选择。而其中商家的服务质量参差不齐，导致部分消费者即使花了很多钱也只能得到假签证。

3. 应对措施

（1）办理签证的基本要求

外国人申请签证，应当向驻外签证机关提交本人的护照或者其他国际旅行证件，以及申请事由的相关材料，如实、完整填写签证申请表；提交符合签证机关要求的本人照片，按照驻外签证机关的要求办理相关手续、接受面谈。签证制度是维护国家安全的重要手段，无论是什么人，申请者均应遵守规定，提交自己真实信息去办理签证。消费者在中介办理签证业务时务必对商家的资格进行确认。

（2）签证的申办流程

无论是中国人办理外国签证，还是外国人办理其他国家签证，无论采取哪一种方式，是委托代办，还是自己直接办理，一般需要经过下列几个程序（见图4-1-2）。

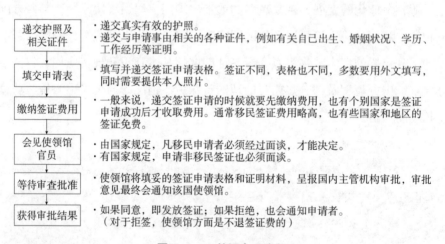

图4-1-2 签证办理流程

资料来源：笔者自制。

在申请签证后，可以在手机应用商店下载一个名叫My VEVO的手机

App，专门用于查询你的签证状态。用户只需输入 VisaGrant ID、生日和护照信息即可。

（3）过境免签经验帖

为了方便出入境往来，2015年以来，全国公安机关紧紧围绕国家"走出去"战略，全面推进"放管服"改革。中国护照的"含金量"大幅提高，截至2018年1月28日，中国持普通护照中国公民前往有关国家和地区入境便利待遇大大提升。①《国际民航公约》附件九②对缔约国应当允许国际旅客在本国机场在同一天转机免办边防管制手续做出了明确规定，免签并不意味着可以直接入境。以下是部分热门旅游国的过境免签的政策。

美国：中国旅客途经美国转机前往其他国家，无论是否离开机场国际中转区入境，都必须凭目的地有效签证（目的地国家开放免签或者落地签的除外）、机票行程单等材料提前申请过境签证（C类），并按照签证申请流程填写表格，缴纳160美元申请费并预约面谈。因此，去美国转机还是在国内先办好 B1/B2 旅游签证划算。

加拿大：中国公民前往或离开美国，如需过境加拿大，满足以下所有条件时无须办理过境签证：

①持有效中国护照；

②持有效美国签证；

③搭乘加拿大航空、加拿大爵士乐航空、香港国泰航空、台湾中华航空、菲律宾航空、中国国际航空的班机；

④从加拿大温哥华国际机场或多伦多皮尔逊国际机场1号航站楼过境；

⑤从亚洲的北京、香港、上海、广州、马尼拉、台北出发，乘坐直达加拿大的航班。

---

① 详情见中华人民共和国外交部.持普通护照中国公民前往有关国家和地区入境便利待遇一览表. http://cs.mfa.gov.cn/gyls/lsgz/fwxx/t1185357.shtml

② 中国民用航空局. 2013-10-25. 国际民航组织修订附件9《简化手续》. http://www.caac.gov.cn/XWZX/GJZX/201312/t20131204_16070.html

办理过境签证，需要准备好资料后，到加拿大签证中心或大使馆递交申请。其中到大使馆办理需要到现场预约，并在预约的时间到大使馆递交材料，不收费。到加拿大签证中心需要缴纳250元的手续费，耗时较短，且省去了第二次往返的麻烦。

日本：旅行者持联程机票在日本国际机场转机，如果不需要停留过夜，则不需要办理过境签证或者其他类别的入境签证。如果需要停留过夜，要看机场是否为24小时开放而决定是否需要入境/过境签证。日本24小时开放的机场只有羽田机场和关西机场。

新加坡：旅行者经新加坡樟宜机场转机过境，是否需要入境签证，取决于所购买的机票所属的航空公司是否有设置专门的转机手续办理柜台。由于廉价航空公司在转机大厅没有设置转机柜台，因此，如果旅行者乘坐廉价航空公司航班到达新加坡或者乘坐廉价航空公司航班从新加坡离境，除了特殊情况外，一律需要按照以下步骤转机。

①携带有效的护照、签证、离境机票预订单打印件等前往入境审查处办理入境手续；

②入境后领取行李（之前有托运）；

③如不选择在新加坡停留，可前往1、2号航站楼的离境登机大厅再次办理登机手续，并接受海关检查后登机。

如果旅行者即将乘坐廉价航空公司的航班离开新加坡，以下两种特殊情况下不需要办理清关以及入境手续。

①第一航段乘坐法国航空、荷兰皇家航空、阿联酋航空、芬兰航空、日本航空、捷特航空和澳洲航空，转机后乘捷星亚洲航空、捷星国际航空或者惠旅航空的旅行者，可以直接前往1号航站楼C转机贵宾室，不需要办理清关和入境手续；

②购买了酷虎航空转机服务的旅行者，可以免除清关以及入境手续（不需要入境新加坡），托运的行李也会直挂到最终目的地。

除以上特殊情况，转机不需要入境的航空公司还包括至少23家，全日空航空、阿提哈德航空、大韩航空、汉莎航空、马航、新加坡航空、卡塔尔航空、中国东方航空、沙特阿拉伯航空、达美航空、美国联合航空等热门航空公司均在内。

俄罗斯：中国旅客如果从途经俄罗斯前往第三国，在同一机场内转机，停留不超过 24 小时，且不离开机场国际中转区，可免办签证。如果是经俄罗斯前往白俄罗斯，无论停留时间多长，都必须申请过境或者入境签证。

澳大利亚：中国旅客途经澳大利亚前往其他国家且停留不超过 72 小时，无论是否离开国际中转区，都需要提前凭机票行程单打印件、护照以及目的地有效签证（目的地开放免签/落地签除外）等向澳大利亚使领馆申请过境签证（771 类别），申请流程和普通旅游签证一样，不过过境签证免费。

新西兰：中国旅客经新西兰机场前往第三国需要办理过境签证，且只能在机场海关内停留，停留时间不超过 24 小时，签证费用 120 纽币。

英国：有美、加、日、澳、新西兰、申根 D 签或居留，并经英国前往这些国家，或从这些国家经英国前往第三国，必须出示离开英国的机票，转机的免签停留时间最长为 24 小时。在英国转机，不能离开机场转机区域。

签证政策经常变动，保险起见，建议查阅相关国家出入境网站的最新规定，购买机票前向航空公司及当地边检咨询免签条件，并将相关网页及官方书面回复打印出来，在必要时向机场边检及航空公司值机柜台出示。

（二）签证工作实务

2016 年"两会"上提出中国外交将以习近平总书记的外交思想为指导，以更宽阔视野、更开放胸襟、更积极姿态，同国际社会一道，为世界的和平稳定尽责，为人类的繁荣进步出力。剧中中国外交官们帮助犹太人离开的过程对挖掘外交官实务工作的潜能有着积极意义。

1. 严守纪律

（1）重要问题

在营救爱德华先生的过程中，犹太抵抗组织在最危急时刻帮助了中国外交官，但是普济州仍避免与犹太抵抗组织的成员有直接合作，以免留下德国对中国外交的口舌，外交官的一言一行均需慎重。

（2）典型案例

据路透社报道，意大利《晚邮报》之前报道称，一些库尔德和叙利亚难民被迫支付1000欧元来获得赴意大利签证，而正常的申领签证收费标准为90欧元。意大利外交部2017年2月28日发表声明说意大利驻伊拉克埃尔比勒签证办公室负责人为此被解职。

（3）应对措施

新中国成立后周恩来总理为中国外交官提出了"十六字方针"：站稳立场，掌握政策，熟悉业务，严守纪律。其中"严守纪律"在影像中有很深刻的刻画。古人云："不以规矩，无以成方圆。"对于代表国家的外交官来说更是如此。如果一个外交官为了一己私欲而做出乱纪之事，一旦披露，定会受到严厉处置。

2. 主动积极

（1）重要问题

中国驻奥地利领事馆的官员看到遭受德国纳粹残酷血腥的迫害，联想到国内也同样处于日本魔掌下的中国人民，同病相怜的感觉让鲁怀山、普济州主动给自己"找事"，拒绝冷漠，毅然决然地继续为犹太人发放签证。

（2）现实分析

环球时报2017年1月31日综合报道，十多名派驻在多国的美国外交官将会正式集体批评总统特朗普的"移民禁令"。这份由十多位美国外交官签署的电报据信将在当地时间30日晚些时候通过"异议渠道"送出。所谓的"异议渠道"是在越南战争期间建立的，旨在让派驻海外的外交官向在华盛顿的资深国务院官员表达他们的担忧。2016年，有超过50位美国的外交官通过"异议渠道"就美国的叙利亚政策向奥巴马政府表达顾虑。

（3）应对措施

在条件允许的情况下，外交官在实务工作中要主动积极开展工作。利用自己专长为国家政策护航，为领保工作献力，为外交事务献策，勇于发出自己的声音。

3. 量力而行

（1）重要问题

在抗住压力继续为犹太人发放签证的过程中，大使馆提醒鲁怀山不要因小失大；得罪强盛的德国，德国就不会援助中国武器。中国外交部面对国内战乱和国际复杂形势，对奥地利犹太人的苦难遭遇感到痛惜但也的确无能为力、爱莫能助。

（2）典型案例

> 班加西事件：2012年9月11日晚，数百名武装分子及平民冲入美国驻利比亚班加西的领事馆，抗议美国在"9·11"纪念日放映诋毁伊斯兰教先知穆罕默德的电影。美国驻利比亚大使史蒂文斯及其他三名外交人员丧生。史蒂文斯大使本来没必要亲身到利比亚与利人民交流，但是他不顾国务院或情报机关的劝阻，认为美国在班加西有足够的武装力量能够保证其安全，所以执意要到班加西。

（3）应对措施

外交官在外交外事实务工作中要学会"量力而行"，结合现实情况评估行动的风险和收益，要学会保护自己的人身安全。此外，在合理合法的范围内开展行动，也必须权衡势力对比，避免以身犯险。

外交部部长王毅在"两会"记者会上透露，2017年，外交部和驻外使领馆处置了超过7万起领保案件；12308领保热线共接听了17万通来电，比2016年增加了10万通。他表示，预防是最好的保护，外交部2017年共发布了超过1000条各类海外安全提醒，把风险化解在公民走出国门之前。

外交官在我国的领事、签证等实务工作中是先锋者、实践者的角色。切实建立一个政府主导、多元参与、相互补充、分工合作的领事保护机制，有利于领事保护工作的实践。外交官队伍与领事保护机制的良好发展对我国的外交事业、国家发展都有极大的推动作用。

拓展材料

签证制度与领事保护往往相辅相成,可加深对签证制度、外交实务工作的认识,以服务于现实生活。

书籍

[1] [美]杨二车娜姆. 2001. 中国红遇见挪威蓝:我的外交官夫人生活随笔. 北京:华艺出版社.

[2] 张兵,梁宝山. 2010. 紧急护侨:中国外交官领事保护纪实. 北京:新华出版社.

[3] 中国领事工作编写组. 2014. 中国领事工作. 北京:世界知识出版社.

影像

[1] 锅盖头3:绝地反击Jarhead 3: The Siege(2016)

[2] 逃离德黑兰Argo(2012)

[3] 外交官纪实系列纪录片(2008,中国大陆)

[4] 危机13小时13 Hours: The Secret Soldiers of Benghazi(2016)

[5] 驻伯尔尼大使A BerniKövet(2014)

参考文献

[1] 夏莉萍. 中国领事保护需求与外交投入的矛盾及解决方式. 国际政治研究,2016,6(4):12—14.

[2] 卢文刚,黎舒菡. 中美海外公民领事保护比较研究——基于应急管理生命周期理论的视角. 社会主义研究,2015,12(2):170—171.

[3] 夏莉萍. 十八大以来"外交为民"理念与实践的新发展. 中国与世界,2015,12(2):50—52.

[4] 黎海波. 人权意识与代理合作:欧盟领事保护的探索及其对中国的启示. 德国研究,2017,12(1):56—58.

[5] 石斌. "人的安全"与国家安全——国际政治视角的伦理论辩与政策选择. 世界经济与政治,2014(2):86—89.

[6] 何其生. 领事认证制度的发展与中国公文书的全球流动. 华东政法大学学报, 2018, 12（1）: 159—160.

[7] 刘莲莲. 国家海外利益保护机制论析. 世界经济与政治, 2017（10）: 128—130.

[8] 国务院侨务办公室. 1979-08-01. 维也纳领事关系公约. http://www.gqb.gov.cn/node2/node3/node5/node9/node111/userobject7ai1419.html

[9] 中国民用航空局. 2013-10-25. 国际民航组织修订附件9《简化手续》. http://www.caac.gov.cn/XWZX/GJZX/201312/t20131204_16070.html

[10] Kluwer Law International. 2011. *The Protection of EU Citizens Abroad Accountability Rule of Law Role of Consular and Diplomatic Services*. Alphen aan den Rijn, The Netherlands. 91—109.

第二章 《不朽的园丁》：海外社会政治遇险

庞 涵[①]

摘要：案例选取电影《不朽的园丁》为研究对象。该影片讲述了一个关于爱、欺骗和政治阴谋的故事。案例旨在通过对影片内容所反映的驻外人员家属因工作的原因陷入政治危机的问题进行分析，并针对驻外人员家属工作问题提供预防建议。

关键词：驻外人员家属；驻外人员家属工作；政治危机

一、案例正文

（一）影片概况

表 4-2-1　　　　　　　　《不朽的园丁》基本信息

电影名称	The Constant Gardener
中文译名	不朽的园丁、疑云杀机、无国界追凶、永恒的园丁
影片类型	剧情、悬疑、惊悚
影片时长	129 分钟
首映时间	2015 年 11 月 11 日（美国）
发行公司	焦点电影公司
制片成本	$ 25000000
票房	$ 33579797（北美票房）
拍摄地点	英国、德国

[①] 庞涵，女，四川外国语大学国际关系学院。

（二）主要人物

表 4-2-2　　　　　　　　《不朽的园丁》主要人物简介

人物	简介
贾斯汀	驻肯尼亚的英国外交官贾斯汀的律师爱妻泰莎惨遭谋杀，由于死因不明，贾斯汀坚持找出真相，他不顾身旁朋友劝阻，展开调查爱妻命案中的种种疑点，在发掘真相的过程中竟身陷重重迷雾中。
泰莎	贾斯汀的妻子，是一名律师，她投身于当地的社会运动，尤其热心于对抗大商家漠视社会责任的活动中。怎料她坚决大胆、挑战权威的人权斗士身份却惹来杀身之祸。
桑迪	泰莎被残忍杀害，她的旅行伙伴，一位当地的医生据说在现场出现并随后逃走，所有的证据显示这是一起情杀案。桑迪、伯纳德以及其他英国驻内罗毕大使馆的工作人员都相信案件的结论，他们猜测泰莎的丈夫贾斯汀也会同意这种判断，因为这位脾气温和，温文尔雅的英国绅士一直表现得与世无争，只醉心于侍弄自己的小花园。

资料来源：笔者自制。

（三）剧情聚焦

1. 会上初遇，萌发情愫

在一次发布会的尾声，贾斯汀向到场的各位记者阐述了现阶段英国的外交行动的原因，作为记者的泰莎却不断地追问反问，两人的情愫就此产生。在贾斯汀准备去非洲前夕，泰莎来到他的办公室，直接向他表明自己想跟他一起去非洲的想法，在不知如何拒绝的情况下，贾斯汀答应泰莎带她一同去非洲，与此同时，泰莎也变成了贾斯汀的妻子。

2. 泰莎质疑，秘密协定

在非洲，泰莎一心专注于慈善事业，时刻心系当地群众的健康问题，并对三蜜蜂、KDH、Dypraxa 的相关做法表示不满和怀疑。泰莎不仅在晚宴上当面质问三蜜蜂、KDH、Dypraxa 的高层人员，更是与桑迪达成秘密协定，获得三个公司的秘密文件。

3. 深入调查，真相大白

不幸的是，泰莎在肯尼亚北部的偏远地区被残忍杀害，她的旅行伙伴，一位当地的医生据说在现场出现并随后逃走，所有的证据显示这是一起情杀案。桑迪、伯纳德以及其他英国驻内罗毕大使馆的工作人员都相信案件的结论，他们猜测泰莎的丈夫贾斯汀也会同意这种判断，然而贾斯汀决定积极展开调查行动，还妻子以清白。为了能够解释妻子的死因，贾斯汀开始投身于她未完成的医药工业的研究之中，并返回英国和汉姆见面，在汉姆家中，基多帮助贾斯汀破译了泰莎的邮件密码，贾斯汀获得相关资料。随着离真相越来越近，危险开始逐渐靠近，贾斯汀开始运用自己的外交手段，不惜代价来揭发这个惊人的阴谋，最后在贾斯汀得知真相后，在妻子遇害前去过的湖边，无畏地等待杀手的到来。

二、案例分析

影片《不朽的园丁》反映了驻外人员家属，因工作原因，陷入政治危机的问题，本部分内容以遵守规范为主线，结合相关理论进行分析。

（一）理论依据与分析

1. 外交豁免权

（1）剧情回顾

泰莎作为外交官贾斯汀的妻子，在非洲热衷投身于当地的社会问题，尤其是关注三蜜蜂、KDH、Dypraxa 三家公司暗地里在群众身上测试新药的阴谋，她对三家公司漠视社会责任的行动感到十分不满。在进行调查的过程中，桑迪多次劝说泰莎，都没能成功，最终被杀害，抛尸于肯尼亚北部的荒芜之地。在最后，贾斯汀查明真相后，依旧被杀手杀害。

（2）理论要点

外交豁免权指一国派驻外国的外交代表享有一定的特殊权利和优遇；按照国际法或有关协议，外交豁免权包括司法管辖豁免、诉讼豁免、执行豁免。其中，包括外交代表人身不受侵犯，不受逮捕或拘禁，驻在国司法机关不对外交代表进行诉讼程序、不审判、不作执行处分；此外，国家元首、政府首脑、外交部部长、特别使团团长及使团成员、途经或做短暂停留的驻第三国的外交人员等，也都享有外交豁免权。

（3）理论分析

贾斯汀作为外交官，泰莎作为他的妻子，两人都具有外交豁免权。根据外交豁免权和国际法的相关规定，外交代表人身不受侵犯，不受逮捕或拘留，驻在国司法机关不对外交代表进行诉讼程序、不审判、不作执行处分。所以桑迪只能多次劝泰莎放弃，并没有做出任何实质性的措施阻止泰莎的行为。即使三家公司知道贾斯汀和泰莎在调查药品阴谋的真相，但是两人都是被杀手杀害致死，三家公司不能直接对贾斯汀和泰莎进行逮捕和拘留。

2. 外交人员受侵犯

（1）剧情回顾

泰莎遇害之后，媒体对此次事件进行大规模的曝光，当地警方怀疑土匪该为此次的谋杀事件负责，不少人也认为泰莎是被情人所杀。

在泰莎去世后，贾斯汀回到住宅，佣人穆斯塔法告诉贾斯汀警方上午拿走了泰莎的光盘、磁盘、电脑，翻了文件和论文。

（2）理论要点

《维也纳外交关系公约》第二十九条[①]规定，"外交代表人身不得侵犯。外交代表不受任何方式之逮捕或拘禁。接受国对外交代表应特示尊重，并应采取一切适当措施以防止其人身、自由或尊严受到任何侵犯。"

第三十八条：除接受国特许享受其他特权及豁免权外，外交代表为接受国国民或在该国永久居留者，仅就其执行职务之公务行为，享有管辖之豁免及不得侵犯权。二、其他使馆馆员及私人仆役为接受国国民或在该国永久居留者仅得在接受国许可之范围内享有特权与豁免。

[①] 中华人民共和国外交. 2017-12-08.《维也纳外交公约》. http://www.fmprc.gov.cn/web/ziliao_674904/tytj_674911/tyfg_674913/t82926.shtml

第三十九条：凡享有外交特权与豁免之人，自其进入接受国国境前往就任之时起享有此项特权与豁免权，其已在该国境内者，自其委派通知外交部或另经商定之其他部之时开始享有。

《中国领事保护和协作指南》[①] 第九章：当家属在国外身亡时，领事人员不可以越权调查其亲属死亡原因或其他案件。

（3）理论分析

根据《维也纳外交公约》的相关规定，泰莎作为外交官的妻子，享有与贾斯汀一样的权利，包括外交豁免权，她的人身、自由、尊严应受到相应的保护，在未查明死因的情况下，被随意断定为被情人杀害，又被媒体大肆报道，这是对泰莎尊严的不尊重，在一定程度上违反了《维也纳外交公约》的相关规定。同时，在她去世之后，她的个人物品是不应该被其他人私自带走，驻在国没有落实外交人员的外交豁免权。

三、现实应用

（一）外交官家属工作问题

1. 重要问题

影片中泰莎以贾斯汀的妻子的身份，与贾斯汀一同前往非洲。在非洲的那段时间，泰莎和阿诺德一直秘密调查着三蜜蜂、KDH、Dypraxa 的肮脏交易，桑迪多次警告泰莎让她停止调查，避免卷入与她无关的纷争，但是泰莎仍旧不听取桑迪的忠告，而且还与桑迪达成秘密协议，看到了信中的内容。

本案例主要讲述了外交官的妻子泰莎卷入纠纷，最终被迫害致死的悲剧。结合现实中有关驻外家属与外交官联合骗取医疗援助的事件和相关的案例，可以看出对于驻外家属的相关管理办法不能只局限于其享有的政策的说明，更应对其行为做出详细的规定。

[①] 中国领事服务网. 2017-12-09.《中国领事和协作指南》. http://cs.mfa.gov.cn/gyls/lsgz/ztzl/lsbhzn2015/

2. 典型案例

（1）根据2013年12月5日启封的法庭诉讼文件，美国检察官指认，49名俄外交官及其家属从医疗援助项目中骗取大约150万美元。起诉文件称，49名俄外交人员及其家属通过俄驻联合国和驻纽约领事馆馆员获得低收入证明信，谎报收入和家庭开销，骗取医疗援助津贴，获得"妇女、婴儿和儿童特别补充营养计划"补助，一些外交官还谎报他们新生儿的公民身份情况，按规定，不是所有俄罗斯外交官的孩子都能自动取得美国国籍。这49人均被指控阴谋骗取医疗援助、骗取政府基金和谎报医疗援助相关信息。

（2）据参考消息网报道，M国媒体称，M国统一部发言人在2016年8月17日表示，申请第三国庇护的N驻英国大使馆公使T，已携同妻子儿女抵达M国。在接受M国政府保护的同时，正根据有关机构的规定走相关程序。2016年8月18日，N国已经召回外交官，商务人员的家属回国。M国通讯社分析称，这些家属好比"人质"，以防N国精英层继续出逃。①

（3）2015年10月21日消息，据菲律宾媒体报道，中国驻宿务总领事与另2名领事馆馆员当日在菲律宾宿务市的一餐厅内，遭1名李姓华人开枪射击，三人受伤送院救治。案发后，李姓嫌疑人现已被警方羁押。另据法新社称，副领事和财务主管目前已经死亡，总领事伤势严重。嫌犯李姓男子及其妻子已被警方带走，两人皆是中国人。

当地与领馆接触较多的华人对记者说，这看上去像是一起中国人之间的"内部纠纷"。一位了解领馆内情的华人记者告诉记者，那名姓李的工作人员家属年龄较大，是国内退休人员。他性格很偏执，与大家"合不来"，跟谁都好像"有仇"。该记者觉得这件事属于领馆工作人员家属的

---

① 参考消息. 韩媒：外交官叛逃后，朝鲜召回驻外人员. 2016-08-18. http://www.guancha.cn/global-news/2016_08_19_371783.shtml

个人极端行为。①

3. 应对措施

针对第一个案例,在工作前应该注意以下几点:

《财政部、人事部、外交部关于深化驻外使领馆工作人员工资和生活待遇制度改革的通知》有明确的规定:为了有利于对内、对外开展工作,鼓励馆员配偶随任,积极承担驻外使领馆安排的工作。驻外人员家属随任的情况会越来越多,为了确保驻外人员家属工作避免陷入政治危机,可以从以下方面进行改进。

(1)做好出发前的教育工作,驻外家属在随任前,需要全面了解自己获得的权利与应履行的责任,避免做出越权的行为,阻碍外交工作的执行。对外交官家属进行教育工作,能让驻外家属明确什么该做,什么不该做,培养出高度的自觉性,减少违规行为的出现。

(2)完善相关法律法规,增加对驻外人员行为的相关规定,如:不能卷入相关的外交事件,不能在未获得官方允许的情况下,阅读相关的文件等,以防止驻外人员家属越权行为的萌发。法律法规的确立,给驻外家属的行为设立了一个标准,使驻外家属和驻外人员能更清楚明白行为准则的相关规定。而且法律法规的强制性,能使驻外家属和驻外人员明白自己所作所为的重要性,以及违规后的严重性。

针对第二个及第三个案例所体现的情况,在工作中应该采取以下措施:

(1)硬性要求为驻外家属提供相关的工作,确保驻外人员的生活与工作分开。因为外交官家属与外交官密不可分,正如韩联社的分析,如果能解决好驻外人员家属工作的问题,在一定程度上就是确保驻外人员工作顺利执行的问题。

(2)在驻外人员及其家属回国之后,为他们提供相关工作,并在后期对其进行信息的收集,确保他们能够得到生活的基本保障。为驻外家属解决回

---

① 大众网. 中国驻菲外交官遭枪击嫌犯为工作人员家属. 2015-10-22. http://www.dzwww.com/xinwen/shehuixinwen/201510/t20151022_13215618.htm

国后的后患之忧，能稳定他们在海外的不安心理，只有他们安定好驻外家属，才能使驻外人员全心全意地去执行在海外的任务。

（3）设置专门的人员对驻外家属工作进行指导监督，在工作中出现分歧，要及时地进行疏导、解决，避免因个人原因发生冲突。如果有专门的人员对家属的工作进行指导监督，驻外人员家属不敢为了自己的事业野心，而去越权，做出一些违规的事情。同时，专门的人员小组，也可以第一时间掌握并处理家属之间的矛盾和纠纷，避免第三个案例中的血案。这不仅能避免悲剧的发生，还能维护好驻外人员内部的稳定，确保驻外人员更好的工作。

拓展材料

[1] 顾维钧.《顾维钧回忆录》. 北京：中华书局，1985.

[2] 南冀光.《一个女外交官丈夫的随任趣事》. 北京：中国电力出版社，2012.

参考文献

[1] 王虎华. 论外交官的刑事管辖豁免及其国际法处治[J]. 法学，2010（9）：47—57.

[2] 弗·奥·比库尼亚莱夫. 外交及领事豁免权与人权. 环球法律评论. 1991（5）：6—11.

[3] 黄德明. 论滥用外交豁免的解决方法. 武汉大学法学院，1997（2）：14—18.

[4] [加]罗伯特·杰克逊，[丹]乔格·索伦森（著），吴勇、宋德星，译. 国际关系学理论与方法（第四版）. 北京：中国人民大学出版社，2012.

[5] 柳华文. 论外交人员间谍行为的处理. 河北法学，1999（1）：73—75.

[6] 外交部财政部人事部劳动保障部关于加强驻外外交人员随任配偶保障工作的通知[J]. 中国社会保障，2007（2）：83.

[7] 杨迪霞，金锡权. 外交官培训指南[J]. 外交学院学报，1995（1）：

82—87.

[8] Christopher Greenwood. Diplomatic Immunity: Principles, Practices and Problems[J]. The Cambridge Law Journal, 1991, 50（3）.

第三章 《莫斯科行动》：海外华商安全及国际交通工具安保

刘雪君[①]

摘要：案例选取电视剧《莫斯科行动》为研究对象。该影剧以中俄列车大劫案为背景，讲述了1993年案件发生后，中方克服重重困难，追捕劫匪并将其绳之以法的故事。案例旨在通过对剧中海外华人组织及国际交通工具等要点进行分析，为驻外人员，尤其是海外华商的紧急避险提供参考方案和建议。

关键词：中俄列车劫案；海外华商；华人组织；国际铁路

一、案例正文

（一）影片概况

表 4-3-1　　　　　　　《莫斯科行动》基本信息

电视剧名称	莫斯科行动
外文译名	Operation Moscow
类型	当代涉案
集数	31
首播时间	2018 年 1 月 8 日
导演	张睿
编剧	许阳、胡博
主演	夏雨、吴优、娜杰日达·米哈尔科娃、张志坚、姚芊羽等

[①] 刘雪君，女，中国人民大学国际关系学院。

（二）主要人物

1993年事件发生后，中国方面派出陈尔力小队前往俄罗斯进行案件侦办，中国驻俄罗斯大使馆的段会军及联络警官宋琳提供协助。整个过程中，虽有各种阻力，但在商会会长李东平、老板冯彪和老余，以及马长江、罗秀秀等人的协助下，K3列车劫案的匪首悉数落网。在俄罗斯警方的配合及受害"倒爷"的指认下，案件最终告破。剧中主要人物关系如图3-3-1所示：

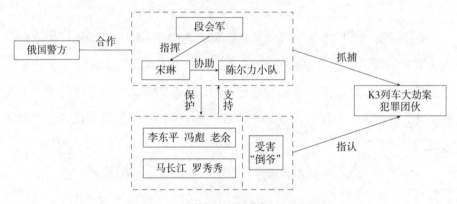

图 4-3-1 《莫斯科行动》主要人物关系

资料来源：笔者自制。

（三）剧情聚焦

1993年，在K3国际列车从北京开往莫斯科的途中，中国劫匪趁乘警在蒙古边界处换班，警力空虚之际，对该趟列车进行洗劫，受害者多为前往俄罗斯的中国"倒爷"。事件发生后，中国方面派出以陈尔力为首的小队，赴莫斯科进行案件侦办。

由于当时中国和俄罗斯无引渡协议，且欲给嫌疑人定罪必须有受害人当面指认——这给案件推进造成不小阻力，陈尔力因此决定对四伙劫匪一一击破。朱三打劫四海旅馆，后在与黑帮火拼之时被俄警方抓获。在老余和罗秀秀等人的帮助配合下，牛振被擒；二姐得罪俄罗斯黑帮，出逃郊外后抗捕受伤，亦被抓获。苗永林一伙侥幸逃脱陈尔力小队的设局，后逃至拉脱维亚；在返回途中遇险，陈尔力等人及时搭救，并将其抓捕归案。

之前在列车上和旅店里受侵害的中国商人最终决定当面指认朱三，而牛振和二姐也供认了自己的罪行，段会军将三人押解回国。苗永林方面因无人指认，陈尔力小队决定单独将他及其团伙成员带回国内。中国方面对K3列车大劫案的主要犯罪分子依法定罪；2011年，钟勇归案。至此，全案告破。影片主要剧情脉络如图4-3-2所示。

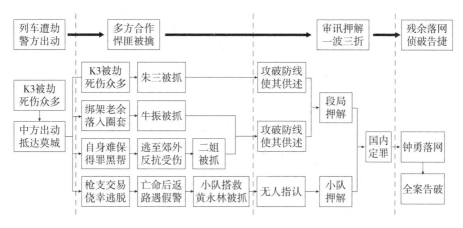

图 4-3-2 核心剧情脉络

资料来源：笔者自制。

二、案例分析

《莫斯科行动》涉及的关键点主要有两个：其一，海外华人组织——中俄列车大劫案中受害方主要为海外华商，也即当时的中国"倒爷"，将个体推广至群体层面即华人商会或联合会，与其对立的另一个具有代表性的群体即海外华人犯罪团伙；其二，国际交通工具——下文主要关注剧中体现的跨国列车这一交通工具。

（一）海外华人组织

1. 剧情回顾

首先，K3 列车上被抢的受害者大多为前往俄罗斯进行经贸活动的中国商人，即当时的中国"倒爷"。其次，冯彪、李东平等人作为华人商会和联合会的组织发起者，在中国商人及中国警方遇到困难时，倾力相助，对案件的最终破获和中国商人合法权益的维护起到了巨大作用。最后，以二姐、苗永林、牛振和朱三为代表的华人犯罪组织主要针对华商实施犯罪行为，其组织成员和犯罪目标均有一定的特殊性。

2. 理论要点与分析

针对海外华商这一概念的探讨，至今仍无统一定义。本文结合《莫斯科行动》中展现的具体事件，将其定义为在海外进行经贸活动的拥有中华人民共和国国籍的人员。

在剧中，除了有老余和冯彪等长期留驻在俄罗斯，并有较强经济实力的老板外，在 20 世纪 90 年代的莫斯科，所占比例更大的则是像在 K3 国际列车上和四海旅馆中被抢劫的中国"倒爷"——他们将中国的商品倒手卖到俄罗斯，从中获得利润——他们既是特定时代的产物，也是现今意义上的华商前身。《莫斯科行动》中展现出，虽然当时大批中国人前往俄罗斯进行商贸活动，但多是以个体或极小群体的形式融入当地，且会时常依据社会秩序和经济利益等评判维度辗转于俄罗斯多座城市之间。另外，影像中展现的以李东平和冯彪为代表的人物，与俄罗斯黑社会有一定的联系，同时，中国市场上也存在"倒爷"常要上交保护费的现象，这实则也是当时真实状况的反映。《从"倒爷"到"华商"》一文指出，当时的"倒爷"几乎都遇到过抢劫；加之影像中描述的俄罗斯警察对中国人报案的态度无不从侧面反映出，虽然当"倒爷"获得的利润巨大，但其在当地的社会地位较低，合法权益难以得到保障。另外，谢良兵等人也指出，由于当时物质和资金转移途径不发达，这些商人常带有大量物品，甚至是巨额现金，这也使其极易成为犯罪团伙袭击的目标。

需要指出的是，海外华商相较于下文探讨的海外华人组织中的商会，可视为个体与群体之间的关系，特别是在 20 世纪末，莫斯科社会秩序混乱，中国海外经贸活动未成体系，这种行为的个体性质就越发突出。

因此，基于该剧，从个体角度出发，当时海外华商主要显现出流动性强、社会地位较低和物资转移方式单一三个特点。

海外华人组织是一个群体性概念，不仅涉及海外华人商会或华人联合会，也同时指涉华犯罪团伙。

海外华商在进行经贸活动时，要与当地人员及其他华人互动往来，仅凭个人力量，不可避免地会暴露上文中阐述的劣势。因此，这对华商网络的构建就提出了要求。针对这一概念的定义，陈肖英在《纷争与思考：华商网络研究综述》进行了归纳总结，结合影像本身，作者认为较为契合的定义有如下两条：其一，庄国土、刘文正认为华人网络是海外华商因市场、商品、活动地域、共同利益关系而形成的相对稳定的关系网络[①]；其二，王勤认为，华商网络是基于中华文化背景和商业利益而形成的经营网络系统，它以华商的人际信用关系为基础，以华商企业经营关系、各地华人商会、海外华人社团以及各类联谊会等为形式，以海内外华商经济网络为节点。[②] 基于如上定义，可看出华商网络与华人商会及联合会之间的密切关系。

海外华人商会和联合会在现实中，一方面依旧强调对经贸活动中各种社会资源的聚合与利用，进而保障华人的利益，因而也就出现了各种类型的商会和联合会：既有按地域、行政级别划分的组织，也有按行业划分的组织；并且规模大小不一。另一方面，来自相同或相似文化背景的个人在海外华人商会和联合会中间的感情及与祖国间的纽带得以维系，初到此地的华人在协会的帮助下更快地融入了当地社会，这也是该类华人组织发挥的重要作用。

回到影像《莫斯科行动》，剧中李东平作为商会会长，在当时社会秩序

---

① 庄国土，刘文正. 东亚华人社会的形成和发展：华商网络、移民与一体化趋势. 厦门：厦门大学出版社，2009（6）：134—136.

② 王勤. 东亚区域经济整合与华商. 亚太经济，2009（2）：19—22.

混乱的俄罗斯黑白两道通吃，以其身份和能力协助中国警方办案，在危急时刻帮助陈尔力等人成功脱险。另外，诸如剧中的冯彪等人，将在莫斯科的中国商人组织起来，形成合力，促进了华商在当地的融合；尤其是当警方办案受阻以及需要华商对案犯进行当面指认时，基于华商网络构建起的紧密组织也成为受侵害的华人勇于维护自身合法权益的坚强后盾。

海外华人组织的另一种体现形式即华人犯罪组织。《莫斯科行动》中以二姐、苗永林、牛振和朱三等人为首的犯罪团伙即属于这一范畴。这类组织的成员中，华人占主体，在中国境外实施犯罪；且基于影像，这类犯罪组织下手的对象主要是海外华商，并与当地部分政府人员和黑社会性质组织有往来。类似的海外华人犯罪组织还有美国堂口，主要代表为安良、协胜和东安。[1]需要指出，剧中如马长江等蛇头虽实质上也在从事违法犯罪行为，但按照《华人有组织犯罪》一文中的界定，其属于华人犯罪网络，因而不在此部分的讨论范围内。

对于华人犯罪组织这一群体产生的原因，作者归纳为以下三点：其一，从特定的历史时期看，当时无序的俄罗斯社会为这类华人犯罪组织提供了活动地带和一定的便利条件；其二，从法理角度看，中俄两国当时未签订引渡协议，这意味着中国警察在俄罗斯境内无执法权，因而无论是《莫斯科行动》还是其他相关文献都点明了该灰色地带对中国警方在境外追捕犯罪嫌疑人的阻碍；其三，海外华商潮的兴起为华人犯罪组织提供了作案目标。另外，下文阐述的交通工具中，早期跨国运输管理经验上存在的漏洞也为犯罪分子提供了可乘之机。

（二）国际铁路

1. 剧情回顾

整部影剧基于发生在 K3 国际列车上的恶性犯罪事件展开；同时，该剧

---

[1] 陈国霖，陈波. 华人有组织犯罪. 犯罪研究，2013（6）：76.

尾声处，段局和陈尔力小队押解犯人回国时亦是搭乘该国际列车。因而，该国际交通工具是本节讨论的重点内容。

2. 理论要点与分析

国际交通工具除了日常熟悉的飞机、轮船等，也包括《莫斯科行动》中展现的国际列车。目前，我国已与其他多国建筑起跨国铁路线，例如俄罗斯、哈萨克斯坦、蒙古国等。然而，1993年发生的中俄列车大劫案让跨国列车安全问题成为一项不得不面对的议题。以该剧反映的事件为研究对象，结合中俄列车劫案发生的背景——案件发生在列车警备空虚的时候，加之上文中提及的犯罪团伙猖獗——这些都构成了此次事件发生的必要条件。

针对国际列车上的刑事犯罪，《中华人民共和国刑法（修订）》中指出：凡在中华人民共和国领域内犯罪的，除法律有特别规定的以外，都适用本法。凡在中华人民共和国船舶或者航空器内犯罪的，也适用本法。犯罪的行为或者结果有一项发生在中华人民共和国领域内的，就认为是在中华人民共和国领域内犯罪。[①] 该法律自1997年10月1日起施行，但其内容对国际列车上的犯罪行为无明确规定，且当时中俄无引渡协议，因而整个案件的侦办困难较大。之后，2012年11月5日最高人民法院审判委员会第1559次会议通过的《最高法关于适用〈中华人民共和国刑事诉讼法〉的解释》第六条规定：在国际列车上的犯罪，根据我国与相关国家签订的协定确定管辖；没有协定的，由该列车最初停靠的中国车站所在地或者目的地的铁路运输法院管辖。[②] 这是对发生在国际交通工具上的犯罪行为管辖权的细化。

三、现实应用

本章将上述分析要点投射到现实生活中，分别从海外华商面对抢劫时的

[①] 最高人民检察院. 2018-03-23. 中华人民共和国刑法（修订）. http://www.spp.gov.cn/spp/fl/201802/t20180206_364975.shtml

[②] 最高人民检察院. 2018-03-23. 最高法关于适用《中华人民共和国刑事诉讼法》的解释. http://www.spp.gov.cn/sscx/201502/t20150217_91462.shtml

避险方案和国际列车上的注意事项两个层面，阐释《莫斯科行动》中关键要点的现实应用。

（一）海外华商避险方案

1. 重要问题

《莫斯科行动》中，除了发生在 K3 国际专列上的恶性刑事案件外，以朱三为首的犯罪团伙在之后又洗劫了居住在四海旅馆的华商——这表明以个体形式进行商贸活动的海外华商在境外极易受到不法分子的侵害。

在集体层面上，影像中也展现了华人商会和其他相关联合会为前往俄罗斯的中国商人提供了一处相互交流，共同应对危机的场所；当需要受害者当面指认犯罪嫌疑人时，人员之间在情感上的相互影响凝聚了当时身处他乡的华商，使其勇于维护自身合法权益。此外，专门针对中国人实施犯罪，且与当地黑社会组织有联系的二姐、苗永林、朱三和牛振也是彼时海外华人犯罪组织的代表。

2. 典型案例

> 当地时间 2018 年 2 月 4 日晚 23 点左右，在意大利米兰的一家华人经营的餐馆遭到了 2 名蒙面人的持枪抢劫，威胁店主交出现金。33 岁的华人店主从厨房拿了一把刀，与劫匪展开一场惊险搏斗。同时，餐厅另一名 34 岁的男性员工也手持一把刀冲出来帮忙。在与抢匪搏击的过程中，劫匪开了三枪，一枪打中华人店主的臀部，一枪打中其胸部，还有一枪则从他的面部擦过。事后中枪的华人店主及时接受救治，现已无生命危险，而另一名华人员工仅轻微瘀伤；两名抢匪也不同程度受刀伤，已被警方拘捕。据报道称，当时餐厅的收款机里约有 3000 欧元现金。①
>
> 20 世纪 80 年代末，大批中国大学生和实习生赴俄，其中很多人一边上学一边经商，正是在这段时间，莫斯科开始有了现代版的华人社团。

---

① 参阅中国侨网. 2018-03-23. 参考意大利华人店主与劫匪惊险搏斗 两名劫匪已被捕. http://www.chinaqw.com/hqhr/2018/02-07/178143.shtml

1994年，华联会在莫斯科正式成立。像在很多国家一样，莫斯科的华人社团为大学生、企业家和劳动移民提供帮助，组织中国传统节日庆典，开展各种巩固两国人民友谊的社会活动。

当地时间2017年12月23日晚，2018"新时代与你同行"华侨华人迎新联欢会在莫斯科举行。此次活动由莫斯科华侨华人联合会主办，中国驻俄使馆参赞、总领事蒋薇、莫斯科华侨华人联合会新任会长李娜、俄罗斯中国总商会会长周立群和俄罗斯中国和平统一促进会秘书长吴昊等嘉宾出席并致辞。莫斯科各侨社负责人、中资机构、留学生和媒体代表等近150人出席活动。①

3. 应对举措

一般而言，相较于20世纪末特定时期特定地点出现的中国"倒爷"，现今的海外华商多从事个体实体经济，因而流动性这一特性正在逐渐淡化。基于上述现实案例，此处从事前预防、事中减损和事后处理三个阶段着手，为海外华商提供如下避险方案，以供参考。

（1）事前预防

海外华商在中国境外从事经贸活动前，需在中国驻当地使领馆和当地政府部门报备登记。

华商在当地的个人及经贸行为必须合法，符合该国相关规定。一方面，这可以最大限度地保证海外华商在人身受到伤害后自身合法权益的维护；另一方面，非法活动也为犯罪分子提供了可乘之机，多个现实案例都表明不少类似的海外华商在受到侵害时，由于担心报警会暴露自己的某些非法行为，因而选择沉默，只能自己承担遭受的损失。

经营实体经济的华人应避免在店铺内存放大量现金，以免成为犯罪分子实施犯罪的目标；同时，在条件允许的情况下，配备必要的监控及报警设施并定期检查更新，这可能会在真正面临危机时起到关键作用。

---

① 参阅人民网. 2018-03-23. "新时代与你同行"华侨华人迎新文艺联欢会在莫斯科举行. http://world.people.com.cn/n1/2017/1225/c1002-29726456.html

购置相关保险可使得自身人身财产损失降到最低。

依据个人及当地的现实情况，提前做好应急预案，以备不时之需。

（2）事中减损

海外多国枪支管控力度小，因而犯罪分子实施抢劫时可能携带枪支等威力较大的武器。当海外华商遇此情景，应判断是否有能力进行抵抗，以及是否会因正面对抗造成更大的人身伤害。

在暴力事件发生过程中，中国公民应当尽可能保持镇定：过度紧张或情绪激动往往会使冲突加剧，造成更大的损失。

由于华商本身的商人性质，犯罪分子抢劫的目的多是抢夺财物，因而在具体情境中，切不可因贪惜钱财而进一步激怒劫匪。

在保证安全的前提下，尽可能记住犯罪分子的体貌特征，这对之后案件的侦查极为重要。

（3）事后处理

在事件发生后，及时报警并将事件告知中国驻当地使领馆是极有必要的，在很多现实案例中，中国方面的协助往往对案件的侦办有极大的推动作用。

被侵害过程中若受到人身伤害，需及时就医治疗，以免耽误最佳救治时间。

保存并提供必要证据，积极配合中国使领馆的工作及当地警方的案件侦办，事件性质恶劣的，也可向中方使领馆寻求一定程度的保护。

统计事件中的损失，联系保险公司商讨赔偿事宜。

总结经验教训，弥补安全保障的薄弱环节，避免类似事件的发生。

另外，针对海外华人犯罪组织，相较于数十年前，其规模和势力范围已大幅扩大，且实施犯罪的对象也不仅局限于中国人。值得注意的是，近些年来，随着民粹主义和种族主义思潮的盛行，在欧洲、美国等国家和地区相继出现了非华人组织对华人群体的犯罪行为。《最高法关于适用〈中华人民共和国刑事诉讼法〉的解释》对中国境外犯罪行为进行了更加明确的解释，第八条指出：中国公民在中华人民共和国领域外的犯罪，由其入境地或者离境前居住地的人民法院管辖；被害人是中国公民的，也可由被害人离境前居住地的人民法院管辖。① 这是提供给公民维护自身合法权益的有效法律武器。在现实生活中，当面对这类群体的威胁时，除了在事件发生后依靠当地中国使领馆的帮助外，自身的警惕及敏感的辨识能力也尤为重要。

（二）国际铁路乘坐注意事项

1. 重要问题

《莫斯科行动》以中俄列车劫案为原型，而案件发生地点即 K3/4 次列车。它运行于中国北京与俄罗斯莫斯科之间，由于 20 世纪 90 年代初大批中国商人前往俄罗斯进行经贸活动，该列火车成为其往返两地的主要交通工具。因而，相较于常见的飞机和轮渡等交通工具，跨越国境的国际列车日渐进入人们视野。

2. 典型案例

> 2015 年 8 月 21 日，一列国际列车从荷兰驶往法国途中，在比利时境内发生枪击案。摩洛哥籍嫌疑人阿尤布·哈扎尼携带一把卡拉什尼科夫突击步枪、8 个弹夹以及手枪、刀具等武器，还没来得及使用突击步枪"大开杀戒"便被制服，但仍然用手枪和小刀攻击多名乘客，造成至少 3 人受伤。②

3. 应对举措

上述现实案例对比 1993 年发生的中俄列车劫案，可以发现其本质差异。首先，比利时境内国际列车上发生的抢劫案属个体性质的犯罪，而非团伙作案；其次，犯罪分子的目的不是谋取钱财，而是制造恐怖袭击事件，以引发公众的恐慌，因而两者的目的不同，且此次事件与非传统安全问题相关——而这也是现阶段中国开发国际铁路需要面临的挑战。另外，两次事件的相似

---

① 最高人民检察院. 2018-03-23. 最高法关于适用《中华人民共和国刑事诉讼法》的解释. http://www.spp.gov.cn/sscx/201502/t20150217_91462.shtml
② 新华网. 2018-04-01. 法国调查国际列车恐袭案 或涉中东极端组织. http://www.xinhuanet.com/world/2015-08/24/c_128156732.htm

处也不可忽略：中俄列车大劫案发生在列车上警备空虚时，而法荷列车枪击案也同样暴露了欧洲列车的安保漏洞。国际铁路是中国近年来着力发展的跨境交通工具，可以预见，作为出行工具的非货运用途的普通国际线路有极好的发展前景。然而，不能忽略的是，与船舶、飞机一样，中国公民在乘坐国际列车时也面临着人身财产受到伤害的风险及之后的权益维护。除了安保升级作为预防，现行国内法律及与铁路沿线国家间签订的条约作为善后外，更行之有效的办法还是公民自身防范及维权意识的提升。

首先，乘坐国际列车的行程持续时间一般较长且中途停靠站点较多，因而多人结伴同行，轮流休息，可在整个旅途中相互照应，更大程度上减少因疲惫疏忽而带来的财物损失。其次，由于跨境的要求，乘客需随身携带护照等相关证件，所以在出行前及时备份，妥善存放则尤为重要。最后，不仅仅是国际列车，乘坐其他交通工具出行时也尽量不要随身携带大量现金及贵重物品；如今，信用卡甚至网络支付工具都可以达到此目的。

拓展材料

《莫斯科行动》涉及的关键要点主要集中于海外华商的安全问题及国际交通工具，尤其是国际列车上的注意事项。下文中的纪录片、电影及电视剧等拓展材料除涉及上述关键点外，也同时引申至海外中国公民的安全这一议题。

纪录片

[1] 档案—1993跨国追捕中俄列车大劫案犯罪团伙（2012）

[2] 法治在线—解密：中俄国际列车大劫案（2018）

电影及电视剧

[1] 东方快车谋杀案 Murder on the Orient Express（1974/2010/2017）

[2] 火车大劫案 The First Great Train Robbery（2013）

[3] 湄公河大案（2014）

[4] 湄公河行动（2016）

[5] 战狼2（2017）

[6] 中俄列车大劫案（1995）

[7] 15点17分，启程巴黎 The 15:17 to Paris（2018）

参考文献

[1] Chitadze N. 2016. Global Dimensions of Organized Crime and Ways of Preventing Threats at International Level. Connections, Vol. 15, No. 3: 17—32.

[2] Loskutovs A. 2016. Transnational Organized Crime – Latvian Challenges and Responses. Connections, Vol. 15, No. 3: 33—40.

[3] 陈国霖，陈波. 华人有组织犯罪. 法制博览，2012（6）：75—84.

[4] 陈肖英. 纷争与思考：华商网络研究综述. 八桂侨刊，2017（3）：69—74.

[5] 郭太生. 公共安全危机管理. 北京：中国人民公安大学出版社，2009.

[6] 李晓敏. 非传统威胁下中国公民海外安全分析. 北京：人民出版社，2011.

[7] 万霞. 海外公民保护的困境与出路——领事保护在国际法领域的新动向. 世界经济与政治，2007（5）：37—42.

[8] 王勤. 东亚经济整合为华商. 亚太经济，2009（2）：19—22.

[9] 王鹰，王越琳. 风险全球化中的民事安全：中国海外权益的非政府安全保卫. 中国公共安全（学术版），2011（2）：37—41.

[10] 谢良兵. 从"倒爷"到"华商". 传承，2008（2）：7—9.

[11] 颜梅林. 海外中国公民领事保护的法律依据研究——兼评《领事工作条例》（征求意见稿）. 华侨华人历史研究，2013（4）：11—22.

[12] 庄国土，刘文正. 东亚华人社会的形成和发展：华商网络、移民为一体化趋势. 福建：厦门大学出版社，2009.

第四章 《撤离科威特》：自下而上的撤侨壮举

赵赟飞[①]

摘要：案例以影片《撤离科威特》为研究对象。该影片主要讲述了1990年8月伊拉克入侵科威特后，一名印度商人通过努力促成了17万印度侨民撤离科威特的故事。案例旨在通过对影片反映的撤侨行动、侨民等要点进行分析，为海外人员在经历战争、政治危机时的避险提供参考方案和建议。

关键词：撤侨行动；自下而上；侨民；大使馆；外交部

一、案例正文

（一）影片概况

表 4-4-1　　　　　　　　影片《撤离科威特》基本信息

电影名称	撤离科威特
英文名称	Airlift
影片类型	战争，剧情，历史，惊悚
影片时长	130 分钟
首映时间	2016 年 1 月 22 日（美国、印度）
导演	拉加·门农
编剧	拉加·门农，瑞提什·沙阿，苏雷什·奈尔，拉胡尔·南贾
主要演员	阿克谢·库玛尔，尼姆拉特·考尔

[①] 赵赟飞，女，四川外国语大学国际关系学院。

（二）主要人物

表 4-4-2　　　　　　　　影片《撤离科威特》主要人物

人物名称	简介
阿米塔巴·八强·迪瓦尔·兰吉特	一位在科威特经商的印度商人；使 17 万印度侨民成功回国的核心人物
阿姆丽塔	兰吉特的妻子
桑杰·科利	印度外交部联合秘书，撤侨行动的负责人
卡拉夫·本·扎耶德	伊拉克共和军少校，多次勒索兰吉特
塔斯尼曼	科威特女子，为保命而混入印度侨民

资料来源：笔者自制。

（三）剧情聚焦

1. 炮弹声声，打破平静生活

1990 年 8 月 1 日，伊拉克军悍然进驻科威特，科威特政局突变。长期在科威特做生意的印度商人阿米塔巴·八强·迪瓦尔·兰吉特得到消息后火速联系官员了解情况，惊觉科威特已陷入无政府状态。为安全起见，他决定带家人马上离开。

2. 获得许可，争得"小家"离境

然而危机发展的速度超出了他的想象：司机奈尔因讲阿拉伯语被误认作科威特人而被杀；机场已被伊拉克军控制；17 万印度人被困在了科威特。机缘巧合下，兰吉特遇到了"旧相识"——现任伊拉克共和军少校卡拉夫·本·扎耶德。少校向他开出离境价码，兰吉特一口答应，打算带家眷离开。

3. 良心发现，创建"大家"营地

但职员们对他的期待使他改变了计划。兰吉特将印度人集中在一起，建造起营地，集中解决问题。他深知难民数量庞大，长期待在营地是不现实的，便前去大使馆求助。

4. 归梦破碎，官员奋力争取

通过从大使馆获得的电话号码，兰吉特联络到了德里外交部联合秘书桑杰·科利。科利建议兰吉特先去巴格达求助，自己则去征求外交部部长的意见。兰吉特向印度驻巴格达大使馆求助无果，又前往伊拉克外交部求助——滞留的印度侨民被允许乘坐"普提普苏坦"号离开。谁知联合国突然宣布对伊拉克实行禁运，船被勒停，侨民们只得继续等待。

5. 走骑千里，终得乘机归国

在科利的努力下，印度外交部部长终于同意展开撤侨行动。彼时，兰吉特先用垃圾船通过海路送走了500人；又打电话联系科利，说明了自己的计划，祈求科利联络约旦外交部打开边境让大部队通过，而后乘机返回印度。于是，前往约旦的车队浩浩荡荡地出发了。路上，伊拉克军人发现车内混有科威特人，想要逮捕兰吉特。但"人多就是力量"，数以万计的印度侨民让士兵不敢有所举动。在兰吉特和科利的共同努力下，车队有惊无险地进入了约旦。

抵达机场后，科利联系工作人员为丢失护照的侨民们派发护照，印度公民只需提供名字即可乘机离开。488次飞机起降，17万印度侨民终于撤离科威特，回到了祖国的怀抱。

二、案例分析

（一）推动决策

1. 剧情回顾

伊拉克入侵科威特后，商人兰吉特通过各种渠道，向印度驻科威特大使馆、印度驻巴格达大使馆、伊拉克外交部、印度外交部进行求助，希望能够让所有滞留科威特的侨民都撤离。四处碰壁无果后，兰吉特频繁拨打德里外交部热线，向外交部秘书处官员科利表达自己的诉求。在其坚持不懈的同时，科利也多次向外交部部长提出请求，最终促成了实施撤侨的决策。

2. 理论要点

一般情况下,人们普遍认为外交决策的制定与实施是一个自上而下的过程,而决策主体就是政府,但事实不然。詹姆斯·罗西瑙(James Roseau)在 1966 年就指出了对外政策决策的五个层次或变量,即个体、角色、政府、社会与体系,个体作为最小的社会单位,对外交决策的制定起着基础性作用,影片男主角兰吉特诠释了个人如何影响外交决策。①

3. 理论分析

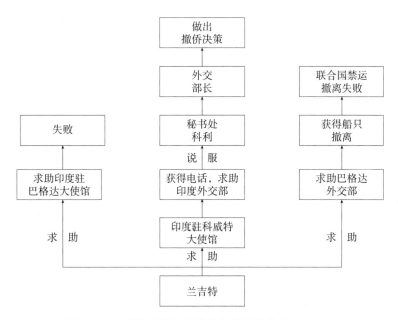

图 4-4-1 影片《撤离科威特》兰吉特求助途径示意

资料来源:笔者自制。

兰吉特作为一个有丰富资源的印度商人,通过各种渠道展开政府的影响。他明白,作为"底层"个体单位,必须将有效信息传送到位并获得认真考量才能得到想要的决策结果。由此,他分别联系了印度驻科威特大使馆外

---

① 白云真. 体系、国家、社会、个体——中国外交的分析层次. 太平洋学报, 2010(5): 10.

交官、印度驻巴格达大使馆外交官、德里外交部联合秘书科利这些不同组织单位的角色进行求助。这些角色获得信息后,根据上级角色的信息反馈,给出兰吉特答复。大使馆的官员们都表示无能为力,兰吉特只得抓住"救命稻草"科利(三者中与外交决策制定过程中最重要的角色——外交部部长关系最密切的角色)。兰吉特软磨硬泡,多次劝说,才获得了信息进一步向上传达的机会。在科利的多番努力下,外交部部长终于下达撤侨命令,由此促动各政府和社会单位,包括民航机构、印度驻约旦大使馆工作人员等,展开行动,最终使得17万侨民成功撤离回国。

由此不难看出,兰吉特成功地促成了一次自下而上的外交决策,促成了整个外交战略制定过程中各个单位的联动,从个体单位推动至政府、社会单位,相关单位执行相关决策后,使得个体单位的诉求又得到满足,最终实现了撤侨诉求。

(二)集中生存

1. 剧情回顾

在摸索撤侨之门的过程中,为维持基本生活,兰吉特决定打造一个集中避难场所。他提议商人朋友们将食物集中起来,在学校组织避难营。在避难营里,他让下属将人们的姓名进行登记,集中烧饭提供伙食,暂时为侨民们提供了一个避风港。

2. 理论要点

并行化项目组织模式是企业运营中的一种模式,自主集成度高、供应商多、接口关系复杂,既需要和项目主体单位的生产方、设备方、物流方、信息方等密切合作,还要与国内设备供应商、分包商紧密联系、沟通,及时弥补设计漏项。[①]作为一个精明的商人,兰吉特在集中处理侨民的生活问题时,潜移默化地运用了这样的模式。

[①] 郁培丽,田海峰,黄祎. 剑走偏锋:宝钢XZS技改辟出自主集成创新路. 见:东北大学MBA教学案例集编委会编. 东北大学MBA教学案例集第一辑,2012:9.

3. 理论分析

在确定了要帮助所有滞留科威特的印度同胞们之后,兰吉特组织创立了一个印度难民集中的营地。他集合了难民,选择了一个学校落实难民营。在平台建立并完善的过程中,充分处理好多方面之间的关系。

在组织难民营地的过程中,兰吉特首先与"设备方"——有权管理学校的伊拉克共和军少校打通关系,获得行动的默许。然后,他充当信息提供者。他组织自己公司下属的工作人员负责营地人员的登记,计算食物和其他物品的需求量,从而一方面通过"生产方"——开超市的好友,获取生活必需品,并进行有序的管理和准备;另一方面以数据为依托,向国内机构说明情况以便为撤离事宜做准备。如此,在保证营地的集中、正常运行的情况下,完成与各方面的沟通和交流,达成组织的高效运转。

(三)安全撤离

1. 剧情回顾

兰吉特向印度驻科威特大使馆、印度驻巴格达大使馆求助没有得到有效信息,只能通过电话频繁联络外交部。在兰吉特再三坚持下,外交部秘书处官员科利屡次向外交部部长提出申请,最终得到外交部部长的授权处理该事务。由于科威特机场已经封锁,科利打电话给约旦进行谈判,希望对方能够同意让印度侨民进入约旦,乘坐印飞机离开。

2. 理论要点

外交部是国家协调国际关系、处理国际关系的核心机构,其主要职能包括开展研究和提出政策建议、提供服务与管理、政策实施等。[①] 在撤离科威特侨民事件中,商人兰吉特自然是根本的推动者,但具体行动仍是外交事务部门按照层次展开部署的。

---

① 张清敏,杨黎泽. 中国外交转型与制度创新. 外交评论,2017(6):24.

3. 理论分析

印度外交部是负责处理印度外交事务的最高部门。伊拉克入侵科威特属于境外突发事件，由于印度有大量的侨民身处科威特，使得该事件成了"涉印"的突发事件。

在一个民主国家，维护人民的利益就是维护国家的利益。印度侨民在科威特事件发生后，向大使馆和外交部积极反映情况，希望被转移出科威特；根据外交部负责协调处置境外突发事件，保护境外公民和机构合法权益的职能，外交部应该积极落实该项职能，为印度侨民服务。印度外交部秘书处官员科利多次输送信息，终于得到外交部部长的反馈，外交部部长做出决策，下达指令，授权科利处理撤侨事务。科利在收到回馈后，展开了具体行动，在通过兰吉特收集的侨民信息与诉求的基础上，对下级执行机构进行了任务部署。他一方面与民航公司展开谈判与协调，引导相关飞行员前往"前线"展开撤侨工作；另一方面知会印度驻约旦大使馆为侨民提供补办护照的业务，同时也实施了与其他国际同级单位的沟通工作。三方面工作做到位后，整个行动才得以圆满完成。

三、现实应用

如影片所展示，商人兰吉特成功挽救了大量滞留科威特的印度侨民的生命。诚然，在现实中遇到此类危急问题，个体和组织部门应分工明确，以达到最终的安全目标。

（一）个体求助

1. 求助使领馆

（1）重要问题

紧急事件发生后的第一时间，公民理应依照本国使领馆通常发布的求助信息、规则等向其进行求助。但与此同时，求助的范围也不仅限于本国使领馆。

（2）典型案例

①二战期间，纳粹组织对犹太人施行了惨无人道的屠杀，许多犹太人前往中国使馆求助，时任中国驻维也纳总领事的何凤山向数千犹太人发放了前往上海的签证，使他们免遭纳粹的杀害，何凤山由此被称为中国的"辛德勒"。[①]

②1980年4月，6名古巴人闯入秘鲁驻哈瓦那大使馆，希望求得政治避难。古巴政府因此宣布不再对秘鲁使馆安全负责。然而此举适得其反，越来越多的古巴人涌进秘鲁大使馆避难。由于人数过多，造成了生活、喝水等基本问题的困难。古巴政府只得向避难的人提供生活必需品，而后宣布，在经过其他国家政府批准后想出国的公民可以出国。与此同时，美国、秘鲁、西班牙、哥斯达黎加等多国表示愿意接受难民。自此，人们陆续离开使馆，事件获得解决。

（3）应对举措

由上可知，公民在海外遇险时，可寻求本国及他国使领馆的帮助。

①本国大使馆：大使馆有为本国公民提供护照、保护本国公民的海外利益等职责。在海外出现特殊情况时，第一时间寻求本国大使馆的帮助。如果大使馆人员依然在岗，并且处于正常工作状态，即可以提供相关帮助，则凭借其帮助，离开该国国境，是最理想的脱困方式。

②其他国家大使馆：在本国大使馆已经不再提供帮助和咨询时也可以尝试寻求其他国家使领馆的帮助。其他国家使领馆有可能出于人道主义原则，对难民提供相关帮助。

由此及彼，在本国使馆没有提供有效救助的情况下，在了解地区国际法标准和确保行为合法的基础之上，向外国大使馆求救不失为一种自救的途径。

---

① 中国新闻网. 2017-03-17. 中国辛德勒何凤山：冒险拯救数千犹太人生命. http://www.chinanews.com/cul/2012/05-16/3893311.shtml

2. 求助外交部

（1）重要问题

外交部是一国处理外交事务的最高机构，在大使馆无法提供紧急援助的情况下，相关人员应及时向外交部求助，以避免情况进一步恶化。

（2）典型案例

> 外交部全球领事保护与服务应急呼叫中心"12308"24小时热线电话于2014年9月2日正式启动。据了解，热线在试运行期间就接到了求助，一位家长称孩子在回国转机途中失去联系。热线工作人员方面立即与相关总领馆联系并请其处理，8小时后，孩子被找到并安全踏上了回国的航班。

（3）应对举措

同样地，公民在海外遇险时可以视情况向本国和他国外交部寻求帮助。

①本国外交部：外交部是管理本国外交事务的部门，在大使馆已经撤离无法提供相关援助时，通过各种渠道联系本国外交部，在对外交部阐述紧急情况的同时，了解在此情况下脱险的步骤以及需要注意的事项，之后静待处理该项事务的外交决策的做出。

②他国外交部：如果有相关的途径联系到所在国外交部，首先考察本国与该国的关系，是否牵涉在此次事件中等，在这些答案都有利于己方时，且确实拥有相关途径时，可以通过所在国外交部寻求帮助。

我国外交部已经设有领事保护服务应急呼叫中心，为我国海外人员的安全保驾护航，同时也要做好向相关国家外交部进行求助的准备，以应对紧急情况。

（二）生活与出行

1. 重要问题

由于外部环境复杂、混乱，在发出求救信息后，上级部门部署行动需要一定的时间。在等待期内，需要尽量保护好个人安全，保持高度警戒。

2. 典型案例

> 影片中,兰吉特的司机奈尔遭到伊拉克士兵的拦截与检查本不致死,但由于过于激动和紧张,奈尔用阿拉伯语与伊拉克士兵沟通,伊拉克士兵误以为其是科威特人,才招致横祸,而兰吉特在一定程度上,是由于表明了印度身份,才死里逃生;兰吉特将一所学校变成了印度侨民的避难所,良好地维持着避难所的秩序,多次让公司下属统计、登记营地内难民的数量和身份,确定了营地需要的生活物品,并为国内方面提供有效的信息。

3. 应对举措

一方面,为保证生命安全,应选择相对安全、隐蔽的地点藏身,不要随意外出,向外界求助时最好通过电话、电报等不需要暴露在外界的方式;使用平时储备的生活必需品和应急物品,尽量减少出门的频率。

在必须外出或者已经外出的情况下,注意所处国家局势的特殊性,寻求出行的最佳路线,学会察言观色,切忌触犯相关禁忌。应像兰吉特一样,保持冷静,切忌过于急躁,出示自己的相关证件,说明身份,以争取生机。

另一方面,在相关海外危机事件中,侨民之间需保持联系,形成一个较大的集体,营造"集体安全"。在人数较多的情况下,谋求救援的声音也会更有力,更容易受到关注。同胞团结在一起,既能寻求心灵的慰藉,也便于团结和组织侨民。但是,人员众多也有可能带来秩序混乱等其他突发情况,因而必须进行科学的组织与安排,确保组织的有序性;在保证秩序的基础上,明确人员的身份和人数,为政府提供有效信息,为他们的行动提供便利。

此外,侨民应保持与大使馆和外交部,包括所在国政府的沟通,加强连动能力,施加压力,坚守信心,不要轻言放弃。

(三)官方行动

官方机构在第一时间能做的事情就是积极地搜集和回应有关本国难民的相关信息,不能不闻不问,以期树立和强化本国的积极形象,强化民族凝聚力。

1. 使领馆与外交部行动

（1）重要问题

驻外使领馆是国家在国外的象征，在遇到紧急状况时，无疑是公民的指望和依靠，在国内的具体救援措施落实之前，使领馆有许多措施可以实施；外交部作为制定外交战略决策的部门，必须有非常强的信息处理能力和危机敏锐度，以感知事件的发生；除此之外，决策机构撤离方案的任务十分关键。

（2）典型案例

① 2015年3月，也门首都萨纳遭到阿拉伯联军空袭，机场和海港被封锁，局势危急。在也门的美国人阿坎萨利告诉半岛电视台和美联社，全家人陷入了一种可怕的生活：不敢开灯，不能靠近窗户，晚上睡觉必须躲在地下室枕着步枪。他表示，这样被困的美国人很多。这些美国人以及他们在美的亲友都向国务院发出了求救请求，但都只得到了"爱莫能助"的回应。①

② 一名加拿大女士向媒体表示希望加拿大政府能解救自己身处利比亚的丈夫。2011年，利比亚局势紧张，各国为保护侨民的安全纷纷组织撤侨。然而，加拿大政府的行动却并不令人满意：没有直接空运侨民，许多侨民搭载其他国家的交通工具撤离。加拿大外交部发言人告诉媒体，政府不使用飞机撤离侨民是因为不知道利比亚是否有加拿大人。

③ 有学者发文比较中印两国在撤侨工作方面的差异表示，在撤侨工作中，印度对军事行动与国家战略的认知与协调并不恰当。当海外公民所处相关地区发生危险，领导人通常将武装部队当作应对问题的工具，而不是具体问题具体分析，制定更合理的政策来处理事件。

（3）应对举措

使领馆在危机时刻应该比前期预警时更加频繁地发布通知，实时更新危险情况，提示公民相关的注意事项，如减少外出，不要靠近某些重点的危险

---

① 凤凰评论. 2017-02-10. 也门撤侨，中国给美国上了一课. http://news.ifeng.com/a/20150403/43478311_0.shtml

道路等。情况紧急，一时之间确实不能发出大量的签证，应该收集大致的本国公民数量和"受灾"情况的报告，发回国内，保证国内对这些情况的了解，便于国内做出对策和提供援助。

上述案例中，加拿大政府在信息的获取与处理上犯的错误是致命的。侨民信息采集的不完整，甚至连有无加拿大人处于困境也不知晓，无疑使得救援行动混乱，迟迟无法确定具体的救援规模和方式，也就无法展开救援，白白浪费了黄金的救援时间和救援资源。可见，侨民在海外发生危险或身置紧急情况之时，国家能否给出积极和快速的反应，与政府的重视程度、国家的定位息息相关。对此类事件的不重视、行动迟缓，严重伤害了侨民的感情，这种行为是完全错误的。

决定要实施相关营救后，应根据前方提供的人数，以及所处境遇等信息设计救援方案。需要收集的信息较庞杂，包括人数、各自分布的地理信息等等，以此确定参与行动的人数与交通工具。接应的交通工具问题，考虑速度、距离、安全性、成本等诸多因素，最终确定最佳的方案。影片中得益于人员信息统计完整，需要派出的飞机的数量快速确定，提高了撤侨行动效率。

除信息收集与处理之外，决策机构必须一切从实际出发，区分撤侨事务等类似事件与其他国际性问题的性质，以不同的方式针对性地处理有关事件，所谓"一招鲜"的方法实不可取。将武装部队作为应对的首选工具，丝毫不考虑实际情况，这样简单粗暴的方式很容易导致失败。

2. 合作行动

（1）重要问题

在相关外交决策的执行过程中，由于涉及两个甚至多个国家，本国人员的行动可能存在较多局限，受制于信息的不对称性，在第一手信息的收集速度上也可能较当事国滞后一些，因此常有可能谋求第三方的帮助，以实现救援。

（2）典型案例

2017年2月，中国与南非两国警方成功解救了5名被绑架的中国公民。中国驻南非使馆警务联络官王志钢参赞、周伟男二秘和南非警方交流了案情，不仅如此，福州市公安局、南非豪登省警察厅、约翰内斯堡唐人街管委会和南非华人警民合作中心通力合作，对此案予以了高度关注，推动了案件的解决。①

（3）应对举措

决策机构和执行部门必须重视合作的效益和模式，利用资源实现更高效的事件解决。故而，寻求当事国或者周边其他国单位、组织的帮助与合作，以提高行动效率，优化行动流程，是相关单位应当考虑的。影片中，外交部联合秘书科利在与约旦方面进行谈判后，成功使约旦打开边境放行印度侨民，促成了撤侨行动，正是两方成功合作的体现。

拓展材料

书籍文章

[1] IndianFrontliners. William Fernandes: Never to accept a NO for answer but YES is always welcome. http://www.indianfrontliners.com/article/8899-harbajan-singh-vedi/35-frontline-articles

[2] Quora. Shagun Sharma: Tell us about your character, Ranjit Katyal. https://www.quora.com/Where-is-Mr-Ranjit-Katyal

[3] 祖国在你身后编委会. 祖国在你身后. 南京：江苏人民出版社，2016.

影像资料

下列影片主要讲述了不同具体环境下的撤侨行动。

[1]《红海行动》（Operation Red Sea），上映时间：2018年2月16日

[2]《战狼Ⅱ》（Wolf Warriors Ⅱ），上映时间：2017年7月27日

[3]《逃离德黑兰》（Argo），上映时间：2012年10月12日

---

① 腾讯网新闻．2017-02-26．中国南非警方合作 成功解救5名被绑架我方公民．http://news.qq.com/a/20170226/019274.htm

参考文献

[1] 陈志敏，肖佳灵，赵可金. 当代外交学. 北京：北京大学出版社，2008：52—55.

[2] 刘功宜. 出国人员如何求助：浅说"领事保护". 北京：中国经济出版社，2005：5—10.

[3] 欧阳桃花. 试论工商管理学科的案例研究方法. 南开管理评论，2004（7）：100—105.

[4] 张仪. Agro逃离德黑兰：历史与传奇之间. 新东方英语，2013（5）：26—31.

[5] H.Bradford，Westerfield.1963. The making of foreign policy: an analysis of decision-making. American Political Science Review, 57：430.

[6] Tim Dunne.2001. New thinking on international society. British Journal of Politics and International Relations，03：223—244.

第五章 《恩德培行动》：劫机紧急避险

苟青华[①]

摘要：案例选取电影《恩德培行动》为研究对象。该片依据真实事件"恩德培行动"改编，主要讲述了以色列政府与恐怖组织斗智斗勇，千里奔袭乌干达营救人质的故事。本文旨在通过对影片反映的恐怖袭击、普通人质和跨国营救等要点进行分析，为遭遇海外社会政治遇险——劫机的公民人质的紧急避险提供参考方案和建议。

关键词：恐怖袭击；跨国营救；普通人质；劫机处置；紧急避险

一、案例正文

（一）影片概况

表 4-5-1　　　　　　　　《恩德培行动》基本信息

中文片名	雷霆行动/恩德培行动
外文译名	Operation ThunderBolt
核心主题	营救人质
时长	124 分钟
上映时间	1977 年 7 月 11 日（以色列）
导演	梅纳赫姆·戈兰
语言	英语、希伯来语
主演	耶霍拉姆·加翁、西比尔·丹宁

[①] 苟青华，女，四川外国语大学国际关系学院。

（二）主要人物

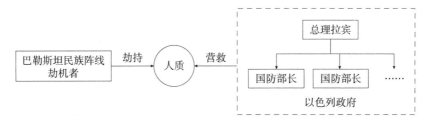

图 4-5-1　主要人物关系

资料来源：笔者自制。

（三）剧情聚焦

1. 起因：纠葛历史暗藏杀机，客机被劫沦为羔羊

1976 年 1 月，德国城市恐怖组织蓄谋已久的劫机计划被以色列提前识破，导致恐怖组织更为坚定地策划下一轮施害活动。

同年 6 月 27 日，一架原定航线从以色列特拉维夫（Tel Aviv）飞往法国巴黎的法航 139 次航班在中转希腊雅典时被恐怖分子劫持。[①] 飞机向地面发回被劫持的信息，以约纳坦·内塔尼亚胡为原型的 Yoni 上校也接到通知，立即召集士兵返回部队。之后，总理召集各部门高管立即聚集召开紧急安全会议。

飞机上，恐怖分子没收了全机乘客的护照。一位英籍女士用利器划伤自己大腿内侧，造成孕妇即将生产的假象，骗过劫机者，被允许离开飞机。

2. 发展：利益各方各怀心事，军事营救迫在眉睫

次日凌晨，飞机最终降落在乌干达恩德培国际机场，恐怖分子把人质集中关在被多名守卫密切监视的候机楼大厅。恐怖分子利用之前收来的护照将以色列人和非以色列人区别开来，并释放了非以色列人。随后，恐怖分子发出声明：如果以色列政府释放关押在以色列的 43 名同伴，就释放人质，否

[①] 机上一共有 242 人，其中 103 名以色列人，其他的则为美国、德国、法国等国游客。

则就杀死人质。

以色列国防部想采用军事行动来营救,但因计划不成熟未获批准。媒体的不断报道引发公民的愤慨,群众向政府施压。在各种压力和现实的逼迫下,以色列政府不得不妥协示弱,但实际上,这种逼迫更促进以色列用军事行动来营救人质的决心。

3. 高潮:周密计划排除万难,秘密奔赴千里机场

以方情报人员找到被释放的人了解更多详细信息,为营救计划增添确定性。以色列国防部挑选出最精锐的人员来实施营救计划,他们进行了一次又一次苛刻的训练,演练时间精确到秒。6月29日下午,随着截止时间越来越近,军队再不出发时间就来不及了。因此,指挥员决定让营救计划的战机和人员先奔赴千里之外的乌干达恩德培,在路上等待上级的指令,即使到时候没有授权,再返航也是可以的。决策者也看到了这个计划的可能性,最后同意授权这次军事营救行动,指挥机也随后出发。

4. 结尾:闪电行动一气呵成,平安归家举国欢腾

飞机到达恩德培国际机场后,突击队员立即投入战斗,按照事前演练的过程,很快就消灭完候机楼里面的守卫士兵和恐怖分子。交火中,指挥官不幸被击中,随后其不治身亡。被困人质被送上飞机,最后一辆战机的人员将乌干达停在机场的先进战机全部炸毁,防止对方追击。至此突击队以极小伤亡歼灭全部恐怖分子,出色地完成了营救人质的"恩德培行动"。

二、案例分析

(一)关键要点

恐怖分子的劫机行动是影片叙事的开端,也由此引发以色列政府对跨国营救人质的全方位准备。

当前恐怖袭击是一个困扰全球的问题,每一个公民都有可能遭遇此不幸。以色列人质在被劫持过程中采取了很多与恐怖分子斗智斗勇的方法来保

全自己，有必要对这些方法进行提取梳理，帮助人们建立预警意识，以便海外公民真正遭遇恐怖袭击时能够冷静对待、机智化解。

（二）理论依据与分析

1. 恐怖袭击

（1）剧情回顾

在德国城市恐怖组织的协助下，巴勒斯坦民族阵线在雅典国际机场劫持了从特拉维夫飞来的法航139次航班，飞机上约250名乘客和机组人员成为待宰羔羊。

（2）理论要点

恐怖袭击是指极端分子人为制造的针对但不仅限于平民及民用设施的不符合国际道义的攻击方式，有意制造恐怖的行为，具有人为性、不可预测性和手段多样性等特点。恐怖袭击是猛烈的犯罪行为，产生恐惧和威逼以影响受害者之外的观众。

（3）理论分析

恐怖袭击从20世纪90年代以来，在全球范围内迅速蔓延，极端分子使用的手段也由最初的纯粹军事打击演化到绑架、残杀平民、自杀爆炸等骇人行径。近年来，在"基地"组织大肆煽动和互联网的推波助澜下，以"独狼"恐怖袭击为主要特征的国际恐怖主义新形态逐渐成形。20世纪90年代初期的美国"白人至上主义者"阿历克斯·柯蒂斯（Alex Curtis）呼吁"白人至上分子"采取单独行动，以任何手段清除非白色人种，并将这种"独自采取行动的战士"称为"独狼"。"独狼"恐怖主义也称"个体"恐怖主义，与有组织的恐怖活动相比，"独狼"恐怖袭击突发性更强、防范难度更大，被美欧多国视为其本土面临的最大威胁。①从国际恐怖主义总体发展趋势看，"独狼"恐怖袭击易于复制、效尤和扩散，其危害将进一步扩大。

---

① 严帅．"独狼"恐怖主义现象及其治理探析．现代国际关系，2014，12（5）：48—49．

2. 普通人质

(1) 剧情回顾

除一位女明星外,被劫持客机上的人质都是普通身份的公民。

(2) 理论要点

人质是为迫使对方履行诺言或接受某项条件而被拘留,被交给另一方的人,以作为对交付人或交付机构的意图的保证。普通人质的"普通"是相对于具有特殊身份的人质(如外交官、政府高官、科学家等)而存在的。

(3) 理论分析

一开始,人质出现于战争时期,敌我双方都有采取抓捕对方人质的方式来迫使对方让步的情况;随着时代的发展,国际恐怖主义分子也善于利用人质以达到其目的,尤其是政治目标。他们常以劫持飞机、抓捕无辜群众等方法获取人质,作为威胁当局解决问题的手段。根据国际法,拘捕和杀害人质都是犯法行为,利用非法劫持飞机的手段来获取人质及非法扣留旅客和飞机上的工作人员的行为都应受到谴责。

3. 劫机处置

(1) 剧情回顾

雅典机场的安检漏洞让恐怖分子如愿,飞机被劫持后,机组人员一边安抚乘客,一边配合恐怖分子,努力控制危险的扩大。

(2) 理论要点

劫机处置指对即将发生或正在发生或已经发生的突发劫机事件所采取的一系列的应急响应措施。

(3) 理论分析

从劫机处置的定义来看,其主体可以是包括机组人员在内的公共服务提供系统,也可以是身陷劫机中的人质。对于前者,应有预防、应急、善后等三个完整应对劫机事件的环节:首先,有防止劫机事件发生的软硬件设施准备,从源头打击劫机事件的发生;其次,公共服务体系中的人员基于平时的学习演练,能够及时合理地处理劫机事件;最后,公平透明地展示危机后的调查结果和善后处理措施，避免引起社会恐慌。对于后者，处置劫机的行为出发点应是保证自身安全，视劫机的客观情况来调整心态和行为。

劫机处置效果直接关系到劫机事件的最终结果，各主体都应科学冷静处理。

4. 跨国营救

（1）剧情回顾

以色列在对待恐怖分子的问题上一向很强硬。劫机事件后，得知恐怖分子将人质劫持到千里之外的乌干达，以色列国防部便立即组建行动小组和计划小组以支持军事行动解救人质。

（2）理论要点

以色列政府的跨国营救是一国根据本国的国家利益和对外政策，于国际法许可的限度内，在接受国内保护派遣国及其国民的权利和利益的行为。

（3）理论分析

对海外的本国公民提供安全保护是一个国家的责任和义务。跨国营救实质上是一国在另一个国家为了维护本国国民安全进行的行动，它是有国际法的约束的。"恩德培行动"的成功虽然从以色列单方面来看，是营救国民的壮举，但从国际交往层面来看，以色列此举的确侵犯了一个主权国家的合法权益。

三、现实应用

"恩德培行动"是以色列特种部队千里奔袭解救人质的行动，电影一方面展示了以色列政府授权这场行动的过程，另一方面也为国家在海外安保中遭遇紧急危机时提供了一个应急范例，因此该案例的现实应用分为以劫机为核心的恐怖袭击和人质紧急避险两部分。

（一）防范劫机

从20世纪60年代以来，全球劫机事件频繁发生，劫机成了笼罩民航安全的巨大阴影。劫机活动大多带有一定的政治意味，且得到精心策划，普通公众尚无专业识别的能力。因此，制止劫机最好的也是最有用的方法就是机场等公共安全部门及时发现并处理，若劫机分子还是上了飞机，机组人员及其与乘客的通力合作解决也是极为有效的处置方式。

1. 地面安检

（1）重要问题

雅典国际机场的安保疏忽不当给了恐怖分子可乘之机，导致大量经特殊处理过的武器被带上飞机。

（2）典型案例

> 1991年3月26日晚，新加坡航空SQ117次航班从马来西亚吉隆坡飞往新加坡，起飞后不久，飞机遭到机上四名巴基斯坦籍男性乘客的劫持。他们用手上筒状爆炸物和刀子，逼迫机长改变航线。
>
> 2006年9月29日，巴西一架莱格西600小型飞机的飞行员依照空管人员的建议，与一架波音客机飞在同一高度，导致两机相撞，造成波音客机坠毁，机上154人全部遇难。

（3）应对措施

上机前严格的地面安检是杜绝威胁飞行安全事件发生的最有效屏障。安检人员在工作中应保证绝对查实，视情况调整安检级别，尤其是对规定携带量以下的少量液体膏体，鞋底要重点检查。确保安检无死角，把犯罪控制在航空器以外，为旅客和民航安全提供更好的保障。

随着国际社会对航空安全的重视，民航安检日益严格，从根本上加大了劫机的难度，所以恐怖分子则完全有可能将空管部门作为新的袭击目标。恐怖分子通过渗透或者武力控制塔台，从而远程劫持或者控制飞机，制造恐怖主义撞机事件。由于空管人员的问题导致的事故屡见不鲜，公共服务系统一定要严格把关人员招录环节。民航系统招录空勤人员、安检人员、机务人员、空管人员的时候，要严格把关，落实政治审查。一旦发现员工有任何异常情况，要及时汇报和处理，杜绝任何涉恐人员混进民航队伍。

此外，随着未来我国低空空域的开放，私人飞机准入门槛的降低，将有更多的私人小型飞机出现。必须加强私人飞机管理，严格管控私人飞机的购买和飞行，以防止恐怖主义利用私人飞机制造与"9·11"事件类似的恐怖袭击。

2. 空中安保

（1）重要问题

飞机的劫持案件往往发生在飞行途中，此时地面的警卫力量无法发挥效力，只有依靠机上的人员。因此，一旦发生劫机事件，空中安保的实践才起决定作用。

（2）典型案例

①1982年7月30日，应邀前来我国进行访问的非洲某国陆军总司令少将率领高级军事代表团，乘坐"子爵号"专机赶赴北京。遭到同机随团国家某机关保卫干部劫持，经过机上军人与歹徒的英勇搏斗，成功制服歹徒，且外国代表团没有受到丝毫惊吓。

②新疆和田劫机事件：2012年6月29日，由新疆和田飞往乌鲁木齐的GS7554航班被6名歹徒暴力劫持，随后被机组人员和乘客制服，飞机随即返航和田机场并安全着陆，6名歹徒被公安机关抓获。该事件中的机组人员被国家授予"反劫机英雄机组"的称号，其中2名安全员、2名乘务员光荣负伤。

（3）应对措施

当不法分子突破安检防线，劫机无法避免时，机组人员的心理素质、应急处理能力和快速决断力很大程度上决定着劫机处置的效率。在大型公共运输航空公司机组人员应对劫机处置能力中快速反应时间、业务熟练能力、团队合作能力、临场应变能力、相机对峙能力、沟通能力和抗压能力是评价航空公司机组人员应对劫机处置能力的关键指标。正如1982年这场被"悄无声息"解决了的劫机事件，经验丰富、沉着冷静的军人护卫团队发挥了至关重要的作用，不仅化解了劫机事件，也维护了国家政治尊严。这些被完美解决的劫机事件也给航空安全的管理带来信心和参考价值：安全的保证来源于平时的"未雨绸缪",有应对一切未知风险的勇气和能力,应急措施便能发挥效用。

事实上,与恐怖分子的对抗不能完全寄托于机上为数不多的机组人员,虽然受过专业培训、有专业知识的机组人员会更科学地应对机上的劫持情况,但"人多力量大"的道理是亘古不变的,团体的力量会迸发巨大能量。在应对危机的时候,乘客应冷静观察,接受机组人员的暗示信号,为他们提供必要的协助。

(二)人质紧急避险

劫机事件的发生意味着规避措施已经失效,此后人质的安全更加充满不确定性。影片中遭遇劫机的人质被囚禁在恩德培机场,在恐怖分子与以色列政府谈判期间,他们展现了不同的应对方式,而这些有好有坏的方式值得每个人深入思考和学习。

1. 明确动机,避免正撞枪口

(1)重要问题

飞机被劫持后不久,恐怖分子就开始收乘客的护照。其中有部分乘客基于历史事件的教训,预感到这次劫机事件极有可能是针对以色列人的,所以有双重国籍或两个护照的人,就下意识地上交自己非以色列的护照。不法分子实施劫机的原因几乎一定是出于某种目的,其中绝大部分原因涉及政治。

(2)典型案例

> 2001年9月11日,基地组织的恐怖分子劫持美国联合航空93号班机、175号班机和美国航空11号班机、77号班机对世界贸易中心、五角大楼进行冲撞。11号及175号班机先后撞上世贸大厦,77号班机则撞上五角大楼,而93号班机因机上乘客及机组人员的奋勇抵抗而在宾夕法尼亚州郊区坠毁。

(3)应对措施

一国公民在海外容易遭遇劫机风险,其中一个重要原因是该国在国际社会的形象，这种形象的建立可能来自宗教信仰、历史仇恨、经济发展程度，而国家形象一旦建构，很难在短时间内改变。如因领土纠纷、宗教摩擦和其中东政策，以色列是世界上遭遇劫机等恐怖主义活动最多的国家之一。

全球化趋势的迅猛发展，让越来越多的人走出国门，也让国家利益在世界范围内不断延伸。以美国为例，因宗教、政治、经济等领域的利益，美方驻外机构和人员被袭击的数量位于各国前列。世界上没有一个角落是绝对安全的，境外中国公民人数越多，其遭遇不测的可能性也就越高。在海外，可能会遭遇政治风波、自然灾害、偷抢劫掠、种族歧视等多种危险。对于要出国的人来说，首先需要多了解国际局势，避免进入战争骚乱的国家和地区；要提前了解目的国情况，时刻关注国家领事服务网的安全提醒，谨慎出行。其次，在被劫持时，要明确恐怖分子的动机、目的和使用的武器情况，如对方的目标是中国人，考虑能否淡化自身国籍，谎称外国华裔。

2. 隐藏光芒，避免首当其冲

（1）重要问题

被劫客机上有一位女明星，她透露身份并提出一些请求后，受到恐怖分子的推搡。在劫机事件中，特殊的身份和地位或多或少会给当事者带来影响。

（2）典型案例

1994年12月24日，计划从阿尔及利亚飞往法国巴黎的法国航空8969次航班遭到劫持，劫持者是四名自称警察的阿尔及利亚青年。劫机者前后杀害了一位阿尔及利亚警察和一名越南外交官，要求与阿政府对话。其要求被拒绝后，劫机者又枪杀了第三位人质，一位法国使馆工作人员。

（3）应对措施

跟普通人质相比，有一定身份地位的人（尤其是外交工作等特殊行业者）对于恐怖分子来说更有意义，因为其会使得他们更有谈判资本，杀害"名人"所带来的威慑力更大。所以，当遇到包括劫机在内的恐怖活动时尽量隐藏身份，避免成为恐怖分子的谈判筹码和震慑力量。

3. 沉着冷静，抓住一切机会

（1）重要问题

在飞机飞行途中，一位英国女士就用利器将自己大腿内侧划伤，造成孕妇快要生的假象。恐怖分子信以为真，释放了她。由此可见，被劫机分子困住不意味着一点求生希望都没有，懂得如何自然合理地利用"人心的柔软"，是有可能激发施害者善意的。

（2）典型案例

2017年3月，从埃塞俄比亚飞往北京的ET604航班上突发劫机事件。一壮汉冲撞飞机驾驶室，欲劫持机长，和乘客同归于尽。热心勇敢的华人乘客曹红国出手相助，与歹徒搏斗二十几分钟，最终众人合力制服肇事歹徒。

（3）应对措施

自美国"9·11"事件之后，各国民航安检越来越严格，排查越来越仔细，搜查设备和工具也越来越有效，这就意味着劫机分子能够带上飞机的武器一般不会太充足。而客机上的乘客是有一定数量的，大家齐心协力就会汇聚成一股强大的力量。面对凶狠的劫机分子，一定要尽量准确地评估歹徒的数量、身体情况、精神状况等，做出初步的应急方案，看准时机冷静地与歹徒"抗争"，脱离困境。

4. 自我激励，等待国家救援

（1）重要问题

非以色列人被释放后，几个以色列人开始相互鼓励，他们确信政府迟早会派军队来救他们。在劫机等恐怖活动中，被关押人质的心理防线极易崩溃，但心理素质是影响人质安全的重要因素之一。

（2）典型案例

1977年10月13日，西班牙领马约尔加岛飞往法兰克福的德国汉莎航空公司615航班遭到黑色九月恐怖组织的劫持，被迫于索马里着陆。4天后，由慕尼黑惨案而设立的西德特种部队国境第九警卫队（GSG-9）通过突袭见人之全员安全救出。

（3）应对措施

与以色列突击队类似，德国GSG-9特种部队也出色地完成了营救人质的任务。可见，国家力量是最后的忠实希望，无论情况有多糟糕，政府有能力妥善处理险情。当身处危险之中时，切记不要慌张，不要做让坏人不安的事，尽量表现得顺从，保全自己等待营救。

重大的突发事件往往是对一个国家全方位的检验：政治、经济、外交、文化传统甚至国民性。中国外交部成立领事保护中心，向中国公民免费发放《中国领事保护和协助指南》，加强对生活和工作在海外的中国公民的领事保护。同时，以外交部为首的部际联席会议定期针对所有国家制定风险等级，为中国企业和公民提供安全预警。在一些高风险地区的中国使馆，如阿富汗、伊拉克、索马里、利比里亚等国，进驻有中国特警进行安保工作。近年来，我国政府已经多次成功营救了大量滞留或被困海外的中国公民，正如《红海行动》《战狼》系列影片中展示的动人情形。请每个海外中国公民注意安全，遇到危险无法自救时，首先且最重要的是保全自己，坚定信心，等待救援，因为祖国一定会带你回家。

拓展材料

恐怖袭击已是当今困扰世界各国的难题，而其中的劫机事件屡禁不止，每个公民应多了解相关情况，以备不时之需。

书籍

[1]《公民防范恐怖袭击手册》编写组. 公民防范恐怖袭击手册（2014版）. 北京：中国人民公安大学出版社，2015.

[2] 卢孝国. 劫机与反劫机实录. 长虹出版公司，1999.

[3] 美国911独立调查委员会. 黄乐平，译. 揭秘911：美国遭受恐怖袭击国家委员会最后报告. 北京：中央编译出版社，2005.

[4] 斯图尔特（Stewart, C.）. 大规模杀伤性武器与恐怖袭击应对手册. 北京：中国人民解放军第四军医大学出版社，2016.

[5] 张善明, 袁秀凡. 恐怖袭击离我们有多远. 北京: 经济管理出版社, 2005.

影像

[1] 劫机惊魂 *Hijacked*（2012，美国）

[2] 劫机惊魂 *Neerja*（2016，印度）

[3] 惊爆缉捕令 *Air Rage*（V）（2001）

[4] 日航淀号航班劫机事件 ピョンヤン"を名乗れ~よど号事件・交信記録の全ぼう（2006）

参考文献

[1] 郭林. 民航安全员处置劫机案的对策. 中国民航飞行学院学报, 2003, 14（2）: 6—9.

[2] 降华玮. 劫机案件的防范对策与紧急处置措施. 河南公安学刊, 1998（1）: 17—20.

[3] 廖体章, 陈国扬. 武装劫持民航班机事件的处置——印、阿两国民航班机被劫案件评介. 福建公安高等专科学校学报, 2000, 14（4）: 75—77.

[4] 李凯, 郭永玉, 杨沈龙. 民众对于恐怖袭击的风险感知. 心理科学进展, 2017, 2（25）: 359—360.

[5] 林泉. 航空犯罪与预防. 北京: 中国民航出版社, 2003: 24—31.

[6] 林泉. 对中外劫机犯罪的分析与认识. 云南行政学院学报, 2007, 12（6）: 145—148.

[7] 陆宝军. 境外中方人员遭袭事件的规律性及预防方法研究. 中国矿业大学（北京）博士论文. 2016: 39—49.

[8] 马培. 大型公共运输航空公司机组人员应对劫机处置能力评价研究. 江苏航空, 2014（4）: 37—41.

[9] 马培. 航空公司机组人员应对劫机处置能力评价研究. 科技创新与应用, 2015（8）: 1—3.

[10] 祁元福. 世界航空安全与事故分析. 北京：中国民航出版社，1998：66—75.

[11] 徐轲. 劫机事件处置及民航安保新探. 中国民航飞行学院学报，2011，22（6）：18—22.

[12] 徐轲. 论恐怖主义劫机与反劫机策略. 中国民航飞行学院学报，2015，5（26）：49—52.

[13] 严帅. "独狼"恐怖主义现象及其治理探析. 现代国际关系，2014，12（5）：48—49.

[14] Giriraj Shah.2002. Hijacking and terror in sky. New Delhi: Anmol Publications Pvt. Ltd. 168—174.

[15] J. Paul de B. Taillon.2002.Hijacking and hostages.Westport, Conn.: Praeger. 215—221.

第四部分 驻外人员之海外自然灾害案例

第一章 《泰坦尼克号》：海外出行安全

赵赟飞[①]

摘要：案例选取电影《泰坦尼克号》为研究对象。该影片以1912年豪华邮轮泰坦尼克号沉没事件为背景，讲述了平民画家杰克和贵族小姐露丝抛弃世俗偏见坠入爱河，却遭遇沉船事故，最终杰克用生命挽救挚爱的感人故事。案例旨在通过分析影片反映的海外邮轮出行、海难等要点，为人们海外海事出行的风险预防和危机处理提供参考方案和建议。

关键词：海事出行；远洋邮轮；游客；海难

一、案例正文

（一）影片概况

表 5-1-1 　　　　　《泰坦尼克号》基本信息

电影名称	泰坦尼克号
英文名称	Titanic
影片类型	剧情，灾难，爱情
影片时长	194 分钟
首映时间	1997 年 12 月 19 日
导演	詹姆斯·卡梅隆
主演	莱昂纳多·迪卡普里奥，凯特·温斯莱特等

[①] 赵赟飞，女，四川外国语大学国际关系学院。

（二）主要人物

表 5-1-2　　　　　　　　《泰坦尼克号》主要人物简介

身份	具体人物
轮船责任方	白星航运公司董事长约瑟夫：泰坦尼克号拥有者，盲目要求船长加快航速。
	设计师托马斯：泰坦尼克号的缔造者，在船只的水密舱设计、救生艇设置等问题上犯下致命错误。
	船长爱德华：为声誉冒险高速航船；疏于职守，在船撞冰山前没有进行有效指挥。
乘客	画家杰克：身份普通，阴差阳错获得登船机会；与大家闺秀露丝相识相爱，沉船后将生的机会让给了露丝。
	大家闺秀露丝：与卡尔定下婚约，却与杰克相知相爱。
	富家子卡尔：露丝的未婚夫，市侩、粗鲁、麻烦制造者。

资料来源：笔者自制。

（三）剧情综述

1. 惊世巨轮，扬帆起航

一寻宝组织经过多年努力，找到了据说藏有宝石的泰坦尼克船骸。此事吸引了沉船事件的幸存者露丝——她特意前来讲述泰坦尼克号上鲜为人知的故事。

1912年4月10日，当时世界上最大的豪华邮轮泰坦尼克号从英国南开普敦港口出发，声势浩大地开启了这趟处女航。大家闺秀露丝和她的母亲、未婚夫卡尔是这艘船上的贵宾级乘客，享受着最好的服务和待遇。然而露丝并不快乐，她受够了浮华与虚伪，对生活感到绝望，决定在夜里跳海自尽。轻生之际，却被一个素不相识的小伙救下——他叫杰克，是一个贫困的画家。通过交往，露丝意识到杰克对生活有着独特的感悟，热爱艺术的她与杰克产生了共鸣。未婚夫卡尔对此有所察觉，三番五次对杰克冷嘲热讽，但杰克随性自然，总能巧妙化解尴尬。杰克自由不羁的生活态度深深触动了露丝，杰克也深感露丝对真实生活的向往，两人情投意合。

2. 追名逐利,"超速"航行

为使泰坦尼克号声名更加远播,白星航运公司董事长约瑟夫要求船长爱德华让船全速前进。船长明白,作为一艘第一次运行的船,泰坦尼克号的许多器具还需要磨合,可他却被荣誉冲昏了头脑,阴差阳错地同意了约瑟夫的要求。

3. 躲闪不及,撞击冰山

几天后的夜里,勘查海况的船员突然发现不远处海面上有一座冰山,赶忙通知操作室减速、转弯,然而一切为时已晚——初始行船速度过快,避闪不及,船右侧与冰山发生了碰撞。撞击使引擎停止了运作,乘客们陷入了慌乱。船长立即与设计师展开交流,绝望地得出船将在两小时内沉没的结论;而船上的救生艇,只足够承载一半的乘客。船长面色凝重,吩咐通讯室发出求救信号,并安排通知乘客撤离。

4. 巨轮沉海,伤亡惨重

杰克和露丝目睹了船撞冰山的一幕,深知事态严重,想前去通知其他乘客,却遇上了卡尔——卡尔对杰克介入自己的婚姻愤怒至极,设局污蔑杰克偷窃,命令船员将其带走囚禁。露丝信任杰克,她不惜放弃登上救生船的机会,孤身前往已经在大量进水的船舱营救杰克。在杰克的指导下,露丝成功砸开了手铐,两人匆忙携手逃亡。

忽然,船体折成两半,两人掉入海中。杰克找了一块木板,让露丝爬了上去,等待救援。许久之后,一艘救生艇返回寻找落水的幸存者,露丝正满怀欣喜却发现杰克已经死去,她只得将挚爱沉入海中,登上了救生艇,后跟随其他幸存者乘坐赶来救援的邮轮逃离了这场噩梦。此次事件导致一千多人葬身大海,成为人类航海史上伤亡最惨重的海难之一。

二、案例分析

影片《泰坦尼克号》或直接或间接地反映了海外海事出行安全中的许多重大问题。本部分内容以时间为线索,着眼于交通工具责任方和出行人员,解析该类海外出行所涉及的现实要素及有价值的理念。

（一）出行前

1. 安全准则

（1）剧情回顾

泰坦尼克号是当时世界上最大的豪华邮轮，其内部装饰非常豪华，包括大扶梯、电梯等设备，人们都想要一睹其风采，乘坐它远行。然而华丽的外表下，却暗藏了配备足够的救生设施等重大安全危机。

（2）理论要点

1914年，首个《海上人命安全公约》（International Convention for the Safety of Life at Sea）通过，后来又经多次修正和补充，现在这个公约已扩展到邮轮安全的方方面面，要求非常严苛。水密舱高度需要延伸至最高一层连续水密舱壁甲板，邮轮上配置的救生设备数量必须为满载人数的125%，所有的救生艇必须在发出弃船信号30分钟内，运载全部乘客和用具降落水面等。[1]

（3）理论分析

作为一艘巨型邮轮，泰坦尼克号吨位近五万吨。但在船体设计中，为了豪华的内饰，如影片中多次出现的豪华大扶梯和电梯等，设计师不得不将水密隔舱壁的高度降低。原本该项技术能对不同舱位进行隔断，即使部分船舱进水，也不致船体全部进水。[2] 此举却抛却了该项技术的优势，埋下了重大安全隐患，因此船在撞上冰山后快速的沉没。

不仅在船体的设计上存在缺陷，泰坦尼克号的责任方在救生工具上的设置上也未能到位。影片中，泰坦尼克号的设计者安德鲁斯先生承认船上的救生船只能够承载百分之五十的人，并隐晦地表示，头等舱客人们认为过多地悬挂救生艇有碍观瞻。这种"疏忽"无疑是致命的。远洋邮轮航行的路线时

---

[1] 法律法规网. 2018-03-09. 国际海上人命安全公约. http://www.110.com/fagui/law_11747.html
[2] 中国数字科技馆. 2017-03-06. 水密隔舱. http://amuseum.cdstm.cn/AMuseum/ancitech/science/03/s1c_ab05.html

间远超过其他类型的船只,一旦灾难发生,另一半无法登上救生艇的乘客几乎没有生还的可能。轮船的责任方一方面只照顾了富人对船外观的虚荣要求;另一方面,毫无危机意识,未设想过沉船事件发生的可能性是存在的。轮船责任方这种对浮华名誉的无尽追求、视生命为草芥的无所谓态度无疑是不可取的。

影片中的悲剧发生在 1912 年,由于当时世界上并没有统一、标准的邮轮规范,因而未能纠正设计上和配备上存在诸多不足的泰坦尼克号。为了避免悲剧再次重演,国际社会对此给予了极高的重视。

1914 年诞生的《海上人命安全公约》可以说是由泰坦尼克号的悲剧促生的,针对泰坦尼克号的许多问题而对现代邮轮"设限"。例如,泰坦尼克号上存在配置的救生艇数量明显不足、水密舱高度太低以致船舱入水等问题,公约中就有所规定。"SOLAS"公约希望从制度上杜绝泰坦尼克号悲剧重演的可能性。虽然产生于泰坦尼克号之后,但在其他的相关事故中获取新的经验教训,为关注海外出行安全问题敲响了警钟。

2. 审慎甄选

(1)剧情回顾

泰坦尼克号是当时世界上最大的豪华邮轮,富人们将乘坐这艘船视为自己社会地位的标志,普通百姓们也无一不想瞻仰、乘坐这艘声势浩大的邮轮。

(2)理论要点

在社会生活各个方面,人们拥有的信息量是不同的。一部分人员掌握的信息较完善和丰沛,另一部分人员掌握的信息则较匮乏,两方分别处于有利和不利的地位,这就是信息的不对称性。

(3)理论分析

泰坦尼克号的乘客们在乘船之前对这艘船并没有过多的了解。露丝的未婚夫卡尔选择泰坦尼克号的原因比较直接:最大的豪华邮轮,彰显上流社会人士的风采,符合社会地位;而杰克和他的朋友是误打误撞地登上了这一艘船。虽然露丝提出了对救生艇数量的疑问,但也是在旅途过程中才问起,而这些信息应该是旅客在乘船之前就应该了解的。

显然，他们对自己的海外出行工具没有进行科学的"考察"，换句话说，直至他们登上船，他们知道的所有关于泰坦尼克号的消息都是被动获得的，也即白星轮船公司单方面所展现出来的该船的宏伟和豪华等相关信息，其他信息都处在旅客们的知识盲区中。信息的蒙蔽状态使得游客将守护自己生命安全的主动权交到了别人手中，这也是造成后续海难发生后许多人无法快速反应的一大原因。

（二）出行中

1. 风险预测

（1）剧情回顾

白星航运公司总裁要求船长不科学地加速航行，希望本公司的船能够获得媒体更多的赞扬，而船长也为其所说的荣誉所动，启动了所有引擎，让船全速前进。

（2）理论要点

风险预测是风险规避的基础，在项目实施之前使用，需要主体综合考虑不确定和随机因素可能造成的破坏性影响，是规避风险的基础。一般来说，风险预测需要考虑风险发生的可能性与风险发生所产生的后果严重程度两个因素。

（3）理论分析

影片中白星航运公司的总裁、船长作为航船安全的责任方，在航行过程中以公司的名声和个人利益为重，明显忽视了在远洋航行中的风险管理，主观地将不确定因素降到最小，甚至可以说是将不确定和随机因素抛诸脑后，从而做出了减少救生艇携带数量、要求船长不根据科学原则行驶船只等。

这种风险预测的缺失，从心理上讲，是主体组织者的认知错误导致的。在心理认知上，泰坦尼克号的设计、建造公司和头等舱乘客们，都犯了严重的认知错误。白星航运公司相关人员作为业界领头羊，忽视了船只的客观条件,产生了认知偏见。可以说,他们对泰坦尼克号进行安全评估时,带有严重的认知偏差,无视船只航行的客观规律,形成了过度自信心理,直接导致对风险的错误预测以至于没有充足的准备——使得在发现冰山时来不及闪避。当然,由于泰坦尼克号的失事年代久远,当时的企业对科学管理、策划以规避风险并没有观念和意识是情有可原的,但这为以后的企业和交通设施的海外活动敲响了警钟。

2. 危机管理

(1)剧情回顾

在得知泰坦尼克号将在短时间内沉没,并且救生船不够的情况下,船长吩咐船员安排乘客乘坐救生船。他们尽力维持秩序,并且按照妇女和儿童优先的原则安排人们上船。

(2)理论要点

危机管理是一个企业管理术语,一般指企业为应对危机情况而进行动态调节,最终将危机的危害降至最低的对策。本文应用危机管理理论解释泰坦尼克号船长及船员协调处理乘客逃生的过程。

(3)理论分析

在巨轮泰坦尼克号上,船上除了乘客之外的所有工作人员准备的撤离方案即为船体管理组织。在泰坦尼克号撞上冰山之后,组织面临的管理危机已经非常明显。为了实现乘客的合理与安全的撤离,组织内部成员们以口头的方式设置、合计了危机管理的方案(机制),具体分为两部分。

第一部分,即要求人们维持好秩序,控制人员排列,使得撤退人员保有连续性、不混乱,这在某种意义上,强调了危机管理的组织性;第二部分,在没有明确具体的撤离计划的前提下,船长和船员按照妇女和儿童优先的原则进行撤离,强调组织对当时混乱的活动空间的适应。这个简单的机制,蕴含并承载了欧洲中世纪的骑士精神,尤其是英勇和怜悯的精神,带有并不具体的控制和解决危机的目标。泰坦尼克号上这样的逃生处理规则相对公平,有助于减少人们对分配不公平的怀疑,有效降低了可能因上船顺序纠纷引发的混乱,在一定程度上,减轻了前期预警不足带来的后果,拯救了相当一部分人的生命。可以预想,如果航船组成员没有进行危机管理的意识,引导乘客登上救生船的工作将会举步维艰,人员损失将会更加惨重。

三、现实应用

(一)出发前

1. 船舶责任方

(1)重要问题

在轮船责任方方面面,上文已经总结了导致泰坦尼克号的悲剧的两个因素:船只整体布局缺乏合理性以及救生设施的缺失。因此,在此首要讨论的问题即是轮船的基础设置问题。

(2)典型案例

> 2014年4月16日,"岁月(SEWOL)号"客轮在韩国西南海域发生事故而沉没,伤亡惨重。消息发布后,就有曾经乘坐过该船的日本网友表示,"岁月号"内部进行了改装:甲板通道被隔断,塞满了东西,最上层的甲板则被改装成了客房。还有网友指出,"岁月号"增加承载人数,即由804人增加了921人,却没有相应的救生船数量。不仅如此,船桥后原来的紧急摩托艇也被撤掉了。[①]

(3)应对举措

要保障海运出行安全,船舶的设计者、责任人、监督方一个都不能有疏漏。在设计过程中,设计师应根据实际情况,尊重科学规律,将船只的安全性放在首位,美观等其他要素次之;包括邮轮在内的所有航船的运营方理所应当严格按照国际法的标准对船只进行装备,不得随意进行改装,同时完善风险预备方案;船只的安全设施与逃生设备装载是重中之重,相关部门应对

---

① 新浪新闻中心. 2018-03-06. 新浪专稿:日媒晒韩国事故客轮擅自改装图. http://news.sina.com.cn/w/p/2014-04-17/230629957151.shtml

船只进行全面的检查，运营方则应该自查，从而填补安全漏洞。

船只内部人员的组成至关重要，船长和船员都需要有良好的素质和道德品质。非法船员的出现是对组织也是对出行人员生命安全的不尊重。组织应根据相关的法律规定，筛选合适的人选。另外，船只组织方除了向官方机构申报、公布己方信息，也应向出行人员公示交通设施的信息，使得出行人员能够公平选择，而不是被广告蒙蔽。

2. 出行人员

（1）重要问题

作为出行规划的一部分，出行人员在船舶的选择上必须谨慎，否则就会被虚假的广告词蒙蔽，进而上了"贼船"，最终因小失大。所以，出行者必然要进行自我教育。

（2）现实案例

2017年1月28日发生的马来西亚沉船事件再一次为人们敲响了旅游出行安全的警钟。当日清晨，导游带游客们来到马来西亚的丹容亚路码头，安排游客分批乘坐游船前往环滩岛观光。上船前，导游在登记游客信息时，只写了李峰一人，而没有登记其妻女。这也导致事后警方所了解的乘客数量少于实际数量。大部分游客都是第一次来沙巴州，没人知道他们登船的码头并不是游客码头，更没有人知道他们登上的这艘船是一艘不能用作游船的双体船。①

（3）应对举措

非法船只的安全性根本无法得到保障。在危机发生时，没有足够的安全救生用品，生还的可能性大大降低。因此，游客必须做好充分准备，了解关于旅游目的地以及交通工具的注意事项，即进行自我教育。自我教育的内容包括阅读相关的出行安全书籍，观看相关的展览、新闻报道等。对于各种途径获得的鱼龙混杂的信息，要仔细甄别和辨识，包括船只本身的基础信息、船只归属方的信息、船只的出发地和行船路线等。只有做好详细明确的攻

---

① 腾讯新闻. 2018-03-06. 中国游客在马来西亚遭遇船难3人罹难6人失踪. http://info.3g.qq.com/g/s?sid=&aid=jiangsu_ss&id=jiangsu_20170211011260

略，才能最大限度地降低出行危险系数。

另外，乘坐邮轮虽不必担心行李超重，但为了出行便利和安全，携带的物品应适量。除护照、船票、部分财物之外，可携带塑料袋，以备晕船时使用；由于船相较于其他交通工具速度较慢，长时间离岸，船上的医疗配备物质很有可能无法满足乘客的不同要求，因此，可以携带小型医疗箱；一般来说，船只本身都会有足够的救生浮具，但也可能有例外，因此，可以准备没有打气的救生圈或者救生衣作为备用。

（二）行程中

1. 船舶责任方

（1）重要问题

船舶在船只的航行过程中的安全问题同样需得到重视。只有使乘客们对船只有透彻的了解，才能够正确掌握逃生方法，以防万一；此外，海上危机发生后，船舶责任方是否能够辅助乘客逃生对乘客的生命安全至关重要。

（2）典型案例

在岁月号沉船事件中，岁月号船长似乎对疏散乘客这项义务犹豫不决，继而弃船逃生，置乘客于不顾。朴槿惠表示，将追究船长及船主的责任。

（3）应对举措

在所有人登船后，船员理应进行安全广播与教育，并且组织安全逃生演习，确保乘客熟知船上的安全设备和逃生通道，以及逃生用具的使用办法。海难发生后，船长和船员对船的结构十分了解，逃生成功率也是最高的，而乘客在事故发生后的心理状态变化较大，对于船的安全设备熟悉度也不及船长和船员，船员可以做的包括指引通道、指挥乘坐救生艇等，辅助乘客逃离既是法律义务也是道德义务。

2. 出行人员

（1）重要问题

海上安全事故发生后，如何在黄金时间内成功避险是一大难题。若不幸落海，寒冷的海水是对落水者的一大考验——因低温而死在遇难者中并非少数。大多数人掉入水中后因本能感到无比紧张、惊恐，持续扑腾呼救，导致体力和热量的大量散失，使得海难死亡率大大提高。要成功脱险，必须了解相关海上自救知识。

（2）典型案例

①露丝因在水中受冻时间过长，无法发声，她保持冷静，游到了原船员的尸体旁边，吹响了他的哨子，成功引起了回来营救的船员的注意。

②影片《少年派的奇幻漂流》中，少年派开始落入海中非常惊惶，后逐渐恢复平静，以平和的心态度过了海上漂流孤独的日子。

（3）应对举措

海难既已发生，相关人员应努力控制情绪。事故发生后，要注意调节自己的心态，很多人因为过于慌乱，求助无门或忘记了自己早已演练过的安全逃生法，酿成了悲剧。接着，抓紧时间，携带少量必要物品依照前期对船舶和海难紧急避险知识的了解展开逃生。检查个人携带物品是否有危险品，辅助安全逃生的物品是否齐备，确认使用方法。

落入海水中要保持体温，则须了解"HELP"姿势（Heat Escape Lessening Posture），即减少热量散失姿势。该姿势是将两腿弯曲，收拢于小腹下，两肘紧贴身旁夹紧，两臂交叉抱紧在救生衣胸前，仅有头部露出水面，以最大限度地减少暴露在冷水中的身体表面，降低体热散失速度。[①]

除维持体温之外，脱水是人在遭到海难后致死的重要原因之一。保有淡水、保持生命体征是在海上多日漂流还能活下去的重要条件。在海上淡水的获得较为困难，但影片《少年派的奇幻漂流》中，为海上获取淡水提供了简单的方法：利用光照和透明器皿即可将海水蒸馏，再凝结成淡水，饮用以维持生命。

---

① 海军论坛. 2018-02-26. 曾经的海员教你在海上怎样求生. http://bbs.tiexue.net/post_7091956_1.html

(三)行程结束后

1. 重要问题

系统性地考察事故发生的原因,这对未来的航船安全至关重要。轮船责任方主要应反省在技术和管理上的问题;同样是检查反省,出行人员应该从自己的出行准备开始整理自己在此次危机当中是否做得妥当。

2. 典型案例

> 影片中寻宝人员用先进技术模拟泰坦尼克号沉船过程,找出船只失事的原因,剖析船只设计的不科学,生动地呈现了泰坦尼克号隔水板的设置高度问题,为后来的船舶设计敲响警钟。

3. 应对举措

善后事务中,航运公司方面应通过媒体公开信息,包括船只基本信息、人员伤亡信息、问题调查报告信息等,这是对乘客及其家人、社会负责任的表现。安全物品是否配备,或者是否因为贪图便宜选择了不靠谱的航运公司,在危机中,是否按照安全指示进行逃生,或者是否在自己能力范围之内帮助了可以帮助的人等,这些问题则是乘客可以考虑的,作为船舶出行的经验教训。

影片《泰坦尼克号》的出发点虽然不是向公众揭示如何逃生、求助的问题,但是其中涉及的相关细节对乘客有一定的警示作用。获救者整理归纳所得的故事与经验,无疑值得有海外船舶出行意愿的人借鉴与参考,能有效提升事故发生后的生还率。

拓展材料

本部分材料紧扣海事遇险主题,主要讲述不同群体乘船外出遇到危机化险为夷的故事,其中如在海上获取淡水等相关经验极具价值,值得相关海事出行人员借鉴。

影像资料

[1]《少年派的奇幻漂流》(Life of Pi),美国,上映时间:2012年11月22

日（中国）

[2]《完美风暴》(The Perfect Storm)，美国，上映时间：2000年6月30日

[3]《极度深寒》(Deep Rising)，美国，上映时间：1998年1月30日

参考文献

[1] 陈玉. 我国境外旅游安全预警问题探讨. 长春教育学院学报，2011（11）：70—71.

[2] 戴林琳. 出境旅游中危机事件的影响分析及其应对策略. 旅游学刊，2011（9）：8—9.

[3] 马炎秋，余娅楠. 美国邮轮旅客保护立法动态研究. 中国海商法研究，2014（1）：95—99.

[4] 王崧，程爵浩. 我国邮轮经济发展存在的问题及对策研究. 对外经贸，2014（2）：67—68.

[5] 张向辉. 客船安全规则升级. 中国船检，2013（1）：22—23.

[6] Brent W. Ritchie. 2004. Chaos, crises and disasters: a strategic approach to crisis management in the tourism industry. Tourism Management, 6：669—683.

[7] Tim Dunne. 2001. New Thinking on International Society. British Journal of Politics and International Relations, 2：223—244.

第二章 《我们要活着回去》：空难后紧急避险与自救

孙珮琳[①]

摘要：案例选取电影《我们要活着回去》为研究对象。该影片由真实事件改编，主要讲述了1972年10月13日南美橄榄球队在安第斯山脉遭遇空难，幸存者六十多天自救后成功脱险的故事。案例旨在通过分析空难发生后，球队队员在极其艰苦的条件下自救成功的过程，为应对空难等突发灾难尤其是在恶劣天气条件下的紧急避险与自救提供参考方案和建议。

关键词：航空灾难；紧急避险；自救；人性信仰

一、案例正文

（一）影片概况

表 5-2-1　　　　　影片《我们要活着回去》基本信息

电影名称	我们要活着回去
英文名称	Alive
影片类型	动作，剧情，惊悚，冒险
影片时长	127 分钟
首映时间	1993 年 4 月 1 日（美国）
导演	弗兰克·马歇尔
主演	伊桑·霍克，文森特·斯帕诺，约什·汉密尔顿等

[①] 孙珮琳，女，四川外国语大学国际关系学院。

（二）主要人物

表 5-2-2　　　　　　　影片《我们要活着回去》人物简介

人物名称	简介
安东尼	橄榄球队队长，在前期自救过程中担任队伍的领导者身份。
卡尼沙	橄榄球队队员，医学院学生，在后来的自救过程中发挥重要作用。
南多	橄榄球队队员，提出用尸体果腹的以求生存的想法。
腓力比	橄榄球队队员，坚强乐观，但最终因为伤势过重而去世。
丁叮	橄榄球队队员，沉默寡言，不畏艰险寻找前往智利的道路。
洛伊	橄榄球队队员，性格胆小。

资料来源：笔者自制。

（三）剧情聚焦

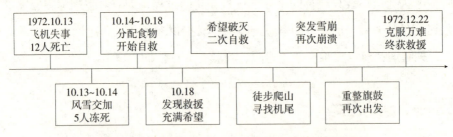

图 5-2-1　影片《我们要活着回去》基本情节梳理

资料来源：笔者自制。

1. 团队出征，突发灾难

1972 年，一支南美洲的橄榄球队乘坐富尔莎号 571 飞机越过安第斯山脉前往邻国智利比赛。由于飞机穿过恶劣的气候带时强烈颠簸，飞行高度严重低于正常范围。机长试图用最大动力使飞机上升，但受强大的气流阻力影响，飞机无法上升，只能在安第斯山脉中飞行。

2. 全力自救，以求生存

由于飞机在山脉中飞行，随后灾难发生了。起初，机尾与山脉相撞，脱离机身；接着，机舱尾部的乘客被强大的暴风雪气流冲出机舱；最后，机首和机舱前半部分在被雪覆盖的山地上被迫停下。许多人当场死亡，但是幸存者立刻镇静下来，开始自救。卡尼沙试图与机长沟通，用无线电与圣地亚哥取得联系，但是无线电损坏。天气恶劣，队员们使用飞机上配有的消防设施（消防锤）清理客舱；将飞机座椅椅套拆下，作为保暖用品；并用行李箱和座椅将残存的机身堵住。他们将遇难的人排放在雪地上，并为他们祈祷；又从行李箱中将剩余的食物集中，定量配给幸存的27个人。

直至第五天早晨，幸存者们两次发现了救援队的飞机，本以为他们即将获救，因此，部分幸存者都私下瓜分了所有剩余的食物。然而，通过收音机，幸存者们得知救援队并未发现他们的位置，并且政府已经放弃搜索行动。失望过后，众人继续自救。他们开始每晚念玫瑰经，寻求心灵安慰，祈求上帝来救他们；同时，暂且将信仰搁置一旁，食逝者尸体果腹。亚勃多发现地图，确定求生路线，西面就是智利，越过雪山即可获救。

3. 重拾希望，抗争自然

第一支搜寻机尾的小分队由三人组成，经过一天一夜，他们在第二天早晨寻找到了飞机残骸和三个失踪的人，并且安全返回机舱。因此，卡尼沙提议再次派出一组人，去附近寻找机尾。

当天晚上发生雪崩，八个人身亡。第二天太阳出来后，大家继续齐心协力清理机舱外的积雪，将在雪崩中丧失的人就地掩埋后，第二支队伍也出发寻找机尾。功夫不负有心人，他们在距离机舱三小时路程的地方找到了机尾。然而无线电报机损坏，无法发出消息。因此，南多决定根据地图走到智利。被困两个月，大多数人的精神已经崩溃，卡尼沙本认为天气并未正常回暖，此刻出发仍然不能保证安全，但又一位队员的去世刺激了他，最终决定和南多、丁叮立刻启程，寻找前往智利的路。在寻路过程中，三人历经艰难险阻，丁叮中途放弃，卡尼沙和南多继续前行。

4. 征服自然，人定胜天

卡尼沙与南多最终走出雪山，寻找到有水源和人迹的地方。并最终到达智利境内，带来两架直升机前往机舱处，最终所有的幸存者获救。

二、案例分析

（一）物理自救

1. 剧情回顾

空难发生后，乘客的身体都受到了不同程度的创伤，尤其是在极度寒冷的雪山中，不仅难以维持自身生理机能正常，更无法避免伤口恶化。机智的橄榄球队队员们，通过自己的知识和常识储备开展自救：对伤员的伤口进行包扎处理；将飞机座椅椅套拆下，作为保暖用品等，都为其自救成功做了充分的准备。

2. 理论要点

空难，是飞机等在飞行中发生故障、遭遇自然灾害或其他意外事故所造成的灾难，指由于不可抗拒的原因或人为因素造成的飞机失事，并由此带来的灾难性的人员伤亡和财产损失。自救就是在一个危险环境中，没有他人的帮助扶持下，靠自己的力量脱离险境。发生空难后，在存在幸存者的情况下，首先要进行自救。

3. 理论分析

空难一旦发生，对乘客的生理和心理一定会造成极大的伤害，但首先应该对乘客的生理创伤进行救治。空难发生后，原本置于乘客们头顶的行李箱由于极大的外力从上方坠落，撞击乘客的头部和身体；飞机座椅由于惯性，卡住了乘客的肢体；甚至有部分金属的飞机零件，直接穿透乘客的内脏。如此恶劣的情形下，橄榄球队队员可以克服恐慌、寒冷以及失去亲人的悲痛，立刻对幸存者进行救援，并利用一切可以使用的物资进行保暖，可以算是空难中物理自救的典范。

（二）精神信仰

1. 剧情回顾

被困雪山后，众人们曾经想象过自己回归正常生活的情形，以此来求得心理慰藉。不仅如此，在被困数天后，众人经历山中雪崩，幸存者们开始每天念玫瑰经祈祷，不仅祈求自身生命可以得到延续，更是为在雪山间搜寻的队伍祈祷。

2. 理论要点

1944 年 12 月 7 日通过的《国际民用航空公约》[①]（又称《芝加哥公约》）中第二十五条便是众人心里慰藉得以成真的保障。该公约规定：缔约各国承允对在其领土内遇险的航空器，在其认为可行的情况下，采取援助措施，并在本国当局管制下准许该航空器所有人或该航空器登记国的当局采取情况所需的援助措施。富尔莎号上的所有幸存者，最后由智利全部救出，重获新生。

3. 理论分析

众人曾经在最艰难的时候想象回归正常生活的情形，因为他们必须时刻怀抱希望，依靠信念过活。他们始终坚信，搜寻队一定可以找到他们，即使他们身处他国的雪山之中。心灵依托不仅止于此，对于不同信仰的人来说，宗教在危机时刻更是发挥着不可替代的作用。众人在雪崩发生时、小分队离开飞机残骸寻找出路时，每天都定时背诵玫瑰经文，获得心理慰藉以坚定存活的信念。

（三）团队意识

1. 剧情回顾

橄榄球队队长实际上是所有幸存乘客心中的精神领袖。灾难发生以后，他果断团结所有人展开自救。然而在自救过程中仍然有人违背集体默认准则，瓜分剩余食物，导致食物紧缺，幸存者在雪地中的生存条件越发艰难。

2. 理论要点

集体，是一种组织形式团体，拥有一定的活动范围，共同的经济基础、思想基础、政治目的和共同的社会利益。空难发生后，所有采取自救措施的幸存者可视作一个集体。他们在飞机失事地点活动，他们的共同利益是为了

[①] 中国民用航空局. 2018-4-8. 国际民用航空公约. http://www.caac.gov.cn/XXGK/XXGK/GJGY/201510/t20151029_9002.html

生命的延续。

3. 理论分析

空难等大型灾难发生后，集体自救的能力应该是远远大于个人自救的。法国著名文学家巴尔扎克曾经说过：单独一个人可能灭亡的地方，两个人在一起可能得救。这句话尤其适用于灾难。飞机在雪山坠机，众人存活的概率因为集体的共同努力而提升，其中功不可没的要数包括橄榄球队队长在内的几位领导者。他们收集食物、按量配给，不畏伤痛、积极救人，根据地图，寻找出路，为整个团队最终的幸存贡献出自己的知识和力量。

（四）人性矛盾

1. 剧情回顾

当球队缺乏食物时，南多提议以逝者的尸体果腹，保持体力以寻找出路。幸存者中很多人信仰基督教，认为这种做法有违上帝的教义，开始不仅拒绝这种提议，并且对南多产生厌弃。但当卡尼沙带头从逝者身上第一次割下肉时，大多数人由于求生的本能，也逐渐接受并效仿了这种做法。

2. 理论要点

人性，即人的本性。人的本性就是避苦求乐，受功利主义影响，追求功利就是追求幸福，对于个人来讲，追求的目标就是追求自身的最大幸福，而对于社会来说，目标是追求最大多数人的最大幸福，由此可见，功利主义与紧急避险制度具有天生的适应性，符合功利主义的道德要求。

3. 理论分析

在冰天雪地之中，虽然大多数队员及其亲属都是有信仰的，但是他们最终都选择为了存活食用去世的人的遗体。这并不是对逝者的玷污，也不是惨无人性的做法，这是在生命的紧急关头所做的正确的选择。生命是世界上最珍贵而伟大的东西，不管人是否有信仰，首要的应该是保护好自己的生命。在绝境中求生存，甚至大家相约如果有人不能活下去，对方可以食用他的身体。他们不是为了自己的私利，而是对伟大人性的最好展示。

三、现实应用

(一) 个人自救

1. 重要问题

飞机失事后,救援力量无法及时到达,此时所有的幸存者不能坐以待毙,及时开展自救活动是提高存活率的保障,因此掌握必要的自救技能必不可少。

2. 典型案例

> 当地时间 2015 年 1 月 2 日,美国肯塔基州一架小型飞机发生坠毁事故,造成包括飞行员在内的 4 人遇难。然而一名 7 岁小女孩大难不死,穿着短袖衬衫和短裤在冬季寒冷的黑夜里光脚行走约 1.6 千米,穿过两处堤坝、一座山、一处河床,终于到达一户居民家里获得救助。[①]

3. 应对措施

这个年仅 7 岁的小女孩使用的一些求生技能,是在这场空难中死去的父亲此前教给她的,让她带伤能够行走约 1.6 千米,穿过密林寻到帮助。她用飞机坠毁后燃烧的机翼,点燃树枝,来帮助她照亮密林的道路;尽管一直在流血,但她依靠自己的力量横渡一条约 3.6 米深的溪流。这个真实案例给我们启示,虽然空难发生的概率极其微小,但是乘机前了解一些必要的逃生常识是非常必要的。

①飞机基本常识。要想成功自救,首先必须了解飞机上有哪些救生设施。

救生艇:平时被折叠包装好存储在机舱顶部的天花板内,飞机迫降水面时即可使用。

应急滑梯:每个应急出口和机舱门都备有应急滑梯,需要使用时,应急滑梯自动充气鼓胀。

氧气面罩:每个座位上方都有一个氧气面罩存储箱,当舱内气压降低到海拔高度 4000 米气压值时,氧气面罩便会自动脱落,只要拉下戴好即可。

---

① 环球网. 2015-01-05. 美国肯塔基州飞机失事 7 岁小女孩靠意志存活. http://world.huanqiu.com/hot/2015-01/5341161.html

救生衣：救生衣放在每个旅客的座椅下，飞机在水面迫降后穿上。

应急出口：一般在机身的前、中、后段，有提醒的标志，每个出口都有应急滑梯和绳索。

灭火设备：所有民航客机上都有各种灭火设备，例如干粉灭火器、水灭火器等。

②急救用品。急救用品在灾难发生时发挥着巨大的作用，因此日常飞行中，准备好完备的急救包重要性不可小觑。应急包是由从国外传入中国的，发达国家用来应对各种灾难的工具集合，一般是把应对灾难的小工具装进一个包里，称为应急包。应急包是在预防地震、海啸、泥石流、台风等自然灾害发生时以及灾害发生后，提供用于维持生命的食品、水、急救用品及简单的生活和自救互救必需品的应急包。

FAA（Federal Aviation Administration）要求每一架 7500 磅荷载的飞机上，甚至包含仅有一名空乘人员的飞机，其空乘人员要经过 BLS（basic life support）培训，熟练使用 AED（Automated External Defibrillator），每两年参加 BLS 复训。所有航班飞行员必须接受 AED 使用培训。因为急救志愿者医生不太可能在飞机上应对突发事件时得到 ACLS（Advanced Cardiovascular Life Support）等急救用品，基于美国航天医学会的航空医学转运协会建议，大多数美国国内航线按照以下准则配置急救包，但这并非国际通用准则。

表 5-2-3 　　　　　　　　美国航班急救包物资清单[①]

所需药品	急救用品
1:1000 肾上腺素注射液	消毒湿巾
盐酸异丙嗪注射液	止血带
葡萄糖注射液 50% 或替代品	粘性胶带
硝酸甘油片剂或喷剂	海绵纱布
强效镇痛药物	外科手套

① 梅斯医学. 2016-7-23. 解密美国航班急救包. http://www.medsci.cn/article/show_article.do?id=d686e 35628b

续表

所需药品	急救用品
镇静抗惊厥针剂	闪光手电和电池
止吐药物	非接触式体温计
生理盐水	听诊器
口服乙酰水杨酸类	血压计
口服 b 受体阻滞剂	气道配件：口咽通气道
1:10000 肾上腺素针剂	注射器

资料来源：笔者自制。

③紧急应对措施：

飞机坠落的命运如果已经无法更改，需提前记住坠机后的逃生动作。

落地之前，做好防冲击姿势：

飞机坠落时，会产生巨大的冲击力，应当提前做好准备姿势：小腿尽量向后收，超过膝盖垂线之内；头部向前倾，尽量贴近膝盖。

迅速褪去身上的尖、硬物品：

应迅速将眼镜、高跟鞋等褪去，防止落地时戳伤自己。当逃离机舱时，这些物品也可能会戳破逃生滑梯，影响逃生速度。

舱内着火，迅速爬向"上风口"：

当飞机坠落后，机舱内充满刺激烟雾时，应立即以爬行姿势向"上风口"移动，那里往往是出口。记住，尽量在 200 秒内逃出机舱。

根据红色指示灯逃生：

记住，飞机上的红色灯是指示逃生舱门位置的，并非火警报警灯。当舱内视野较差时，应向指示灯方向移动。

采取正确的跳滑梯姿势：

从滑梯撤离，应双臂平举，轻握拳头，或双手交叉抱臂，从舱内跳出落在梯内时手臂的位置不变，双腿及后脚跟紧贴梯面，收腹弯腰直到滑到梯底，迅速离开。

（二）雪崩应对

1. 重要问题

身处雪山中，气候常常多变，遇到雪崩的情况时常发生。并且，雪崩险情无法通过及时预测告知身处雪山之中的人。因此，如何在雪崩时应对和生存，值得每一个人，尤其是酷爱旅游、登山等极限挑战者引起重视。

2. 典型案例

2017年10月22日，蒙古国一支27人组成的登山队未经许可擅自于当地时间21日上午开始攀登鄂特冈腾格里山峰，在返回驻地途中遭遇雪崩，其中17人失踪。当地紧急情况部门和警察部门立即启动救援行动搜寻失踪人员。当地时间25日10时至11时，救援人员在鄂特冈腾格里山上找到最后3名遇难者的遗体。

3. 应对措施

由于乘客或游客面临雪崩的概率很小，但是一旦碰上，切记一点，必须马上远离雪崩的路线。人们出于本能，在冰雪下落时会向山下奔跑。然而冰雪也会向山下崩落，并且时速高达200公里，向下奔跑极有可能造成被冰雪掩埋的后果，向旁边跑较为安全，这样可以避开雪崩，或者能跑到较高的地方。抛弃身上所有笨重物件，若带着这些物件，陷在雪中，活动起来会显得更加困难。切勿滑雪逃生。不过，如处于雪崩路线的边缘，则可疾驶逃出险境。但是如果逃生速度不及雪崩速度，就无法摆脱。切记闭口屏息，以免冰雪涌入咽喉和肺部引致窒息。抓紧山坡旁任何稳固的东西，如矗立的岩石之类。即使有一阵子陷入其中，但冰雪终究会泻完，那时便可脱险了。如果冲下山坡，要尽力爬上雪堆表面，同时以俯泳、仰泳或狗爬法逆流而上，逃向雪流的边缘。逆流而上时，要用双手挡住石头和冰块，但一定要设法爬上雪堆表面。

（三）集体自救

1. 重要问题

一个集体必须有一个或多个领导者，缺乏领导的集体就如一盘散沙，无法聚集力量实施自救行动。领导核心人物必须拥有强大的影响力和号召力。

2. 应对措施

灾难发生后，人们大多处于恐慌之中，不知所措，有的人甚至会选择轻生。此刻领导必须依靠自身的影响力，在行动上指挥集体中的其他成员，在精神上鼓励安抚他们，使绝大多数幸存者都能保持乐观，为他们树立起求生的希望。其次，领导核心人物若具备专业的素质和能力，则更能带动整个集体的自救行动。

除了集体中领导者发挥作用，集体中的每一个个体也应该遵守共同准则。集体中的每一个个人都应在危难时刻遵守彼此间的共同准则，所谓有难同当，所有人必须按照领导者的要求，合理分配食物、衣服等自救用品，对于伤势较重的成员给予的特殊关怀，不能被违背。同时，因为求生欲而发生的伤害他人以求自保的行为不仅令人唾弃，也不会为自身带来实质性的利益。

（四）机组危机应对

1. 重要问题

无论是由于天气、飞行环境等客观因素，还是机组成员疏忽所导致的空难，机组所有成员必须在灾难发生后发挥关键作用。不仅是因为机组成员掌握较为专业的救援知识，更是为了乘客的生命负责。

2. 典型案例

（1）2009年1月15日，全美航空1549号班机从纽约拉瓜迪亚机场到北卡罗来纳州的夏洛特，再飞往西雅图的每日航班，起飞后六分钟，因为飞机于爬升期间遇上一群加拿大黑雁，引擎可能吸入数只这类候鸟，结果飞机承受不了这庞大撞击力而停止运作，在纽约哈德逊河紧急迫降，机上所有人员全部生还。

（2）韩亚航空214号班机空难是于2013年7月6日发生的一起航空事故，韩亚航空波音班机由韩国仁川国际机场起飞，在预定目的地美国旧金山国际机场降落时坠毁，3人死亡，其中包括两名中国乘客。客机坠毁后的视频显示当时场面混乱，中国女孩叶梦圆最初还活着，但不幸被消防车碾轧致死。①

3. 应对措施

案例一中的成功迫降经验，让人将视野转向全美航空1549号航班的机长，曾有在美国空军驾驶F-4"鬼怪"战机的经验。他亦曾多次参与美国国家运输安全委员会协助调查飞机失事事故，并在加州大学伯克利分校任教，研究灾难危机管理。而危机管理意识应该是每一位机长以及其他机组人员所应该具备的。

紧急情况发生后，首先需要稳定乘客情绪，立刻指导乘客实施自救措施；其次，通过相应的通信设备向航站楼发出信号求救；若引擎或通信设备都遭到损坏，飞行员必须通过自身学习的专业应对知识以及常识应对，尽量保证机上所有人员的生命安全。

案例二的启示是救援人员在空难发生后的救援过程中一定要做到井然有序。首要任务是营救幸存者，基本的救援方法已在上文提及，专业的救援方法消防人员、医疗人员也必然熟练掌握。在救援现场，救援人员必须将平日训练所掌握的专业技能以及理论知识，与现场的情况相结合，制订出合理高效的救援方案。若出现因为救援情况混乱而导致幸存者死亡的，则是空难后更大的灾难，救援人员应该承担此责任。其次，必须根据航空公司的乘客名单，核对幸存者与不幸逝世者，以便确认是否存在失踪人员。同时需将统计名单传达给政府以及官方媒体，既可以缓解大众以及乘客家属的紧张心情，又可以展现救援的效率，提高政府威信。最后，每一次空难救援后必须进行

---

① 环球网. 2015-03-26. 牢记：万一发生空难了该怎么办？空难事故守则. http://mil.huanqiu.com/aerospace/2015-03/6014649.html

总结，根据每一次空难、遇难者、幸存者的不同特征，总结相关救援经验，同时对于救援过程中的疏忽必须引起重视，避免下一次救援中再次出错。

拓展材料

本部分材料紧扣空难主题，从多国发生的空难中总结经验、汇总应急措施，为现实生活中空难的应对提供借鉴。

书籍

[1] Piers Paul Read, 1974, Alive: The Story of The Andes Survivors. Piers Paul Read.

[2]《时刻关注》编委会. 世界空难纪实. 北京：中国铁道出版社，2015.

[3] 杨早. 惊天恸地：世界大空难秘闻. 黑龙江：黑龙江华文悦读荟数字出版有限公司，2013.

影像资料

[1]《九霄惊魂》(Miracle Landing)，美国，1990

[2]《南极之恋》，中国，2018

参考文献

[1] 睢密太，张建新. 空难发生地高中生焦虑性心理应激的影响因素. 心理科学,, 2007, 30（4）：961—963.

[2] 张丽萍，王雪艳. 灾难心理学研究现状与思考. 天津中医药大学学报，2009, 28（4）：218—219.

[3] EuisinKim, Mooweon Rhee. 2017. How airlines learn from airline accidents: An empirical study of how attributed errors and performance feedback affect learning from failure. Journal of Air Transport Management, 135—143.

第三章 《海啸奇迹》：海啸避险

赵赟飞[①]

摘要： 案例以影片《海啸奇迹》为研究对象。本片根据2004年印度洋大海啸中发生的真实事件改编，讲述了到泰国欢度圣诞节假期的一家五口意外遭遇海啸而失散，但他们没有轻言放弃，抓住生机，最终阖家团聚的故事。案例旨在展现海外游客遭遇海啸的经历与措施，为海外人员尤其是海外游客的紧急避险提供参考和建议。

关键词： 印度洋海啸；自然灾害；海外旅游；紧急避险

一、案例正文

（一）影片概况

表 5-3-1 《海啸奇迹》基本信息

中文名	海啸奇迹，惊天巨啸
外文名	Lo Imposible
片长	114 分钟
上映时间	2012 年 10 月 11 日（西班牙）
影片类型	剧情，家庭，灾难
导演	胡安·安东尼奥·巴亚纳
编剧	塞尔希奥·G. 桑切斯
主演	伊万·麦克格雷格，娜奥米·沃茨，汤姆·赫兰德，杰拉丁·卓别林，塞缪尔·乔斯林

---

① 赵赟飞，女，四川外国语大学国际关系学院。

（二）主要人物

表 5-3-2　　　　　　　　　　　影片《海啸奇迹》主要人物

人物	简介
亨利	丈夫，日本某公司工程师；海啸后，成功找到二儿子和小儿子；后寻遍泰国的医院与收容所，最终与妻子和大儿子团聚
玛利亚	妻子，曾是医生；海啸中因水中硬物撞击，伤势严重，被送往医院，最终被转移到新加坡完成后续治疗
卢卡斯	大儿子；海啸后在医院帮助陌生人寻找失散的亲戚亲人
托马斯	二儿子；海啸后受父亲嘱托照顾弟弟，安抚其情绪
西蒙	小儿子；海啸后，在医院听到卢卡斯的喊叫，从而阖家团聚

资料来源：笔者自制。

（三）聚焦剧情

1. 碧海蓝天，美好假日

来自西班牙的亨利、玛利亚夫妇举家五口来到泰国普吉岛度假，他们意外住进了海景视野绝佳、离海滩极近的寇立兰花海滩度假村，享受美好的圣诞假期。

2. 海啸突袭，亲人离散

这天，一家人正在海滩边的泳池嬉戏玩耍，霎时，一阵妖风突然袭来，成群的鸟儿惊起飞走，游客们意识到了异常，便向大海看去——只见惊涛巨浪向他们所在的地方袭来。是海啸！来不及反应，海浪就淹没了所有。惊惶中，玛利亚抱住了身边的树，心中悲痛万分。忽然，她听到大儿子卢卡斯的呼叫，为保护儿子，她放开树干，随浪漂流，想与儿子会合。然而水流速极快，玛利亚根本无法控制游动方向。不仅如此，水中裹挟的大量垃圾，冲击了玛利亚，她的胸口和腿受到重创。直到水速变缓，两人才终于会合。

浪潮逐渐褪去，玛利亚和卢卡斯走上了岸。玛利亚的伤口血流不止，受条件所限，她用草包扎了腿部的伤口，而后与儿子爬上了一棵树等待救援。

3. 伤情危机，医院救治

良久，当地的村民前来救援，将他们送到了医院。海啸过后，医院内环境非常复杂。无数的伤员被送进医院,但由于人手和场所紧缺,许多病患只能躺在大厅。玛利亚知道医院正面临着很多问题,医务人员顾不上帮失散的人们团聚,于是劝说卢卡斯去帮助失散的人找回亲人。卢卡斯将失散人们的名字记在一个笔记本上,穿梭在各个病房寻找这些人。可当卢卡斯成功帮一对瑞典父子团聚回到玛利亚的病房时,却发现她不见了。卢卡斯情绪激动,一位懂英语的护士带走了卢卡斯,询问他简单的背景信息后将他留在了失散儿童营中。直到夜晚,护士带来了好消息,卢卡斯成功与刚做完胸部手术的玛利亚团聚。

4. 命运眷顾,阖家团聚

劫后余生的丈夫亨利成功与躲在棕榈树上的二儿子托马斯与小儿子西蒙集合。由于担心妻子和大儿子的状况,亨利劝说两个儿子先行乘坐前往山区避难的卡车离开,自己继续寻找玛利亚和卢卡斯。寻觅无果,亨利也被带到了安全的地方。亨利与同样在灾难中和亲人失散的人们互诉衷肠,并约定共同寻找家人。他们罗列了当地各个收容所和医院的名称和位置,逐一寻找,终于排查到了玛利亚所在的医院。在医院的走廊里,卢卡斯认出了正要离开的父亲的背影。他冲到医院门口,意外与搭载卡车转移的弟弟们相遇,亨利循声赶来,卢卡斯带他们前往玛利亚所在的病房,一家人终于团聚。

5. 尘埃落定,乘机离去

玛利亚在泰国的手术完成后,保险公司的负责人安排他们全家前往新加坡,让玛利亚进行进一步治疗。因为不放弃希望,一家人在海啸中奇迹般地抓紧了彼此,成功团聚。

二、案例分析

(一)海啸发生前

1. 剧情回顾

(1)圣诞节假期,玛利亚一家选择到泰国度假。抵达住所时,却发现原先预订的三层海景房被换成了兰花海滩度假村中的一幢临海别墅。

（2）玛利亚一家正在海滩旁的泳池玩耍，突然袭来一阵异常的风，紧接着栖息在椰树上的鸟惊起飞走，迟疑片刻转头看向大海时才发现，一道白色的水墙正在向他们逼近。

2. 理论要点

海啸是由海底地震、火山爆发等变化引起的自然灾害。也就是说，在海啸发生前其他的自然变化就已发生，这些变化都具有明显的特征，仔细观察即有很大的概率逃出生天；低洼地区极容易被海啸席卷，因而海啸来临前或来临时应尽快向安全高处转移。

3. 理论分析

海啸来临时需要向高处移动是一个常识。如果选择的住所海拔较高，则逃生的时间相对较长，逃生成功的可能性也较大。玛利亚一家最初在预订时选择的是三层海景房，但却因为一些程序上的错误被换成了新的度假村中的临海别墅。这实际上增加了居住地的危险性和逃生的难度。如果他们在发现自己预订的住所被更换时提出异议，后续的逃生情况将会有很大的不同。

海啸前的一些征兆可以被人或者动物感知。玛利亚一家在准备度假时显然对海啸没有进行系统的了解，虽然已经觉察到了海啸即将来临引发的异常现象，却"呆若木鸡"，没有迅速地撤离，加上危险来临预判的缺位，导致了其受灾的后果。

（二）海啸进行时

1. 剧情回顾

海啸突然袭来，玛利亚在紧紧抱住棕榈树之时，忽然听见大儿子卢卡斯的呼救声，为与之会合，她松开了手，想要游过去。但海浪的速度非常快，她根本无法控制自己的方向，反被浪中夹带的硬物、垃圾多次撞击，导致受伤；直到水流速度略有减慢，两人才成功游到一起，并抱住了横在水面上的树干，直到水面下降才上岸；另一边，丈夫亨利躲了起来，托马斯和西蒙待在两棵棕榈树顶上，海潮退去后，亨利出来找到了两个儿子，三人都成功存活下来。

2. 理论要点

海啸是一种破坏性极强的自然灾害，海啸发生后，应及时赶到附近的高地，占据"制高点"，若没有及时赶到高地，则应尽量抓住能固定自己的东西，切勿做出冲动的行为。

3. 理论分析

海啸发生后，玛利亚凭本能做出的自救举动，即抱住身边的棕榈树来固定自己是非常正确的举动，但是因为发现了大儿子的所在而"意气用事"——出于母亲的爱与关怀想要游去儿子的身边保护儿子。这种行为可以说是"勇气可嘉"，但也非常鲁莽。彼时，洪流的速度远远超过人的挥臂速度，有效移动尚且做不到，更不必说控制游动的方向了，这完全是自不量力的行为。不仅如此，巨大的浪潮席卷过人类活动地，特别是建筑物等，裹挟了大量的废料物质，其中包含许多尖锐的物质，即使并非尖锐的物质，由于快速的水流给予了大量的动能，人体与任何非微小型的物质的猛烈撞击都会给人体带来极大的伤害。玛利亚也确实由于自己莽撞的行为在洪流中受伤。正确的做法是，在海浪袭来时，要屏住呼吸，选择固定物固定住自己。当然，两人会合后，倚靠漂浮的树干等待灾难过去的行为，保存了体力，应该被学习和效仿。

相比玛利亚的鲁莽行为，二儿子和小儿子的避险方式显得更为明智，他们在海啸来临后及时躲到棕榈树上，棕榈树作为一种常见的热带植物，其抗风性较强，枝干也较为粗壮，是可以借助的避难物。待浪潮退去后，玛利亚的丈夫亨利找到他们，让他们下地，他们才从树上爬下来，等待救援人员将他们带到安全的高地带，这符合海啸发生时的自救逻辑。

（三）海啸结束后

1. 保持体力

（1）剧情回顾

①海啸过后，玛丽亚和卢卡斯上岸找到了一棵高大的树，打算在树上休

息并等待救援。卢卡斯在树下发现了一罐未开的可乐，将其带到了树上。卢卡斯、玛利亚和他们救下的孩子丹尼尔分享了这瓶可乐。

②玛利亚向隔壁床铺的陌生女士打招呼，并没有得到回应；直到陌生女士被推进手术室前，才开口与玛利亚讲述自己先前没有搭话的原因。

（2）理论要点

①脱水是指人体消耗大量水分，而不能即时补充，造成新陈代谢障碍的一种症状，严重时会造成虚脱，甚至有生命危险。

②说话作为人类的一种经常性活动，其耗费的体力实际上是较大的，人在说话时需要调动人体多处肌肉组织，并从心脏调用血液来供应这些肌肉运动之需，消耗大量的氧气，因此说话时血液中的氧含量会下降。①

（3）理论分析

虽然海啸主要的浪潮已经过去，但并不能够排除新一轮的灾害袭来的可能性。大部分海滨度假的地点大多和泰国一样，气候湿热，缺少可饮用水，灾后余生环境恶劣很有可能造成脱水。躲到树上减少太阳的直射，有利于减缓人体水分的散失速度。此时，选择较高处等待救援是一个明智的决定。海啸过后一片狼藉，他们很难找到安全洁净的水源，海水是不能够饮用的。罐装可乐虽然是捡到的，但并未开封，寻找其他的水源必然会耗费更多的体力，对接下来的求生是不利的。

医院里隔壁床的陌生女子在经历了灾难后身体虚弱，且医院物资紧缺，没有充足的营养补充品；而等待家人、能够撑过高强度的手术需要相对充足的体力，在此时进行大量的对话只会消耗大量的体力，并无更多的好处，对话激烈时甚至可能导致其他器官供氧不足。在没有稳定的补充能量源的情况下，陌生女子的"冷漠"是可以被理解的。

---

① 文库. 2018-03-06. 徒步中如何保存体力. http://wenku.todgo.com/renwensheke/88473375c9497.html

2. 伤情处理

（1）剧情回顾

①浪潮逐渐退去，玛利亚带着卢卡斯走上了岸。玛丽亚的大腿和胸部因为水中垃圾的冲击，受了严重的伤，流血不止。于是，她用草对大腿进行了包扎。

②医院里，玛利亚隔壁床的女士平躺在床上，突然有呕吐的症状，玛利亚让卢卡斯把她的头扭转向床的一边，让隔壁床女士在护士的帮助下呕吐。

（2）理论要点

①许多外伤会导致出血，而严重的伤势会引发速度失血，人体的血容量超越了自身的代偿功能时，就会导致失血性休克，致使器官衰竭，最终死亡。

②呕吐时保持平躺姿势容易导致呕吐物返流回气管，发生误吸，轻者造成吸入性肺炎，严重者可导致气管堵塞而窒息死亡。

（3）理论分析

玛利亚作为一名医生，非常清楚腿部和胸部的伤口如果不及时处理，自己很可能因失血过多引发休克、器官衰竭而死亡。加之在泰国这样气候湿热的地方，伤口很容易感染甚至溃烂，因此，她就地取材，选用了一种黑色的细长、韧性较好的草对大腿部位进行了常见的环形包扎法包扎。这样不仅有止血作用，更是保护伤口，以减少感染的可能性。

在医院中，病患们大多平躺在床上。海啸席卷后，受灾人员会因为被席卷时吞的一些麻绳、海草等杂质出现各种不适症状，呕吐就是其中之一。玛利亚让卢卡斯将病友翻身，使之呕吐物能够顺而排出，免去生命危险。

三、现实应用

（一）个人措施

1. 海啸发生前

（1）重要问题

海啸是一种突发性、即时性的灾害，一旦发生，带来的人员伤亡和经济损失是非常惨重的。但海啸的发生是有迹可循的，其伤害可以通过前期的准备降低。如影片所示，玛利亚一家住进了临海的别墅实属意外，并且在海啸来临前，玛利亚和其他游客都感受到了异常的大风和鸟儿转移现象。因而，如果在出行前掌握海啸的相关知识，就有很大可能在灾难来临前做出科学预判，从而避免受灾。

（2）典型案例

> 2004年12月，来自英国的蒂莉一家在普吉岛度假。蒂莉回忆，她当时看见海水在冒泡，泡沫发出咝咝声，就像煎锅一样。不仅如此，海水朝着饭店方向不断涌上来，不再退去，她知道这是海啸来临的迹象。蒂莉告诉了妈妈自己的判断，并冲海滩大吼，让游客们撤离海滩。由此，年仅10岁的蒂莉·史密斯充分利用在地理课上学到的知识，挽救了大约100名正在泰国一处海滩上的人，也使得该片区成为当时伤亡最少的区域之一。[①]

（3）应对举措

一方面，住处问题上，游客应尽量选择地势较高的住处；另一方面，游客应事先了解和学习海啸。一般来说，海啸来临前夕将会有以下征兆：

①海水异常暴涨或暴退；

②浅海区的海面会变成白色，并出现水墙；

③许多动物，如鱼、大象、鹿等，在海啸前夕会有异常表现，如很多鱼会跃出水面；

④海啸波峰下的低点通常会先于狂潮首先到达海岸，引起真空效应，将沿海的水吸入并暴露出海底，即海水的快速倒退，这是海啸的重要警示信号，因为这种现象通常发生在海啸发生的五分钟前。[②]

---

① 搜狐新闻. 2018-01-26. 独家解读：海啸来临时如何逃生. http://news.sohu.com/20140402/n397640570.shtml；国家气象网. 2018-01-26. 新华时评：防灾避险要弥补薄弱环节. http://www.cma.gov.cn/2011xwzx/2011xmtjj/201110/t20111026_121891.html

② 国家地理网. 2018-01-25. 国家地理网：Tsunamis. https://www.nationalgeographic.com/nvironment/natural-disasters/tsunamis/

通过这些预兆，游客可以判断是否有海啸将要来到，以便采取相应的逃生措施。

2. 海啸发生时

（1）紧急避险

海啸的速度达几百公里每小时，当海啸已经袭来，人不可能跑得过它；若不幸身陷海啸落入水中，掌握相关的避险措施也有可能逃出生天。

（2）典型案例

①我国某著名影星曾亲历印度洋海啸。当时其举家在马尔代夫度假，海啸发生后，海水漫进酒店，他的脚不慎被房内浮起的陈设撞到。但情况危急，他拼命朝山上狂奔。十几分钟后，他成功与女儿和保姆会合。

②2008年，一英国游客见证了海啸将东西掀翻的恐怖场景。他住在一间近海的旅馆，海水逐渐蔓延进入房间，狠命踹门无果，转而踢碎窗户成功出逃，游向了一棵椰树。抱住椰树后他回头发现，房屋已经被冲远。在海啸中寻找固定物这一方法是经过多次验证的有效方法。加勒地区发生海啸后，许多人抱住椰子树或被卡在椰子树间才得以幸存。①

（3）应对举措

海啸来袭时的主要逃生措施如下：

①尽可能向最近的高地移动；

②若找不到高地或者已经被水包围，则尽量抓紧身边能固定自己的东西，如树等，不要随波漂流；

③若不幸落水随波漂流，则应尽量抓住漂浮物，不要挣扎或做出其他无谓的举动，尽量保持漂浮在水面上；

④不要游泳、拼命喊叫或进行其他的过激行为，保持体力，防止热量散失。

⑤不要饮用海水，海水含盐量过高，将会加快人体脱水，导致死亡。

---

① 互动百科. 2018-03-01. 逃生：从灌满水的屋中逃生如何寻找呼吸的缝隙? http://moriyuyan.baike.com/article-42468.html

3. 海啸结束后

（1）重要问题

海潮退去后，在紧急救援还未抵达这一段时间，游客同样应该采取一系列措施，一方面是为了防止海啸再次来袭造成伤害，同时对伤情（如有受伤）进行紧急处理；另一方面则是寻找失散的亲属等。

（2）典型案例

> 泰国曼谷8·17炸弹袭击事件发生后，志愿者现身各家医院，他们都是普通人，从网上得到消息，响应号召，很快便建立了微信群，以及时沟通联系。①

（3）应对举措

就像影片中卢卡斯帮助医院里失散的人们寻找自己的家属一样，普通人群也可以有所作为。海啸结束的一段时间内，首先应该采取相关紧急措施，以确保个人所处环境的安全。具体措施如下：

①向高处转移，防止海啸再次发生带来伤害；

②寻找淡水补充水分，避免阳光暴晒，并减少不必要的活动以保持体能，减少水分散失；

③如果受伤，则就地取材，采取包扎、止血等紧急措施，防止伤口感染或伤情快速恶化。

另外，个人在处理完伤情等问题后，可以在能力所及范围内帮助他人。海啸导致许多人员的离散，个人可以建立联系网络来帮助自己和他人与亲人团聚。

利用发达的信息技术建立流动性极强的信息集中站，通过QQ、微信、微博等常用的通信平台发布消息并大范围扩散，建立寻人网络，寻找相关人员，这比传统的方式更加便捷高效。

---

① 时云. 为民服务永无止境——亲历"8·17"曼谷爆炸案. 见：祖国在你身后编委会. 祖国在你身后. 江苏：江苏人民出版社，2016，113.

（二）相关部门措施

海啸伤亡惨重，政府难辞其咎。虽然在影片中相关部门无迹可寻，但是在现实中，相关部门必须承担起责任。

1. 海啸避险教育

（1）重要问题

海啸作为一种有明显的特殊性的灾害，逃生技巧与其他灾害不尽相同。如果在日常教育中接受相关的灾难预警教育，对减少损失大有裨益。

（2）典型案例

> 2011年日本地震发生后，附近的学校由于临近海边预计35分钟后就会被席卷，老师们都认为孩子们很有可能无法逃脱。但令人惊讶的是，孩子们奇迹般的存活了下来。有人认为，由于从小接受海啸方面的教育，孩子们有较强的防灾意识和技能，不仅自己死里逃生，也帮助了周边学校的学生和大人们一起逃生。[1]

（3）应对举措

得益于政府的重视和学校单位的严格执行，防灾减灾教育在日本被落实得很好。可见，在成功的教育理念和观念的灌输下，即便年纪尚幼，也能成功避险。因此，相关部门应重视海啸等重大灾害逃生教育，颁布法律、展开演练等，为人们敲响警钟，诸如在海潮中随意漂流而被废物击伤等因不了解海啸知识而受伤、死亡的情况发生率可得到降低，增加受灾人群的存活率。

2. 监测与救助

（1）重要问题

海底发生地震后，距离海啸发生还有一定的时间。在这段时间内，国家相关部门能否发布有效的警告，对人员伤亡的严重程度有很大的影响；灾害过后，相关部门的快速反应和完善的应对举措同样是降低伤亡的关键。

---

[1] 皮磊. 2018-03-01. 搜狐教育：184名孩子在特大海啸中成功逃生，听听亲历者怎么说. https://www.sohu.com/a/163229245_648461

（2）典型案例

> 据泰国《国家报》报道，印度洋海啸发生前，泰国气象部有45分钟时间对海底地震进行分析并决定是否发出海啸警报。由于印度洋已有数十年未发生海啸，同时担心如果发出警报后未发生海啸可能影响旅游业，导致其最后决定不发出警报。另外，目前国际社会没有一个针对印度洋沿岸的海啸预警中心。当时发生的强烈地震虽被地震台网监测到，但由于海啸波监测装置的缺失，海啸的发生和运行方向无法及时探测，从而无法及时预警。[①]

（3）应对举措

天灾不可避免，但是人可以用相关办法监测天灾的"路径"。国内方面，拥有着气象监测和信息传达能力的官方部门应当对所有人的生命负责，必须树立起防灾的意识和态度，不可儿戏，运用相关渠道，尽可能通知更多的人撤离。国际方面，世界各国应携手合作，对重大气象灾害展开合作预防，建立技术、救援等方面的联合小组。在海啸、地震上预警系统建立颇有成效的国家对相关技术水平较落后的国家实施帮助，不仅是承担国际责任的一种表现，也是对本国游客生命安全的一种保障。

灾后，相关部门应立即采取救助手段，以最大限度地减少人员伤亡。本文所指的救助主要指代以医院为主体的救助工作。由于伤员众多，医疗机构难免手忙脚乱，使得部分伤员病情贻误。作为紧急情况的第一应急地，应该建立完备的信息系统，制定信息录入的顺序准则，按照姓名首字母或国籍进行分类排序较为恰当。不同突发性事件导致的伤患特殊性有所不同，医院应该针对不同病因的伤患准备不同的医疗救护方案，才不致在紧急时刻手忙脚乱。

---

① 资料来源：豆丁网. 2018-02-03. 印度洋海啸处理. http://www.docin.com/p-1163710626.html

拓展材料

书籍文章

以下书籍为科普性较强的海啸有关知识读物,对海啸的总体情况进行了概要。

[1] 齐浩然. 迷人的海洋与无情的海啸. 北京:金盾出版社,2015.

[2] 劳伦·塔西斯. 走出海啸阴影. 付畅园,译. 北京:接力出版社,2015.

影视资料

[1]《深渊》(The Abyss),上映时间:1989年8月9日

[2]《地球的起源(第一季)》(How The Earth Was Made)第9集,首播时间:2009年

[3]《大海啸:不为人知的威胁》(東日本大震災プロジェクト),首播时间:2011年10月2日

参考文献

[1] 温瑞智,公茂盛,谢礼立. 海啸预警系统及我国海啸减灾任务. 自然灾害学报,2006(3):1—7.

[2] 陈会忠,崔秋文,杨大克等. 从印尼苏门答腊地震和海啸看各国地震系统的反应. 国际地震动态,2005(2):32—34.

[3] 高爱玲. 海啸逃生. 现代职业安全,2010(11):119.

[4] 杨凤鸣,杨勇. 印度洋大海啸野生动物逃生的秘密——一个被人们遗忘的频率. 天津科技,2005(2):54.

[5] 于福江,吴玮,赵联大. 基于数值预报技术的日本新一代海啸预警系统. 国际地震动态,2005(1):19—22.

[6] 侯京明,李涛,范婷婷,等. 全球海啸灾害事件统计及预警系统简述.海洋预报,2013(4):87—92.

[7] Yinglong J. Zhang, Robert C. Witter, George R. Priest.2011.Tsunami–tide interaction in 1964 Prince William Sound tsunami. Ocean Modelling, 2011(3):246—259.

第四章 《鲨海》：海外遇动物袭击

庞 涵[①]

摘要：案例选取电影《鲨海》为研究对象。该影片讲述了丽莎和凯特两姐妹在墨西哥观鲨笼中观赏鲨鱼时，因观鲨笼绳子断裂，跌入47米深的海底，在救援队迟迟不见踪影的危急情况下，与鲨鱼斗智斗勇逃生的过程，遗憾的是最后只有丽莎幸存。本文旨在通过对影片内容所反映的游客境外游玩安全的问题进行分析，并针对游客在境外被动物袭击时的安全问题提供预防建议，确保旅行游玩的安全。

关键词：出境游；自然灾害；游玩安全

一、案例正文

（一）影片概况

表 5-4-1　　　　　　　　影片《鲨海》基本信息

电影名称	In the Deep
中文译名	深海逃生
影片类型	惊悚、恐怖
影片时长	87分钟
首映时间	2017年6月6日（美国）
拍摄日期	2015年6月15日—2015年8月7日
制片地区	英国
发行公司	帝门影业公司
导演	约翰内斯·罗伯茨

[①] 庞涵，女，四川外国语大学国际关系学院。

（二）主要人物

表 5-4-2　　　　　　　　　　影片《鲨海》主要人物

人物名称	简介
凯特	女主角凯特是丽莎的妹妹，两姐妹在墨西哥海岸度假，她们在海底观鲨铁笼中潜水观赏鲨鱼时，牵连铁笼的绳子突然断裂，观鲨笼掉落到47米深的海底。由于所存氧气不多，她们只有一个小时的时间逃脱牢笼回到水面。
丽莎	女主角丽莎是凯特的姐姐，由于失恋的原因，和妹妹一起去墨西哥海岸度假。在当地朋友的带领下，她们去海里潜水观赏鲨鱼，因机器故障导致观鲨笼掉落到47米深的海底。而剩余的氧气仅够使用一个小时，一个小时内必须逃脱牢笼回到水面。在看到妹妹被鲨鱼咬伤之后，重拾信心。
泰勒	船长泰勒是一名船长。丽莎和凯特等人进行深海潜水所乘船只的船长。是一个特别有责任心的船长，在丽莎和凯特身陷海底之后，仍然能够坚持自我，坚决救人。

资料来源：笔者自制。

（三）剧情聚焦

1. 分手度假，决定观鲨

因与男朋友司泽分手，丽莎带着凯特去墨西哥度假，在白天游玩的时候，丽莎谎称司泽因为工作繁忙不能同她一起来，隐瞒了事情的真相。夜里凯特发现丽莎一人默默哭泣，并上前安慰。丽莎告诉了凯特这次旅行男朋友没有来的真正原因，凯特担心丽莎过于伤心，就带着她去酒吧玩，在与本杰明一行人聊天中得知了在观鲨笼中观看鲨鱼的事，其刺激性吸引了凯特的注意，而丽莎在担心安全和自己没有潜水资格的问题时，凯特用观看鲨鱼后的虚荣感来劝说丽莎去海底看鲨鱼，丽莎最终没抵住诱惑，答应了凯特的建议。

2. 准备就绪，观鲨开始

第二天，凯特和丽莎到达码头，在上船之前，丽莎依旧在犹豫，担心安全问题，因为她并不会潜水。凯特不断向丽莎说明其安全性，看在凯特兴致勃勃的份上，丽莎勉为其难地登上了驶向大海深处的船。当看见破旧的观鲨笼的时候，丽莎依旧心存不安。在船上，船员向海里投放诱饵，在看到鲨鱼被吸引过来后，凯特十分激动，丽莎也被凯特的热情感染。

在其他人简单介绍了设备的使用后，两姐妹进入观鲨笼，沉入海底。两姐妹正沉醉于海底美丽的景色，大白鲨也在她们周围游弋着，在被海底新奇的景色折服时，殊不知危险正在慢慢降临。

3. 跌入海底，惊险脱险

突然，笼子的绳子移动了一下，丽莎被吓坏，并提议回到岸上，在笼子上升的过程中，牵连铁笼的绳子突然断裂，观鲨笼掉落到47米深的海底。47米深的海底一片漆黑，只能通过手电筒观察铁笼外面的情况。水面上工作人员的声音时有时无，救援队也迟迟不见踪影，姐妹俩都非常害怕。由于所存氧气不多，她们只有一个小时的时间逃脱牢笼回到水面。在经过无数次努力后凯特被鲨鱼袭击致死，丽莎最终获救却身受重伤。

二、案例分析

影片《鲨海》反映了丽莎和凯特两姐妹在海外游玩时，因为好奇心的驱使，选择用观鲨笼的方式，沉入海底观看鲨鱼，却因观鲨笼绳子断裂，掉到47米深的海底，在氧气不足，联络不到救援的不利情况下，不断尝试自救的过程，最终以一死一伤的悲剧收场。本部分意在为现实中游客在海外游玩时会遇到的动物袭击问题进行理论分析。

（一）潜水要求

1. 剧情回顾

丽莎和凯特在上船前，船长泰勒就提前确认她们是不是都懂得蛙潜。在观鲨笼掉入47米海底时，丽莎和凯特利用现有的装备力求与岸上取得联系。在凯特提议从47米海底浮到20米的深度时，丽莎立即制止凯特，说肺部受不了海底强大的压力会有生命危险。

2. 理论要点

水肺潜水（scuba diving）是指潜水员自行携带水下呼吸系统所进行的潜水活动。对于休闲水肺潜水而言，潜水者借助全套水肺潜水装备含浮力调整装置 BCD、气瓶、调节器、潜服、面镜、潜靴、蛙鞋、压力表组（残压表、深度计、指北针），借由气瓶里的压缩空气呼吸，长时间潜水的方法。休闲潜水领域最大极限潜水深度是 40 米，初级开放水域潜水员 OW 限制深度 18 米，进阶开放水域潜水员 AOW，理论最大深度 30 米，潜水员潜水时一定要维持在自己受训经验限度内，参照潜水休闲计划表进行潜水，在陌生水域潜水时，还需要当地导潜（潜导）。[①]

3. 理论分析

潜水的原意是为进行水下查勘、打捞、修理和水下工程等作业而在携带或不携带专业工具的情况下进入水面以下的活动。后潜水逐渐发展成为一项以在水下活动为主要内容，从而达到锻炼身体、休闲娱乐为目的的休闲运动，广为大众所喜爱。丽莎和凯特因为好奇心，想借看到鲨鱼的经历，满足虚荣心。在丽莎不会潜水的情况，贸然进入观鲨笼观看鲨鱼，虽然丽莎和凯特的潜水装备都是符合休闲潜水的规格的，但是这种行为十分危险，更何况在发生事故后，跌入超出正常潜水的深度范围。丽莎和凯特又是单独行动，没有当地导潜，就使得在遇到危险时，两人更加手足无措。

（二）潜水原则

1. 剧情回顾

丽莎和凯特一起下水，进入观鲨笼一起观赏鲨鱼，在她们两人进入观鲨笼前，另外两个游客也进入观鲨笼观看鲨鱼。在跌入海底后，凯特询问丽莎氧气所剩余的帕数，估计两人能够自救的时间，以及思考最佳的自救方法。

---

① Introduction to Scuba Equipment. 2018-01-23. http://sp.padi.com.cn/scuba/scuba-gear/intro-to-scuba-dive-equipment/default.aspx

2. 理论依据

潜水是一个需要结伴而行的运动，必须遵循水下"潜伴制度"，潜水前，要和潜伴一起对潜水的位置、目的、活动和总行程达成共识。在潜水前要对装备按照 SEABAG 原则进行检查。即：视调查潜点（Site survey）、紧急状况时的处置及相关资讯（Emergency planning）、活动内容（Activity planning）、浮力（Buoyancy）、空气供应（Air）、装备上肩然后出发（Gear and go）。根据上面六点，不但要检查自己，还要检查潜伴的配重系统，注意配重穿用的系统类型、释放的类型及方向确定。自己在必需的情况下，能很容易地释放配重。检查自己和潜伴的 BCD，确定自己知道该如何使用从排气阀，并且注意 BCD 上扣环的数目和类型。

3. 理论分析

根据"潜伴原则"，潜水一般都是结伴进行的，主要是因为减少紧张压迫，与潜伴潜水是为了相互有照应，弥补对方的不足。尤其是在备用气源应该用在紧急状况时，两个人能估计出必须在什么时间内游出海面，才能获救。在海底遇到危险时，如遇见鲨鱼等动物，两人能够相互帮助，及时脱险。正如影片中丽莎和凯特一样。潜水经验丰富的凯特指导丽莎该怎么做，为丽莎的最终获救奠定了基础。但是在凯特和丽莎在进入观鲨笼的时候，并没有对装备进行详细的检查，没有做好预防工作。

（三）潜水者自救

1. 剧情回顾

凯特冒险取下面具，离开观鲨笼，移开压在观鲨笼的吊车向上游到可以联络到岸上的深度，寻求岸上的帮助。在联络到岸上后，泰勒建议她们回到笼子里，不要轻举妄动，担心海底压强太大，凯特的肺部受不了那么强的压强，会有丧命的危险。

2. 理论依据

如果因剩余空气量不足而需紧急上升，潜水者通过丢掉所有器材和压铅，充胀浮力背心就可以立即上升出水；在上升减压的过程中，呼吸器内剩余空气仍可以利用，因此不到万不得已，潜水者不可轻易丢弃呼吸器。

3. 理论分析

在正常潜水的情况下，遇到氧气不足时，一般选择利用浮力，减轻负重，自行上升。而影片中丽莎和凯特跌入非正常潜水的深度，贸然向上游，是十分危险的，第一是会遇到鲨鱼的袭击，第二是在没有指导和氧气不足的情况，贸然行动风险很大。在与岸上取得联系后，泰勒船长建议凯特回到笼子里，静静等待救援。也就说明了在氧气不足的时候，要保持冷静，降低氧气的消耗，等待救援，在迫不得已的情况才采取常规的自救方式。

三、现实应用

根据2017年全年旅游市场及综合贡献数据报告显示：2017年全年，中国公民出境旅游人数13051万人次，比上年同期增长7.0%。随着改革开放，"一带一路"和对外开放的不断深化，中国与其他国家的联系越来越紧密，给人民境外旅行提供了大量的机会。同时，人民生活水平不断提高，境外旅行的热度持续上升，所以游客境外旅行时的安全，更需值得我们关注。本部分将聚焦到游客在境外旅行时，被动物袭击的预防措施。

（一）致命性袭击

1. 重要问题

丽莎和凯特通过观鲨笼欣赏鲨鱼，因为前期疏忽了安全问题，在观赏过程中，出现意外，不幸跌到海底，在自救的过程中，凯特被鲨鱼袭击不幸身亡。

2. 典型案例

（1）2018年2月21日下午，泰国芭堤雅象园内，一名重庆旅游团领队为救游客被大象踩踏致死。

目击者表示，事情的起因是两位游客不听导游和领队的提醒，擅自和大象合照。象园内的象夫发现后，第一时间将游客赶出了现场。无奈两位游客心有不甘，再一次跑进去拉、摸大象尾巴两次，导致大象被激怒，紧追他们不放。

领队发现这一现象后，赶紧跑上前去将两名游客救出。不幸的是，自己却被大象鼻子卷起后重重甩下，并被其踩踏致死。①

（2）2016 年 7 月 23 日，有市民向壹现场记者爆料称，有一家四口在八达岭野生动物园内自驾游时，其中两名女子突然先后从车上走下，被躲藏在附近的老虎袭击。其中一女子当场被老虎咬死，另一人受伤。

"八达岭野生动物园内的猛兽区，游客可以自驾经过，但是绝对不允许私自下车。"一名知情的市民称，公园内每天都有广播，向游客告知相关事项，没想到还是有游客不听劝告。"两个女游客下车后，先后被老虎袭击。"②

对于以上的致命性动物性袭击，通过善后手段是难以获得自救的，所以建议游客在海外旅行时，做好预防措施，以确保游玩时的自身安全。

3. 应对措施

（1）游玩的所在地区，应该投入大量力量，在危险的区域设置标志牌，以到达警告提醒的作用，让游客不要进入此区域，降低被袭击的可能性。

（2）在游玩前，导游应向游客强调观赏游览的规则，并用现实案例向游客说明违反相关规定后的严重性。现实生活中很多游客正是因为忽视观赏游览的规则，才造成悲剧的产生。

（3）游客自身要有安全保护意识，不能只图一时的新鲜好玩，抱有侥幸心理，不在乎自身的安全。现实中的很多惨案都出于游客自身的违规行为。只有加强自己的安全保护意识，才能杜绝悲剧的发生。

---

① 重庆晨报. 2017-12-23. 中国领队为救游客被大象踩死，游客故意扯象尾巴. http://news.k618.cn/roll/201712/t20171222_14779587.html

② 搜狐网. 2018-02-22. 北京八达岭野生动物园，女子被老虎叼走活活咬死. http://www.sohu.com/a/107353183_391389

（二）非致命性袭击

1. 重要问题

除了动物的致命性袭击，在境外旅行中的一些非致命性袭击，也可能衍生为潜在的致命性袭击，所以在境外旅行时，非致命性袭击同样值得我们关注和预防。

2. 典型案例

（1）2018年3月21日11时11分讯，据外交部领事司获悉，斐济卫生部确认今年年初全国已确诊登革热疫情近千例，且疫情有可能继续蔓延。该部呼吁公众加强对登革热疫情的关注，做好灭蚊和预防工作。①

斯里兰卡国家登革热控制中心20日说，2018年前两周斯里兰卡全国新增2387例登革热病例，斯里兰卡登革热疫情依旧严峻，不容忽视。今年新增登革热病例大多集中在西部省，其中首都科伦坡新增病例最多，共532例，加姆珀哈地区新增316例。而中央省旅游城市康提今年增加253例登革热病例。②

蚊虫袭击是十分普遍的动物袭击行为，同时也是最容易被人们所忽视的。蚊虫传播范围广，传染速度快，病毒致命性较强。我们在境外旅行时，预防蚊虫袭击可采取以下措施。

（2）2016年9月17日，29岁的俄罗斯妈妈带着2岁的儿子在苏梅岛海滩玩水，被箱型毒水母袭击，妈妈腹部被蜇，小孩腿部被蜇失去意识，送至ICU抢救了回来。箱型水母有剧毒，每年都有游客被袭击。从7月31日至9月13日，苏梅岛拉迈海滩已有11人被箱型水母攻击送医，有20人受轻伤。虽然当地的工作人员及酒店业者在危险区域设有警示牌，提醒游客小心箱型水母，但仍有大部分人不以为然。

---

① 凤凰网. 2018-03-21. 赴驻斐重庆游客防范登革热疫情. http://news.ifeng.com/a/20180321/56921878_0.shtml

② 新华网. 2018-01-20. 斯里兰卡登革热疫情依旧严重. http://www.dzwww.com/xinwen/guojixinwen/201801/t20180120_16942385.htm

> 除了最普遍的蚊虫袭击，在遇到其他非致命性的动物袭击时，大多可以进行紧急急救手段，确保自身的安全。

3. 应对措施

针对第一个案例里蚊虫袭击问题，可以采取以下措施：

（1）出游前，要先了解当地的情况或者该地区是什么流行病的多发地区，及时查看外交部的出行提醒建议。做好预防措施再前往。

（2）避免在水边、草地等蚊虫密集的区域活动。因为蚊虫多在水边产卵，其繁殖速度十分快，幼虫孑孓又在水洼里快速生长。其蚊虫多在户外袭击人体，少在类似的区域活动，会减少被蚊虫叮咬。

（3）随身携带杀虫剂、驱蚊膏或者喷雾。借助这类产品，避免蚊虫的叮咬。

（4）穿长袖衣服，避免皮肤直接裸露在外面，为蚊虫叮咬提供机会。

（5）一旦身体不适，出现发热、头疼、关节痛等症状，要及时就医，并告知旅行社，以便早期诊断治疗，防患于未然。

针对第二个案例里非病毒感染类袭击，一般可以采取以下措施：

（1）寻求当地人或者导游的帮助。因为当地人或导游对于游玩的地方的熟悉程度远远大于游客自身，尤其是在当地被动物袭击后寻求当地人或者导游的帮助，能及时防治伤情进一步恶化。

（2）自己带一些急救药物，在被袭击后，进行自救，抓住治疗的黄金时间，以免延误伤情。

拓展资料

影像

[1]《荒野求生》(Man vs Wild)，上映时间：2006年3月10日

[2]《蚊子的秘密生活》(The Secret Life of Midges)，上映时间：2006年4月13日

参考文献

[1] JonnyLōeEivinRōskaft 许天虎. 大型食肉动物与人类的安全：综述[J]. AMBIO—人类环境杂志, 2004, 33（6）: 261—266, 361.

[2] 杨正时, 李雪东. 登革热的传播模式、蚊媒及防控[J]. 中国微生态学杂志, 2016, 28（2）: 225—229.

[3] 宋家慧, 刘文斌, 曹广文. 登革热的流行病学特征和预防措施[J]. 上海预防医学, 2017, 29（1）: 17—22.

[4] Zaid T. Salim, U. Hashim, M.K. Md. Arshad, Makram A. Fakhri, Evan T. Salim. Frequency—based detection of female Aedes mosquito using surface acoustic wave technology: Early prevention of dengue fever[J]. Microelectronic Engineering, 2017: 179.

第五章 《极度恐慌》：防治国际流行病毒

苟青华[①]

摘要：案例选取电影《极度恐慌》为研究对象。该影片讲述了美国陆军病毒专家调查非洲的神秘致命病菌，历尽艰辛找到抗毒血清，防止病毒扩散的故事。案例旨在通过对影片反映的病毒传播、感染救治等要点进行分析，为海外人员，包括医护人员在内的易感人群遭遇病毒攻击前后的处理提供参考方案和建议。

关键词：极度传染病毒；病毒传播；病毒预防；感染救治；易感人群

一、案例正文

（一）影片概况

表 5-5-1　　　　　　　　　《极度恐慌》基本信息

影片名称	极度恐慌
外文译名	Outbreak
核心主题	病毒
时长	127 分钟
上映时间	1995 年 3 月 10 日（美国）
导演	沃尔夫冈·彼德森
发行公司	华纳兄弟
主演	达斯汀·霍夫曼、摩根·弗里曼等

[①] 苟青华，女，四川外国语大学国际关系学院。

（二）主要人物

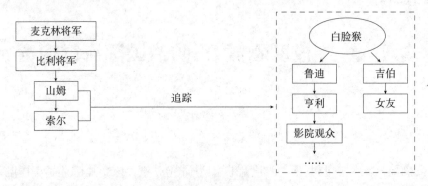

图 5-5-1　主要人物关系

资料来源：笔者自制。

（三）剧情聚焦

1. 起因：一代病毒留祸根

1967 年，在美军非洲扎伊尔莫他巴河谷的雇佣军兵营中，士兵们被一种未知的病毒感染，相继去世。美军为了不引发恐慌，在军医抽取血样离开后，投下巨型炸弹，毁灭了整个兵营。

2. 发展：无心之举促传播

1995 年，美国传染病研究所上校军医山姆接到上司比利将军的指示，与同事索尔一起前往非洲扎伊尔考察一种有极端致死率的病毒。不过这种病毒不会通过空气传染，易控制。山姆在采集了病毒样本后离去。与此同时，美国青年吉伯在发病村庄附近的树林中捕捉了一只小白脸猴带回国出售。但在作了报告之后，山姆被分派了新的工作。原来，此次的病毒与 1967 年发现的病毒极为相似，军方不希望深入追究。

3. 高潮：升级病毒难控制

吉伯因交易不顺便只好将白脸猴放归附近山林，但不久后一种神秘的疾病很快在松湾镇蔓延，军队紧急出动封锁镇子。得知此事后，山姆执意和索尔一起前往松湾镇。之后，比利运来了一批抗毒血清但无济于事，这批血清源自当年第一代病毒莫塔巴，美军虽已炸毁病原地，但美军抽取的血样促进了日后抗体的研究成功。眼看病毒无法控制，美国政府还是选择故技重施，毁灭整个小镇。

山姆明白现在传播的病毒已经变异，可在空气中传播，原有的血清已无作用，唯一的方法就是找到病毒的原始携带者。山姆希望能给他一些时间，制出抗毒血清，挽救整个松湾镇的居民。但比利的上司麦克林将军始终坚持使用空气燃烧弹，将整个镇子和病毒一起毁灭，干净利落地解决病毒蔓延的问题。

4. 结尾：追根溯源获抗体

经过对最先感染的病人的经历调查，发现传染路线：吉伯带着小猴去宠物店，店主鲁迪被咬感染，吉伯与女友亲密接触导致女友也被感染，他们送医院后，其血液喷溅出来感染医生亨利，亨利在电影院咳嗽，传染给在场的观众……病毒原始携带者就是小白脸猴。

山姆和索尔持枪闯入电视台，公布了事件真相。知道小猴下落的居民立即联系了他，最终找到了那只猴子，利用它制造出了有效的新抗体，阻止了投弹行动，使小镇免遭毁灭。

二、案例分析

（一）关键要点

非洲扎伊尔分别在 1967 年和 1995 年产生了具有极端致死率的病毒，其通过直接或间接的方式威胁着美国人的安全，充分认识病毒的基本性质是战胜它的关键。

深入了解病毒在现实生活中的百变形态，探究其被控制的有效经验，并从中挖掘出集体或个人在掌控疾病安全方面的积极意义，致力给包括医护人员在内的海外易感人群的疾病安全管控提供参考建议。

（二）理论依据与分析

1. 传染病毒

（1）剧情回顾

影片开始后不久，镜头介绍在美陆军传染病研究中心中的四类病毒研究室，从轻度传染到极度传染病毒。安全等级不同的传染病毒对应着不同的研究状态，莫塔巴病毒就保留在极度传染病毒研究室中，一代、二代的莫塔巴病毒的传染性逐步增强。

（2）理论要点

生物安全实验室（Biosafety laboratory），也称生物安全防护实验室（Biosafety containment for laboratories），是通过防护屏障和管理措施，能够避免或控制被操作的有害生物因子危害，达到生物安全要求的生物实验室和动物实验室。依据实验室所处理对象的生物危险程度，把生物安全实验室分为四级：

一级：对人体、动植物或环境危害较低，不具有对健康成人、动植物致病的致病因子。

二级：对人体、动植物或环境具有中等危害或具有潜在危险的致病因子，对健康成人、动物和环境不会造成严重危害。有有效的预防和治疗措施。

三级：对人体、动植物或环境具有高度危险性，主要通过气溶胶使人传染上严重的甚至是致命疾病，或对动植物和环境具有高度危害的致病因子。通常有预防治疗措施。

四级：对人体、动植物或环境具有高度危险性，通过气溶胶途径传播或传播途径不明，或未知的、危险的致病因子。没有预防治疗措施。

（3）理论分析

传染病毒是一种可以在其他生物体间传播并感染生物体的微小生物，它能够利用宿主细胞的营养物质来自主地复制自身的DNA或RNA、蛋白质等生命组成物质。传染病（Infectious Diseases）是由各种病原体引起的能在人与人、动物与动物或人与动物之间相互传播的一类疾病。

世界各地时常会有传染性较强的病原体出现，新类型、致病性病毒给人类带来了极大的恐慌。传染病是一种可以从一个人或其他物种，经过各种途径传染给另一个人或物种的感染病。通常这种疾病可借由直接接触已感染之个体、感染者之体液及排泄物、感染者所污染到的物体，通过空气传播、水源传播、食物传播、接触传播、土壤传播、垂直传播（母婴传播）等。

2. 病毒预防

（1）剧情回顾

一代莫塔巴病毒虽然有极度致死率，但并不能经过空气传播，还不难控制。然而30年后的二代莫塔巴病毒已经通过变异，感染速度极快，它不仅可以体液传播，还可以通过空气传播。

（2）理论要点

病毒感染是通过密切接触到感染动物的血液、分泌物、器官或其他体液而传到人类。传染病传播是病原体从已感染者排出，经过一定的传播途径，传入易感者而形成新的传染的全部过程。传染病得以在某一人群中发生和传播，必须具备传染源、传播途径和易感人群三个基本环节。

（3）理论分析

携带病原体的白脸猴咬了宠物店主，店主在医院接受治疗时传染给医生，医生在社会中活动，传染给更多的人。这条感染链可概括为：携带病原体的白脸猴是传染源，空气、体液等是传播途径，对莫塔巴病毒没有免疫的人都是易感人群——病毒传播途径的多样化意味着一个感染者可以轻易传染给一大群人。由此可见，对于个人，应谨慎接触外来的动物，切断与传播源的联系。接触后如有不适，应尽快就医，并告知医生病毒的可能来源，协助医生对病毒进行初步定位。对于大型医院，应加强培训工作，普及传染病专业知识；制定传染病应急救治预案，并加强传染病科建设；加大与国内外的协作和学习，选派专科医生去国内外深造，学习先进的传染病救治和预防知识，掌握和传染病相关的前沿的信息；对可能发生的传染病流行事件，能够有效进行预防和应对。

3. 感染救治

（1）剧情回顾

接触过白脸猴的第一批感染者出现不适之后，立即被送往医院进行救治。随着有相同症状的感染者越来越多，医生对此病毒的安全等级认知提升，对感染群体进行隔离治疗。但是由于没有有效的抗毒血清，医院也只能采取常规辅助性救治，切断传染的途径，控制被感染的范围，不能完全治愈感染。在山姆找到携带病原体的白脸猴后，立即制作了大量含抗体的血清疫苗，这才控制住莫塔巴病毒。

（2）理论要点

目前医学界对大多数病毒感染缺乏特效药物治疗，进行人工免疫是预防病毒感染最有效的手段。这是根据自然免疫的原理，用人工的方法，使人体获得的特异性免疫。人工免疫广泛地应用于预防传染病，也用于治疗某些传染病。人工免疫包括主动免疫和被动免疫两种：主动免疫是注射或服用疫苗，是当今应用最为广泛的人工诱导的免疫方法；被动免疫是指注射同种或异种抗体获得免疫力的方法。

（3）理论分析

当一种新的危害性较大的病毒出现时，立即找到能够控制它的疫苗是十分困难的。遇到病毒感染应立即就医，医院对患者进行隔离治疗，并找到尽快治愈患者的方法。在此期间，找到传染源和接触过但没有受感染的人也是十分重要的，因为这些动物或者人很有可能自身就有免疫能力，找到他们会事半功倍。2003年"非典"流行期间，医生给患者注射病愈后患者含抗体的血清就是被动免疫。人工自动免疫可以维持较长的时间，但人工被动免疫可维持的时间就相对较短。

三、现实应用

（一）传染病

1. 重要问题

一代、二代莫塔巴病毒都是传染病毒，其中二代病毒甚至还变异到体液和空气均可传播。一只携带病原体的猴子咬了宠物店主，宠物店主的血溅到救治他的医生，医生被感染后进入电影院等公共场所，通过空气传染给了其他观众，被二代莫塔巴病毒感染的人数在短时间内呈几何级增长。多元传播路径、极快传播速度等特征让传染病成为威胁人类生命的杀手之一，每一个人都应对传染病有基本的认知和畏诚。

2. 典型案例

> 据韩国《朝鲜日报》2018年2月7日报道，平昌冬奥组委会主席李熙范6号表示，负责本届冬奥会的安保人员中有36人出现了感染诺如病毒的症状，目前，已经有1200名可能接触到病毒的安保人员已经被采取了隔离措施。宿舍工作人员说，食堂一名厨师感染这种病毒，带病上岗导致作为宿舍住户的安保人员腹泻和呕吐。

3. 应对措施

近年来，全球新发突发传染病疫情不断发生，霍乱、黄热病、鼠疫、埃博拉出血热、中东呼吸综合征、寨卡病毒、登革热、日本脑炎以及高致病性禽流感和炭疽等人畜共患病正在世界范围内爆发流行，传染病的不断出现给人类健康与生命安全带来新的严重的威胁，其传播能力强、传播速度快、感染范围广、感染危害度大，已经成为全球公共卫生事业的重点和热点领域。

结合中国的实际情况，我国《传染病防治法》根据传染病的危害程度和应采取的监督、监测、管理措施，参照国际上统一分类标准，将全国发病率较高、流行面较大、危害严重的39种急性和慢性传染病列为法定管理的传染病，并根据其传播方式、速度及其对人类危害程度的不同，分为甲、乙、丙三类，实行分类管理。甲类传染病也称为强制管理传染病，如霍乱，对此类传染病发生后报告疫情的时限，对病人、病原携带者的隔离、治疗方式以及对疫点、疫区的处理等，均强制执行。乙类传染病也称为严格管理传染病，要严格按照有关规定和防治方案进行预防和控制。丙类传染病也称为监测管理传染病，对此类传染病要按国务院卫生行政部门规定的监测管理方法进行管理。

冬奥会是一个极其重要的场合，各国在冬奥会期间的安全防控各方面工作可以说是极其严格的，但是还是发生了人员感染事件。可见，传染病的预防是没有绝对有效的，任何时候、任何地方，都不能够掉以轻心。

（二）病毒预防

1. 国家层面

（1）重要问题

在第一代莫塔巴病毒出现后，美国军队对它进行研究并找到了抗体。在松湾镇人民陆续感染的危急时刻，比利将军带来美军秘密研制的抗体，却不料莫塔巴病毒已经发生变异，对一代病毒有效的抗体并不能控制变异后的病毒。国家有专业且强大的力量来预防和应对公共安全危机，在病毒不断变异升级的过程中，国家也应不断跟进研究，持续不断的建设并维护公共环境的安全。

（2）典型案例

① 2018年1月5日，武汉国家生物安全（四级）实验室（以下简称"武汉P4实验室"）顺利通过国家卫生和计划生育委员会实验室活动资格和实验活动现场评估，完全具备从事开展高致性病原微生物实验室活动资质。国家卫计委为实验室颁发资格证书，同意其开展包括埃博拉、尼巴病毒等在内的四级病原实验活动。

② 2016年，南美洲部分国家爆发寨卡病毒疫情。2月下旬，一名在委内瑞拉经商返粤的江门人在白云机场入境时被采血筛查，并最终确诊为我国第二例输入性寨卡病毒感染病例。江门海关对此高度重视，迅速采取

措施做好通关现场疫情防控工作，进一步加强病毒防控知识培训，修改病毒携带可疑人员的处置预案，明确现场处置方法。

③ 2018年2月24日，通州国检局从一批美国进口海水观赏鱼中检出病毒性神经坏死病(VNN)阳性，相关工作完善后这批观赏鱼被焚烧销毁。病毒性神经坏死病毒属诺达病毒科，该传染病具有典型的神经症状，可导致中枢神经和视网膜组织出现空泡坏死病变，死亡率很高，近年来受感染的鱼类品种和受危害程度增加迅速。北京国检局将进一步加强进境水生动物疫病监测工作，降低该病传入并危害我国水产养殖业的风险。

（3）应对措施

武汉P4实验室是国家高等级生物安全实验室体系的重要组成部分，表明我国第一个四级生物安全实验室正式建成并可投入实质性使用，具备开展高致病性病原微生物实验活动资格。该实验室将为我国提供一个完整、国际先进的生物安全体系，中国的科研工作者可以在自己的实验室里研究世界上最危险的病原体。武汉P4实验室将成为构建我国公共卫生防御体系的重要环节之一，也将成为国内外传染病防控基础与应用研究不可或缺的技术平台。

因此，为了维护公共安全，一个国家首先必须要有专门的病毒研究体系，如武汉P4实验室，来应对未来可能出现的各类危险病毒。中国疾病预防控制中心（Chinese Center for Disease Control and Pervention, 以下简称"中国疾控中心"）是由政府建构的实施国家级疾病预防控制与公共卫生技术管理和服务的公益事业单位。它指导建立国家公共卫生监测系统，对社会产生影响的传染病、地方病、寄生虫病、慢性非传染性疾病、职业病、公害病、食源性疾病、中毒等重大疾病的发生、发展和分布规律进行流行病学监测，并提出预防控制对策。其使命是通过对疾病、残疾和伤害的预防控制，创造健康环境，保障国家安全，促进人民健康；此外，中国疾控中心也会通过国际合作在有需要的地方对重大流行性疾病进行防控工作，促进国际安全。

其次，是相关领域的严格监管。病毒的传播呈现国际化的特征，流动的人口或货物成为传播病毒的载体。一旦有新型病毒入境，因几乎不存在抗体，病毒就会极速扩散，威胁着广大人民群众的生命健康。国家的海关、出入境是抵挡病毒入侵的最重要关卡。海关、边防人员务必要对进出口动植物等可能携带病原体的生物进行严格盘查；出入境检查人员应落实旅客行李物品100%过机检查，并做好一线关员的个人防护，加强与检验检疫、边防等部门的联系沟通，及时了解和掌握来自疫区人员信息情况，建立信息互通机制，做到联防联控，守护国门第一关。

2. 医护人员

（1）重要问题

接收第一批患者并对其进行救治的亨利医生，因为不小心接触到患者血液被感染；山姆的妻子是一个老练的传染病医生，在看到同事不幸感染后，心态浮动，打针时不小心刺穿自己的手套，导致自己也感染了病毒。医护人员在救治病人的过程中扮演着很重要的角色，如果连医生自己都被感染，这会重挫社会救援力量，会使更多的患者无法得到救治。

（2）典型案例

影片中的莫塔巴病毒与现实中的埃博拉病毒极其相似，所以个人层面的现实应用就基于埃博拉病毒的预防和救治，并由此延伸应用于更多种类的病毒。

2014年，中国派出的三个公共卫生专家组组成中国援外医疗队奔赴西非几内亚、塞拉利昂和利比里亚，协助防控日益蔓延的埃博拉疫情。在几内亚官方尚未确认疫情的时候，医院曾接诊了一名有出血症状的患者，病人最终死亡并被证实感染埃博拉。没多久，医院内与这名病人有过接触的6名医生护士均证实被感染，很快也被隔离。

（3）应对措施

病毒救治过程中，医护人员是战斗在抗毒一线的人，无数患者需要他们照顾，这意味着医护人员在救治病人的同时，更要好好保护自己。以2014年我国援非救援队为例，我国派出大量医护人员组成援非救援队，协助非洲人民共渡难关。

病毒在人际间的传播主要与直接或者间接接触到血液和体液有关。若没有采取适当的感染控制措施，与患者直接接触的卫生保健工作者是最高危的易感人群，由于初期症状可能没有特异性，并不总是能够在早期发现埃博拉病毒病人。因此，重要的是医务人员要确保针对所有病人和所有医护操作始终如一地采取标准防护措施，而无论其诊断情况如何。这些包括基本的手部卫生、呼吸卫生、使用个人防护装备（根据与感染物质存在溅污其他接触的风险情况）、安全注射做法和安全掩埋做法。医护人员应有对危险病毒的敏感性，当发现群体性大量感染，出现相同症状，甚至还出现致死病例的病毒，在检测过程中可提高对病毒安全等级的预期，使用更高等级的安全防护，保护自己。

对埃博拉病毒疑似或确诊病人进行医护的卫生保健工作者，除标准防护措施外，应采取感染控制措施，避免与病人的血液和体液发生任何接触，杜绝在没有任何防护的情况下与可能受到感染的环境发生直接接触。当与埃博拉病毒病人密切接触（一米之内）时，卫生保健工作者应当佩戴面部保护用品（面罩或者医用口罩和防护眼镜）、干净但非无菌的长袖罩衣以及手套（有些操作程序需要无菌手套）。实验室工作人员也面临风险。从埃博拉疑似人间和动物病例身上采集到的诊断标本，应由训练有素的人员进行操作并且在有适当装备的实验室加以处理。[1]

3. 普通公民

（1）重要问题

普通公民作为易感人群，极具流动性、分散性和不可控性。对于公民自身，为了身体健康或康复，知道如何避免感染以及如何得到最大限度的救助很重要。

---

[1] 国家质量监督检验检疫总局. 2014-08-01. 埃博拉病毒病. http://www.aqsiq.gov.cn/xxgk_13386/ywxx/dzwjy/201408/t20140801_418788.htm

（2）典型案例

> 2018年2月23日，北京检验检疫局在首都机场口岸处置一起来自泰国入境航班上发现的16人旅行团群体性消化道腹泻症状事件。确定为全国航空口岸首次输入性诺如病毒感染聚集性疫情。提醒前往东南亚地区旅行人员注意饮食卫生安全，同时要求旅行社选择正规饭店安排团餐。[①]

（3）应对措施

随着社会的高速发展，越来越多的公民选择出境学习、工作和生活，对陌生环境中的某些病毒没有免疫力，再加上对新型病毒缺乏有效的治疗手段和人用疫苗，接触不同的人或动物会更容易被感染。在海外尽量不要进出一些脏乱差的地方，如贫民窟，保证生活环境卫生。发生病毒性传染病疫情时，应注意以下一些可以减少风险的行为：减少与可能感染的果蝠或者猴子/猩猩以及食用此类动物的野生动物接触的机会，处理动物时应当戴上手套并且穿上其他适当的防护服，这类动物产品（血、肉和奶等）也应当在食用前彻底煮熟。提高对病毒危险因素的认识以及保持良好的个人生活卫生措施是减少人类感染和死亡的唯一方法。

每一个个体对自己出入境的行为都应当谨慎对待，从国外回来时，如有发热、呕吐、腹泻症状要及时向海关进行说明；进出境旅客勿直接接触动物血液、分泌物、器官等，严禁携带猩猩、果蝠、羚羊和豪猪等动物入境。关注中华人民共和国海关总署、国家质量监督检验检疫总局、国家领事服务网及各省、市、自治区及直辖市出入境检验检疫局公开发布的公告或提醒。自觉提高对病毒严重性的认识，及时就医，听从医生、国家的安排。影片中出现的医护人员绝大部分是美军军医，专业军医都会出错，那么无论什么人，面对未知病毒一定不能掉以轻心。

---

① 北京出入境检验检疫总局. 2018-02-23.《中国国门时报》：北京检验检疫局成功处置输入性诺如病毒感染聚集性疫情. http://www.bjciq.gov.cn/Contents/2018/content_55490.html

（三）感染救治

1. 重要问题

出现不适后，感染者立即被送往医院接受治疗。虽然医院不能第一时间研制出有效药物来治愈传染病，但对控制疫情仍十分奏效。

2. 典型案例

> 2018年2月24日，中国领事服务网提醒，汤加目前正在发生登革热疫情，已确诊病例超过50人，死亡1人。汤加政府正在积极采取措施，控制疫情发展。驻汤加使馆提醒在汤中国公民，务必采取必要防范措施，防止蚊虫叮咬，远离蚊虫滋生区域。如出现头痛、发热、眼痛、恶心、呕吐、肌肉关节疼痛、皮疹等症状，大量饮水，充分休息。如有不适症状，尽快就医。[①]

3. 应对措施

对于病毒感染的救治，有效抗体的获得需要时间，所以能让被感染者更快感知自己的身体异常，尽快就医，控制传播源，对危险病毒的控制是十分重要的。

不过，由中国领事服务网病毒的提醒可以发现，感染病毒的征兆与一些日常的小病极为相似；不仅如此，一些病毒在身体里的扩散可能是没有明显不适的，如艾滋病病毒在人体内的潜伏期平均为8~9年，在潜伏期，艾滋病患者可以没有任何症状地生活和工作多年。因此要使感染者能够尽快察觉异常的前提是学会正确判断各项身体指标异常，对突发性、反复性、周期性强的身体反应进行侧重关注。由于身体指标的繁杂与专业，每年去医院进行血液检测是一种很好的方式。登革热、黄热病等不仅是海外公民，也是普通人容易遇到的国际性流行疾病，因此国内外的中国公民都应该关注公共卫生信息，保证优质个人卫生环境，谨慎对待身体反常情况，尽全力做到不感染或

[①] 中国领事服务网，驻汤加使馆. 2018-02-24. 驻汤加使馆提醒在汤中国公民注意防范登革热. http://cs.mfa.gov.cn/gyls/lsgz/lsyj/zyaq/t1533445.shtml

者感染后得到及时控制。

据公安部出入境管理局统计，2017年全国边防检查机关共检查出入境人员5.98亿人次，其中内地居民出入境2.92亿人次。人类社会发展的全球化进程加速，也为传染病快速传播创造了机会。十三届全国人大一次会议后，全国政协委员、传染病学专家高福在接受采访的过程中这样说道："如果你不太了解发生在非洲的埃博拉，那么你一定知道发生在韩国的MERS疫情。如果你觉得你距离这些传染病很远，那么我要准确告诉你，我们距离任何新发、突发传染病都只有'一架飞机的距离'。"要保障我国海外公民，尤其是驻外机构、长期务工人员的安全，实现境外传染病"零感染"、境内"零输入"，需要国家和每一个公民的共同努力。①

拓展材料

国际传染病毒是国际社会的传统威胁之一，也是艺术家创作的灵感之一，市面上有很多关于传染病毒预防救治的资料，它们从各个角度展示了传染病毒。

书籍

[1] [美]内森·沃尔夫（Nathan Wolfe）. 沈捷，译. 病毒来袭：如何应对下一场流行病的暴发. 杭州：浙江人民出版社，2014.

[2] [美]约瑟夫·麦科明克，[美]苏珊·费雪贺区. 何颖怡，译. 第四级病毒：一对病毒学家与致命病毒的战争. 汕头：汕头大学出版社，2004.

影像

[1] 变速箱：从艾滋病感染艾滋病毒的旅程 Transmission: The journey from AIDS to HIV（2014）

[2] 床上的杀手 Killer on Board（1977）

[3] 末日病毒 Carriers（2009）

---

① 人民政协网. 2018-03-11. 高福委员：筑牢传染病防控屏障 构建人类命运共同体. http://www.rmzxb.com.cn/c/2018-03-11/1990772.shtml

[4] 一个爱滋病毒感染者（2000）

[5] 一级病毒 *Absolon*（2003）

参考文献

[1] 陈琪，殷和. 新发传染病及其检测方法研究进展. 国际检验医学杂志，2013（7）：846—847.

[2] 焦志刚. 传染病预防与管理中存在的问题与对策思考. 中国卫生产业，2017，12（4）：45—48.

[3] Kitty. 海外国家传染病防治机制的范式比较. 当代医学，2007，12（7）：38—41.

[4] 饶美红. 传染病预防管理工作中存在的问题及解决途径. 才智，2016，12（5）：247—248.

[5] 宋九云. 世界最新医学信息文摘.建立传染病预防控制长效机制对提高综合医院传染病预防控制能力的作用分析，2016，12（4）：36—38.

[6] 王晓霞. 传染病监控管理预防医院感染. 大家健康（学术版），2014，8（18）：339.

[7] 杨宁. 分析传染病的预防与控制管理办法. 医疗装备，2015，28（10）：64.

[8] 翟清华等. 国外先进经验对我国传染病防控的启示. 中国卫生事业管理，2009，12（2）：138.

[9] 张冬梅. 热带传染病诊断技术的研究进展. 中国寄生虫学与寄生虫病杂志，2015，33（6）：443—449.

[10] G. Gosztonyi.2001.The mechanisms of neuronal damage in virus infections of the nervous system.Berlin New York: Springer. 120—126.

[11] Jian Zhu. 2010. Applications of protein microarray technology in the study of virus infections and host-virus interactions. Ann Arbor, Mich.: UMI.9—13.

[12] 央视网. 2018-01-07. 关注平昌冬奥会·疑似感染诺如病毒：1200

名安保人员已经被隔离. http://news.cctv.com/2018/02/07/ARTI61iOks4P8SbI12TeHhQA180207.shtml

[13] 央视网. 2018-01-05. 首个P4实验室运行：我国已具备最危险病毒研究条件. http://news.cctv.com/2018/01/05/ARTIClM9llxan6s5iKoyPFvH180105.shtml

[14] 中华人民共和国海关总署. 2016-02-23. 江门海关采取措施做好"寨卡"病毒防控工作. http://www.customs.gov.cn/customs/302249/302425/364854/index.html

[15] 北京出入境检验检疫总局. 2018-02-24.《北京日报》：北京口岸从海水观赏鱼中检出动物病毒. http://www.bjciq.gov.cn/Contents/2017/content_50403.html

[16] 北京出入境检验检疫总局. 2018-02-23.《中国国门时报》：北京检验检疫局成功处置输入性诺如病毒感染聚集性疫情. http://www.bjciq.gov.cn/Contents/2018/content_55490.html

[17] 中国领事服务网，驻汤加使馆. 2018-02-24. 驻汤加使馆提醒在汤中国公民注意防范登革热. http://cs.mfa.gov.cn/gyls/lsgz/lsyj/zyaq/t1533445.shtml